レナード・
ムロディナウ
水谷淳
訳

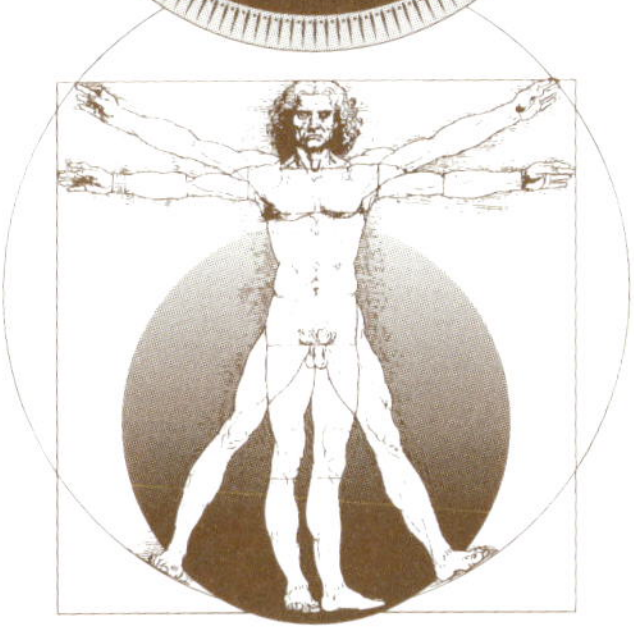

この世界を知るための
人類と科学の400万年史

THE UPRIGHT THINKERS
The Human Journey
from Living in Trees
to Understanding the Cosmos

Leonard Mlodinow

河出書房新社

この世界を知るための　人類と科学の４００万年史——目　次

第1部　直立した思索者たち

第2部　科　学

第3部　人間の五感を超えて

この世界を知るための　人類と科学の４００万年史

サイモン・ムロディナウへ

第1部　直立した思索者たち

人間が経験できるもっとも美しく深遠なものは、謎めいた事柄に対する感覚である。それは信仰のおおもとの原理であるとともに、芸術や科学におけるあらゆる熱心な取り組みの根幹でもある。それを経験したことのない人は、死んでいるとまでは言わないものの、少なくとも目が見えないようなものだと思う。

——アルベルト・アインシュタイン、『わが信仰（*Mein Glaubensbekenntnis*）』、一九三二年

第1章　知りたいという欲求

この世界を理解したい

あるとき父から、ブーヘンヴァルトの強制収容所で数学を勉強していたやせ細った仲間の収容者の話を聞かされた。あなたは「パイ」という言葉を聞くと何を思い浮かべるだろうか？　その「数学者」にとってそれは、円の円周と直径との比だった。しかし、七年生までしか学校に通わなかった父にもし尋ねたら、リンゴを詰めた円い生地と答えただろう。ある日その数学好きの収容者は、この大きな食い違いをよそに、父にある数学のパズルを解いてみるよう言った。父は数日考えたが、解くことができなかった。そこで次にその収容者に会ったとき、答を教えてくれと頼んだ。だが収容者は教えてくれず、自分で見つけろと言うだけだった。しばらくして再び声をかけたが、その秘密をまるで金塊のように隠したままだった。父は知りたい気持ちを抑えようとしたが、無理だった。悪臭と死に囲まれる中、父はどうしても答を知らずにはいられなくなった。結局、別の収容者が取引に乗ってくれた。パンをくれればパズルの答を教えてあげようというのだ。当時父の体重がどれだけだったかは知らないが、アメリカ軍に救出されたときには三九キロだった。それでも父は、知りたいという思いが強いあまり、答と引き替えに自分のパンをあげたのだった。

一〇代後半だった私は、父のこの話を聞いてとてつもない衝撃を受けた。戦時中の父は、家族と離ればなれになり、持ち物を没収され、飢えて衰弱し、打ちのめされた。ナチスは父から目に見えるものはすべて奪ったが、考えて推論して知りたいという衝動は残った。父は囚われていたが、精神は自由にさまよっていた。私は気づいた。人間のあらゆる欲求の中でもっとも人間的なのは、知識の探求だということを。そして環境は違うものの、私自身が持っている、この世界を理解したいという情熱も、父と同じ衝動に突き動かされているのだということを。

私が大学に入って科学を勉強するようになると、父は、私が学んでいる専門的なことこそあまり聞いてこなかったものの、そのおおもとの意味についてはよく質問してきた。その理論がどうしてできたのか、なぜそれを美しいと感じるのか、我々人間にとってどういう意味があるのか、といったことだ。それから何十年も経って書いた本書は、そうした疑問にようやく答えようとしたものである。

直立し、考える人類

数百万年前、我々人類は直立しはじめた。筋肉と骨格を変えて直立姿勢で歩けるようになったことで、手が自由になって周りのものを調べたり操ったりできるようになり、また見える範囲が広がってずっと遠くまで見渡せるようになった。しかし姿勢が高くなるとともに、精神もほかの動物を上回り、目で見るだけでなく思考を通じてこの世界を探究できるようになった。我々は直立しているが、それより何より、我々は考えるのだ。

人類の気高さは、知りたいという欲求に潜んでいる。我々は生物種として独特であるがゆえに、何千年もの努力の末に自然というパズルを解くのに成功してきた。古代人に電子レンジで野牛の肉を温めてあげたら、きっとその中では、豆粒のような神々がせっせと働いて肉の下でたき火を焚き、扉を開けると魔法のように姿を消したのだと考えるだろう。しかし不思議なのは真理そのものだけでなく、単純でけっして破られない数えるほどの抽象的な法則によって、電子レンジのしくみから周囲の世界に見られる自然の驚異まで、この宇宙のすべてを説明できることもだ。

自然界に対する理解を深めるにつれて我々は、潮の満ち干は女神が司っているのだという考え方から、それは月の重力の影響であると認識するところまで前進してきた。また、星々は天空に浮かんでいる神々だという考え方を捨て、それは我々に向けて光子を発する核のかまどであることを明らかにした。今日では、一億数千万キロも離れた太陽の内部構造や、我々の身体の一〇億分の一にも満たない大きさの原子の構造も理解できている。我々がこのような自然現象を解き明かしてこられたのは、単なる奇跡ではない。それは魅力的で壮大な物語を紡ぎ出しているのだ。

しばらく前に、私は『新スタートレック』の脚本家を一シーズン務めた。はじめて出席した打ち合わせでは、ほかの脚本家やプロデューサーが大勢並ぶ前で、自分でこれはいいと思ったアイデアを提案した。太陽風に関する実際の天体物理学が関係したエピソードだ。その場でただ一人の物理学者だった新顔の私は、全員の視線を浴びながら、そのアイデアとそのおおもとにある科学を熱心に細かく説明した。まくし立てて一分足らずで説明を終え、満足して、かつてニューヨーク市警の殺人課の刑事だったぶっきらぼうな中年プロデューサーのほうを誇らしげに見た。するとプロデューサーは不可解な表情で一瞬私をにらみつけ、大声で言った。「黙れ、くそインテリ野郎！」

動揺が収まると、プロデューサーがこの一言で何を言わんとしたのかがようやくわかった。私を雇ったのは執筆能力を買ったからであって、恒星の物理に関する公開講座をさせるためではない。なるほどそのとおりだと思い、それからはそのことを肝に銘じて物書きをしている（プロデューサーの忠告でもう一つ忘れられないものがある。「首になりそうだと思ったら、プールで頭を冷やせ」）。書き方を間違えると、科学はとんでもなく退屈になってしまう。しかし、我々が何をどのようにして知ったのかという物語は、けっして退屈ではない。この上なく刺激的だ。発見にまつわる数々の物語は、スタートレックのエピソードや初の月着陸にも劣らず魅力的で、その登場人物は、芸術や音楽や文学の世界で知られている人々と同じく情熱的で奇抜である。彼ら探求者は飽くなき好奇心によって、人類をアフリカのサバンナから今日我々が生きる社会へと導いてきたのだ。

　彼らは何をしたのか？　ようやく直立歩行を身につけて、素手で採ることのできる木の実や根を糧にしていた生物種から、我々はどのようにして、飛行機を飛ばし、世界中に瞬時にメッセージを送り、巨大実験施設で初期宇宙の状態を再現する存在にまでなったのか？　本書で語りたいのはその物語である。それを知ることで、人間として自分が受け継いだものを理解できるのだ。

人類はどのように世界を理解してきたのか

「いまの世界はフラットだ」とよく言われる。しかし、国どうしの距離と違いがどんどん縮まっている一方で、今日と明日の差はどんどん大きくなっている。史上初の都市が造られた紀元前四〇〇〇年頃、長距離を移動するためのもっとも速い手段はラクダのキャラバンで、その平均時速はわずか数キロだった。それから一〇〇〇年後と二〇〇〇年後のあいだのどこかの時点で、二輪馬車が発明され、最高時速は約三〇キロにまで上がった。[1] それより速く移動できるようになったのは一九世紀に蒸気機関車が登場してからで、一九世紀末には時速一五〇キロにまで達した。しかし、時速一五〇キロで走っていた頃から時速一五〇キロで国を横断するようになるまでには二〇〇万年かかったのに、そこからわずか五〇年ちょっとで、時速一五〇〇キロで空を飛べる飛行機が発明され、速度はさらに一〇倍になった。そして一九八〇年代には、スペースシャトルによって時速二万七〇〇〇キロ以上の速さで移動するようになった。

ほかのテクノロジーの進化も同様に加速している。通信を例に挙げよう。一九世紀、ロイター通信社はまだ伝書鳩を使って都市から都市へ株価を伝えていた。[2]その後、一九世紀半ばには電信が広く使われるようになり、二〇世紀には電話が登場した。しかし、有線電話が八一年かかって普及率七五％を実現したのに対し、携帯電話は二八年、スマートフォンは一三年でそれを達成した。近年では、Eメールやその後のメッセージサービスがコミュニケーションツールとして通話におおかた取って代わり、電話は通話のためでなくポケットコンピュータとして使われるようになっている。

経済学者のケネス・ボールディングは、「今日の世界と私が生まれた当時の世界との違いは、その当時とユリウス・カエサルの時代との違いに等しい」と言っている。[3]ボールディングは一九一〇年に生まれ、一九九三年に世を去った。ボールディングが目にした数々の変化、そしてそれ以降に起こったいくつもの変化は、科学とそこから生まれた技術によってもたらされた。そのような変化は以前にも増して人間生活の大きな部分を占めており、いまや仕事や社会で成功するかどうかは、革新を自分のものできるかどうか、そして自分自身で革新を生み出せるかどうかにかかっている。今日、科学や技術の世界に携わっていない人でさえ、ほかの人に負けないためには、革新を求められる難題に立ち向かわなければならない。だから、発見の何たるかは、どんな人にとっても重要な話題といえる。

今日の我々がどこまで進んできたかを俯瞰し、今後どこへ進んでいくかを理解しようとするには、自分たちがどこからやって来たかを知らなければならない。文学や数学、自然科学やさまざまな学問など、人類の学問史における大きな功績の数々は、まるで互いに何の関係もないかのようにそれぞれ別々に説明されることが多い。しかしそのようなアプローチは、木を見て森を見ないようなものだ。それだとどうしても、人類の知識の一体性がないがしろにされてしまう。たとえば現代科学の発展は、ガリレオやニュートンといった「孤高の天才」の営みとして語られることが多いが、けっして社会的文化的に何もないところから突如現れたわけではない。それは、古代ギリシャ人が編み出した知識の獲得法によって生まれ、宗教が示した数々の大問題によって成長した。芸術の新たな方法論とともに発展し、錬金術から得られた数々の教訓に彩られた。そしてまた、ヨーロッパの主要な大学の発展から、近隣の都市や国どうしの結びつきを強めた郵便制度といった世俗的な発明に至るまで、さまざまな社会的進歩がなければ起こりえなかっただろう。そもそもギリシャの学問の発展も、それ以前のメソポタミアやエジプトなどの人々による驚くべき知的進歩から芽生えたのだ。

このような影響や結びつきが存在するため、人類がどのようにしてこの宇宙を理解するようになったのかは、個別のエピソードをただ集めただけでは説明できない。優れた小説のように、人類の夜明けから始まる首尾一貫した物語として、各章が密接にからみ合っているのだ。本書では、この発見の旅路をいくつかに絞ってご案内していこう。

旅のスタートは、現生人類の心の進化および、この世界を新しい見方でとらえるようになった重要な時代と転換点についてだ。それとともに、独特の個性と考え方でそれらの革新に重要な役割を果たした、何人かの魅力的な人物についても語っていくことにしよう。

多くの物語と同じく、このドラマも三部構成になっている。数百万年に及ぶ第1部では、人間の脳の進化と、「なぜ」を問いたがるという傾向を追いかけていく。人類は「なぜ」を問うことで精神的な探究を始め、やがてそれが、書くことや数学、そして法則の概念という、科学に欠かせない道具へとつながった。そしてその「なぜ」によって最終的に、物理世界は道理に従って振る舞い、原理的にはそれを理解できるとする哲学が誕生した。

旅の次の段階では、自然科学の誕生について探っていく。その物語に登場する革命家たちは、世界を人と違うふうにとらえる能力と、忍耐力、気骨、優れた才能、そして、ときに何年も何十年も苦労して考えを練り上げていく精神力を持ち合わせていた。ガリレオ、ニュートン、ラヴォアジェ、ダーウィンといった彼ら開拓者は、当時の確立された教義を相手に長く苦しい戦いを繰り広げた。そのため彼らの物語は、ときに命まで賭けた一個人の奮闘のストーリーになってしまっている。

多くの優れた物語と同じようにこのストーリーも、ヒーローたちが旅の終わりに近づいたかと思ったまさにそのときに、予想外の展開を迎える。あらゆる自然法則が解き明かされたと信じられるようになるやいなや、話は奇妙な展開を見せるのだ。アインシュタインやボーアやハイゼンベルクといった思索家が、目に見えない新たな存在の世界を発見し、自然法則を書き換えなければならなくなった。その「もう一つ」の世界と、その現実離れした法則は、量子物理学の法則に支配されたミクロな宇宙という、あまりに小さくて直接は理解できないスケールで展開する。その法則こそが、今日の社会で我々が経験しているすさまじい加速度的な変化をもたらしている。コンピュータ、携帯電話、テレビ、レーザー、インターネット、医療画像診断法、遺伝子マッピングなど、現代生活を一変させた新技術のほとんどは、量子に対する理解によって可能となったのだ。

第1部は数百万年、第2部は数百年に及んでいるが、第3部はわずか数十年だ。それは、人類の知識の蓄積が指数関数的に加速し、我々が奇妙な新世界に進出していることを物語っている。

変化を受け入れることの難しさ

人類の発見の旅路はいくつもの時代にわたっているが、この世界を理解するという探究の特徴は人間の本性に根ざしていて、けっして変わらない。その特徴の一つは、革新や発見に関わる分野に打ち込んでいる人にとっては身近なものだ。それは、すでに明らかになっているものとは異なる世界や概念を理解することの難しさである。

一九五〇年代、史上もっとも偉大でもっとも創造的なSF作家の一人アイザック・アシモフが、何千年後もの未来を舞台にした『ファウンデーション』三部作を書いた。その中では、男は毎日職場へ通い、女は家にいる。しかしそれからわずか数十年で、この遠い未来のイメージはすでに過去のものとなっている。この例を取り上げたのは、人間の思考にほぼつねにつきまとっているある限界を物語っているからだ。我々の創造力は型にはまった考え方に縛られていて、その考え方のもととなる信念は覆すこともできないし、それに疑問を抱くことさえできないのだ。

変化を生み出すことが難しいとしたら、それを受け入れるのも難しい。本書で繰り返し見られるもう一つの特徴だ。我々人類は変化に圧倒される。変化によって我々の精神はさまざまなことを強いられる。居心地のよい場所から追い出され、習慣的な考え方を打ち崩され、混乱して精神が乱される。そして古い考え方を手放さなければならなくなるが、それは選択肢の一つではなく強制的だ。さらに、科学の進歩による変化はときに、大勢の人の人生や生活の礎となっている信仰体系を覆す。そのため科学の新たな考え方は、抵抗や怒りや嘲笑を受けることが多い。

科学は、現代技術の精髄、現代文明の根源である。今日の政治的、宗教的、倫理的問題の多くの根底には科学があり、その基礎をなす考え方は、社会をますます速いスピードで変えつつある。しかし、人間の思考パターンが形作られる上で科学が重要な役割を果たしていると同時に、科学理論を作る上で人間の思考パターンが重要な役割を果たしていることもまた真実だ。アインシュタインが言ったように、科学は「人間のどんな取り組みとも同じく、主観的で心理的に条件づけられている」のだ。[4] 本書は、その考え方に沿って科学の発展を説明しようとしたものである。学問的であると同時に文化的に規定されたその取り組みは、それを方向づけた個人的、心理的、歴史的、社会的状況を探ることによってもっともよく理解できる。そのようにして科学を見つめれば、その取り組み自体だけでなく、創造性や革新の本質、そしてもっと幅広く、人間の条件にも光を当てることができるのだ。

第2章　好奇心

ヒトの脳と独特な能力

　科学の根源を理解するには、ヒトという生物種そのものの根源を振り返らなければならない。我々人類は生物の中で唯一、自分自身とこの世界を理解する能力、そして理解したいという欲求を授かった。それは我々とほかの動物とを分け隔てるもっとも大きい才能だ。そのため、我々はマウスやモルモットを研究するが、マウスやモルモットは我々を研究しない。我々は、物事を知り、思索し、新たなものを生み出したいという欲求を何百万年にもわたって発揮することによって、生き延びて独特の生態的地位を作り上げるための道具を生み出してきた。肉体でなく知性のパワーを使うことによって、環境に振り回されたり打ちのめされたりするのではなく、環境のほうを我々の要求に合わせて作りかえてきた。何百万年にもわたって我々の精神の力と創造性は、肉体の力や敏捷性では太刀打ちできない数々の障害に打ち勝ってきたのだ。

　私の息子ニコライは幼いとき、よく小さなトカゲを捕まえて飼っていた。南カリフォルニアに住んでいればこそだ。人が近づくとトカゲはまず身体を固め、手を伸ばすと逃げ去ってしまう。そこで、大きな箱を持っていってトカゲが走り去る前にかぶせ、箱の下に段ボールを滑り込ませれば捕まえられることに気づいた。私がもし人通りのない暗い道を歩いていて何か怪しげなものを見たら、身体を固めることなどせずにすぐに通りの反対側へ渡る。だから、もし大きな箱を抱えた二頭の巨大なプレデターがこちらをにらみつけながら近づいてきたら、最悪の事態を察知してすぐに逃げ出すに違いない。だがトカゲは、自分の置かれた状況について考えることはしない。本能のみに従って行動する。その本能は何百万年ものあいだ間違いなく役立ってきたが、ニコライと箱の登場によって失敗したのだ。

我々人間は、肉体的には究極の存在ではないかもしれないが、理性によって本能を補う能力と、本書の目的にとってはもっとも重要な、周囲の環境に関する疑問を問う能力を持っている。科学的思考にとってこれらは欠かせないものであり、人類にとってきわめて重要な特性でもある。そこで我々の冒険の旅は、人間の脳の進化とその独特の能力からスタートすることにしよう。

我々は自分たちのことを「人類」と呼んでいるが、実は「人類」という言葉は、我々自身、つまりホモ・サピエンス・サピエンスだけでなく、ヒト属と呼ばれるグループ全体を指している。ヒト属にはホモ・ハビリスやホモ・エレクトスなどほかの種も含まれるが、それらの近縁種ははるか昔に絶滅している。進化という勝ち残り競争の中で、人類のほかの種はすべて無力だった。我々だけが、精神のパワーのおかげであらゆる困難を生き延びてきたのだ（いまのところは）。

何年か前、当時のイランの大統領が、ユダヤ人はサルとブタの子孫であると発言したと報じられた。宗教を問わず原理主義者が進化論を信じていると公言するのは喜ばしいことなので、あえて批判はしない。しかし実際には、ユダヤ人を含めすべての人間は、サルやブタの子孫ではなく、類人猿やネズミ、あるいは少なくともネズミに似た生き物の子孫である。[1] 我々の祖先の霊長類を含めすべての哺乳類の始祖で、科学文献ではプロトゥングラトゥム・ドンナエと呼ばれている我々の曾曾曾……祖母は、尻尾がふさふさのかわいらしい動物で、体重は三〇〇グラムにも満たなかったらしい。

その小さな動物は、直径一〇キロの小惑星が地球に衝突した直後の、いまから約六六〇〇万年前にはじめて姿を現したと考えられている。壊滅的な小惑星の衝突によって大気中に破片が撒き散らされ、長いあいだ太陽光が遮られた。そして塵が落ちきると、発生した大量の温室効果ガスによって気温が急上昇した。暗闇とそれに続く高温というダブルパンチによって、すべての動植物種の約七五％が絶滅したが、我々にとってそれは幸運な出来事だった。生態的地位が空いたことで、生まれたばかりの子が食欲旺盛な恐竜などの捕食者に丸飲みされずに生き延びられるようになったのだ。

プロトゥングラトゥムの想像図

それから数千万年のあいだにさまざまな生物種が生まれては絶滅していく中で、プロトゥングラトゥムの系統樹のうち一本の枝が、我々の類人猿やサルの祖先へ進化した。さらにそれが枝分かれして、我々にもっとも近い現生近縁種であるチンパンジーやボノボ（ピグミーチンパンジー）、そして最終的に、本書を読んでいるあなた、そしてあなたの仲間の人間が生まれたのだ。

今日ではほとんどの人が、自分の先祖は尻尾があって虫を食べていたという事実を受け入れている。私はそれを受け入れるどころか、自分の血統、そして生存と文化発展の物語に興奮して夢中になっている。我々の祖先がネズミや類人猿だったというのは、自然に関するもっとも厳然たる事実の一つだと思う。この驚異の惑星上で、ネズミと六六〇〇万年という年月が組み合わさることによって、ネズミを研究して自分自身のルーツを発見する科学者が生まれたのだ。その途中で我々は、文化や歴史、宗教や科学を発展させ、祖先が枝で作った巣の代わりに、コンクリートや鋼鉄でできたきらめく高層ビルを建てていった。

この知的進歩は劇的に加速しつづけている。自然は、すべての人間の祖先である「類人猿」を生み出すのに約六〇〇〇万年かかった。それから先の我々の身体的進化は、数百万年で起こった。しかし文化的進化には、わずか一万年ほどしかかかっていない。それはまるで、心理学者のジュリアン・ジェインズが言うように、「すべての生命がある地点まで進化したところで、我々は九〇度向きを変えて違う方向へ突進していった」かのようだ。[2]

動物の脳ははじめ、よりうまく動き回るというもっとも重要な理由で進化した。食べ物や隠れ家を探したり敵から逃げたりするために動き回る能力は、もちろん動物のもっとも基本的な特性の一つである。動物への進化の道のりを線虫やミミズや軟体動物へとさかのぼっていくとわかるように、脳に似たもっとも初期の構造体は、筋肉を正しい順番で活性化させて運動をコントロールする機能を持っていた。しかしせっかく動き回ることができても、環境を認識できなければたいして役に立たないので、単純な動物でさえ周囲を知覚する方法を持っている。たとえばある化学物質や光子に反応して、運動をコントロールする神経に電気パルスを送る細胞を備えている。プロトゥングラトゥム・ドンナエが誕生した頃にはすでに、その化学感知細胞や光感知細胞は嗅覚や視覚の感覚器官へと進化し、筋肉の動きをコントロールする神経の集合体は脳になっていた。

我々の祖先の脳がどのような機能部品からできていたか正確にはわかっていないが、現生人類の脳でも、半数をはるかに超えるニューロンが運動制御や五感に使われている。それに対して、我々を「より下等な」動物と分け隔てている脳の部分は比較的小さく、のちになって誕生した。

人間に近い最初の動物が地球上に姿を現したのは、いまからわずか三〇〇万ないし四〇〇万年前のことだった。[3] 一九七四年のある猛暑の日、カリフォルニア大学バークレー校人類起源研究所の考古学者ドナルド・ジョハンソンが、エチオピア北部の人里離れた干上がった峡谷で、乾ききった地面から突き出した腕の骨の小さな破片を見つけた。まもなくジョハンソンと一人の学生は、大腿骨や肋骨、椎骨、さらには顎骨の一部も掘り出した。すべて合わせると、一人の女性の骨格の半分近くが見つかった。骨盤は女性特有の形で、頭蓋骨は小さく、脚は短く、腕は長く垂れ下がっていた。ダンスパーティーに誘いたい相手ではないが、この三二〇万年前の女性は我々の過去をつなぐ過渡的な種で、ここからヒト属全体が進化したのではないかと考えられている。

ジョハンソンはこの新たな種を、アウストラロピテクス・アファレンシス（「アファールの南のサル」）と命名した。アファールとは、この骨が見つかったエチオピアの地方の名前である。また、チームで発見を祝ったときちょうどキャンプのラジオからビートルズの『ルーシー・イン・ザ・スカイ・ウィズ・ダイアモンズ』が流れていたことから、この骨にはルーシーという名前もつけられた。アンディー・ウォーホールは「誰でも一五分だけなら有名になれる」と言ったが、この女性は数百万年かかってようやく名声を獲得した。もっと正確に言うと、獲得したのは半分だけだ。身体の残り半分はけっして見つからなかったのだから。

驚くことに、考古学者は骨格の半分だけからでもさまざまな事柄を知ることができる。大きい歯と、ものを嚙みくだくのに適した顎を持っていたルーシーは、硬い根や種子、および殻の固い果物を食糧とする草食性だったと考えられる。[4] 骨格の構造からは腹がかなり大きかったことがわかるが、それは、生き延びるのに必要な量の植物を消化する長い腸を収めるためだったと思われる。さらにもっとも重要な特徴として、背骨とかかとの構造から、ルーシーはある程度直立で歩行していたことがわかる。また、ジョハンソンらが二〇一一年に近くで発見した同種の別個体の骨からは、足が人間のように、枝をつかむのでなく歩くのに適したアーチ形をしていることが明らかとなっている。[5]ルーシーが属する種は、樹上生活から地上生活へ進化することで、森と草地が混在する環境で食糧を探し、たんぱく質に富んだ根や塊茎といった地上生の新たな食糧を手に入れられるようになった。この生活スタイルがヒト属全体を生み出したのだと、多くの人が考えている。

あなたの隣の家に母親が住んでいて、その隣に祖母が、さらにその隣に曾祖母が住んでいて……と想像してみてほしい。人間の家系は実際には一直線ではないが、複雑なことはとりあえず忘れて、この通りを車で走り、祖先の世代から世代へと時間をさかのぼっていくと想像してみるとおもしろい。そうすると、六〇〇〇キロ近く走ったところでようやく、あなたには親戚というよりもチンパンジーのように見える、身長一一〇センチ、体重三〇キロの毛むくじゃらの「女性」、ルーシーの家にたどり着く。[6]そこまでの道のりの中間くらいで、ルーシーから一〇万世代後の、骨格やおそらく精神も現代の人間に似た、ヒト属に分類される最初の動物種の家の前を通り過ぎていたはずだ。[7]その二〇〇万年前のヒトの種は、ホモ・ハビリス（「器用な人」）と呼ばれている。

ホモ・ハビリスは、気候変動によって森林が後退しつつあった時代に、アフリカの広大なサバンナに住んでいた。草原には恐ろしい肉食動物が数多く棲んでいたため、容易に住める環境ではなかった。肉食動物の中でもさほど危険でないものは、夕食をめぐってホモ・ハビリスと競い、もっと危険なものは、ホモ・ハビリスを夕食にしようとした。そんな中、「器用な人」は知力を使って生き延びた。彼らは新たな大型の脳を持っていて、そのサイズは小さいグレープフルーツほどだった。脳の大きさをフルーツサラダにたとえると、我々のマスクメロンよりは小さかったが、ルーシーのオレンジの二倍はあったのだ。*

　動物種どうしを比較した場合、身体の大きさに対する脳の平均重量と知力とのあいだには、ほとんどの場合おおざっぱな相関関係があることが、経験上わかっている。そのため、「器用な人」はその脳の大きさから見て、ルーシーの属する種よりも知能が向上していたと結論づけられる。幸いにも脳の大きさや形は、人間だけでなく、はるか昔に絶滅した別の霊長類でも測ることができる。脳は頭蓋骨の中にぴったり収まっているので、霊長類の頭蓋骨が見つかれば、かつてその中に収まっていた脳の形もわかるのだ。

　帽子のサイズが知能テストの代わりになるなどと誤解されないようつけ加えておくが、脳の大きさを比べることで知能を測定できるのは、異なる種どうしで脳の平均の大きさを比較した場合に限られる。一つの種の中でも脳の大きさにはかなりの個体差があるが、一つの種の中では脳の大きさは知能と直接相関してはいない。[8] たとえば、現生人類の脳の重さは平均で約一四〇〇グラムだ。しかし、イギリス人詩人バイロン卿の脳は約二三〇〇グラム、ノーベル賞を受賞したフランス人作家アナトール・フランスの脳はわずか九〇〇グラムあまり、アインシュタインの脳は約一二〇〇グラムだった。もっと言えば、一九〇七年に四一歳で亡くなったダニエル・ライアンズの事例がある。ライアンズは体重も知能も正常だったが、検死解剖で脳の重さを量ったところわずか六八〇グラムだったのだ。このことから、一つの種の中では、脳の大きさよりもその構造、つまりニューロンやニューロン群がどのように連結しているかのほうがはるかに重要であるという教訓が得られる。

＊果物でなく正確なことを知りたい人のために言っておくと、「器用な人」の脳の大きさは我々の半分だった。

ルーシーの脳はチンパンジーよりもわずかに大きいだけだった。さらに言うと、ルーシーの頭蓋骨の形から見て、脳のパワーが高まっていたのはもっぱら感覚処理を担う脳領域だけで、抽象的な推論や言語を担う前頭葉、側頭葉、頭頂葉はいまだ比較的未発達だった。ルーシーはヒト属への階段を一段上がったが、まだたどり着いてはいなかった。それが「器用な人」によって変わったのだ。

「器用な人」もルーシーと同じく直立し、自由になった手でものを運ぶことができたが、ルーシーと違いその自由な手を使って実験をすることができた。[9]

ホモ・ハビリス

そうしておよそ二〇〇万年前、ホモ・ハビリスのアインシュタインまたはキュリー夫人、あるいは互いに別々に取り組む古代の何人かの天才——こちらのほうが可能性が高い——が、人類初の画期的な発見をした。石と石を角度をつけてぶつけると、ナイフのような鋭い破片が剝がれてくるという発見だ。単に石と石をぶつけることが、社会的・文化的革命の始まりだったとは思えない。もちろん、電球やインターネットやチョコチップクッキーの発明に比べれば見劣りする。しかしこの発見が小さな一歩となって、自然について学んで自然を変えることで生活を向上させることができ、脳のパワーを使えば身体を補ってさらにそれを凌ぐことができるという認識へとつながったのだ。

それまで道具など見たこともない動物にとって、手で握って切ったり叩いたりするのに使える巨大な人工の歯は、生活を変える発明品として人間の生活スタイルを一変させた。ルーシーとその仲間は草食性だったが、ホモ・ハビリスは、顕微鏡で観察された歯の摩耗の様子や、骨格の近くで見つかった動物の骨に残されている屠殺の跡から、石器を使って肉も食糧にしていたことがわかっている[10]。

ルーシーとその仲間は草食性だったため、季節によっては食糧が不足した。しかしホモ・ハビリスは、雑食によってその食糧不足を克服した。また肉は植物に比べて栄養分が濃縮されているため、肉食動物は草食動物よりも食べる量が少なくて済む。一方、ブロッコリーは追いかけたり屠殺したりする必要はないが、動物の肉を調達するのは殺戮用の武器を持っていないとかなり難しい。「器用な人」はそのような武器を持っていなかった。そのため「器用な人」はもっぱら、剣歯虎《けんしこ》（正式名は剣歯猫）などの肉食動物が残した死骸から肉を得ていた。剣歯虎はその強力な前脚と肉切り包丁のような歯で、自分が食べきれるよりもはるかに大きい獲物を殺していた。しかしたとえ死肉をあさるだけでも、「器用な人」はほかの種と競わなければならず、困難を伴う場合があった。あなたが今度、お気に入りのレストランで席が空くのをいらいらしながら三〇分待つことになったら、思い出してほしい。あなたの祖先は獰猛なハイエナの群れと戦わないと食事にありつけなかったことを。

食糧調達をめぐる争いの中、「器用な人」は鋭い石器を使って骨から肉を素早く簡単に剝がすことで、それと同等な道具を生まれつき持った動物と対等に戦うことができた[11]。そのため、この道具は登場するやいなや大好評を得て、それから二〇〇万年近くにわたって道具の一つとして使われつづけた。実は、一九六〇年代前半にルイス・リーキーらが「器用な人」という呼び名を与えたのは、ホモ・ハビリスの化石のそばにこのような石器が散乱していたためだった。その後もさまざまな発掘現場で、慎重に歩かないと踏みつけてしまうほどの大量の石器が発見されている。

道具を手にした「直立する人」

鋭い石器から肝臓移植までは長い道のりになるが、ホモ・ハビリスの精神は、道具を使用していたことからわかるように、我々に近いどの現生類人猿の能力をもすでに上回っていた。たとえばボノボは、霊長類研究者が長年にわたって訓練しても、ホモ・ハビリスが使っていたたぐいの単純な石器を使いこなすことはできない。[12] 最近おこなわれた神経画像研究によると、道具を設計、製作、使用する能力は、進化によって左脳に特別な「道具使用」ネットワークが発達することで生まれたらしい。[13] 稀な症例としてそのネットワークが損傷している人は、悲しいことにボノボ程度の能力しか発揮できない。道具が何であるかはわかるが、起き抜けの私のように、歯ブラシや櫛といった単純な道具の使い方もわからないのだ。[14]

この二〇〇万年以上前の人類ホモ・ハビリスは、確かに認知能力は向上させたものの、現生人類のいわば先駆けにすぎない。依然として脳は比較的小型で身体も小さく、長い腕と、動物園の飼育係しか好きになれないような顔を持っていた。しかしその出現から（地質学的なタイムスケールでいうと）まもなくして、ほかにいくつかのヒト属の種が出現した。中でももっとも重要で、ほとんどの専門家が我々の直接の祖先だと考えているのが、アフリカで約一八〇万年前に誕生したホモ・エレクトス（「直立する人」）である。[15] 骨格の化石から見て、「直立する人」は「器用な人」に比べてはるかに現代の人類に似ていた。直立していただけでなく、身体が大きくて背が高く（一五〇センチ近く）、長い手足とはるかに大きい頭蓋骨を持ち、脳の前頭葉、側頭葉、頭頂葉を大きくすることができた。

この新たな大型の頭蓋骨は、出産の過程に影響を与えた。自動車メーカーは新型モデルをデザインする際に、古いホンダ車の排気管からどうやって新しいホンダ車を引っ張り出すかを考える必要などない。しかし自然はそれに似たことを心配しなければならない。ホモ・エレクトスの場合、頭の形をデザインしなおしたことでいくつか問題が発生した。ホモ・エレクトスの女性は、頭と脳が大きい赤ん坊を産めるよう、祖先よりも身体が大きくなければならなかったのだ。そのため、ホモ・ハビリスの女性の身体の大きさが男性のわずか六〇%だったのに対し、平均的なホモ・エレクトスの女性は男性の八五%の体重があった。

新たな脳はそのコストを負うだけの価値があり、「直立する人」は人類の進化におけるもう一つの劇的な大変革を記した。祖先とは違う形で世界を見つめ、違う方法で難題に立ち向かったのだ。とくに人類としてはじめて、製作にほかの道具を必要とする、精巧な手斧やナイフや握り斧といった複雑な石や木の道具を作るだけの、創造力や計画力を持っていた。今日では我々の脳は、科学や技術、芸術や文学を生み出す能力を授けるものとみなされているが、ヒトという動物種にとっては複雑な道具を考え出す能力のほうがはるかに重要で、それがまさに生き延びるための力を与えてくれたのだ。

高度な道具を手にした「直立する人」は、死肉をあさるだけでなく狩りをすることができ、肉を食糧にする機会を増やした。現代の料理本で子牛肉料理のレシピの冒頭に、「子牛を捕まえて殺す」と書いてあったら、たいていの人は『おいしいナス料理』といったレシピ本しか開かないだろう。しかし人類の進化の歴史では、狩りをする新たな能力は大きな一歩だった。それによってより多くのたんぱく質を摂取できるようになり、それまでは生き延びるのに必要だった大量の植物への依存度が下がった。「直立する人」はまた、ものをこすり合わせると熱が発生することに気づいて、熱によって火を起こせることを発見した最初の種だったと思われる。「直立する人」は火を使って、ほかの動物にはできないことができた。生きていられないような寒い気候の中で暖を取ることができたのだ。

私は狩りをしたければ肉屋に行くし、道具を使おうと思ったら大工を呼ぶ。しかし、そのような作業にかなり秀でたかつての連中の子孫であることには満足している——たとえ額《ひたい》が飛び出していて、物差しも噛み切れそうな歯を持っていたとしても。さらに重要な点として、ホモ・エレクトスはこのような新たな能力を獲得したことで、アフリカからヨーロッパやアジアへと居住範囲を広げ、一つの種として百万年を優に超える期間にわたって存続することができた。

精神の獲得

知能が向上したことで狩りや屠殺のための複雑な道具を作れるようになるとともに、差し迫って新たな能力も必要となった。サバンナで足の速い大型の動物を追い詰めるには、チームを組むのが一番だ。そのため、我々がバスケットボールやサッカーのオールスターチームを作るよりはるか以前から、ヒト属には、アンテロープやガゼルを捕まえるために団結できるだけの、十分な社会的知性と計画能力を進化させるという圧力がかかっていた。その結果、「直立する人」の新たな生活様式では、コミュニケーションと計画立案にもっとも秀でた人が生存に有利となった。現生人類のこの特徴もまた、アフリカのサバンナに端を発していたのだ。

「直立する人」の治世の終盤、おそらく五〇万年前にホモ・エレクトスは、さらに大きい脳のパワーを持った新たな形態、ホモ・サピエンスへ進化した。その初期の「原始的な」ホモ・サピエンスは、我々が見ると現代の人類と認められるような存在ではなかった。身体はもっとがっしりしていて、頭蓋骨はもっと大きく分厚かったが、脳は今日の我々ほど大きくはなかった。解剖学的に見てホモ・サピエンスの亜種と分類される現代の人類は、おそらく紀元前二〇万年頃に初期のホモ・サピエンスから誕生した。

我々人類は絶滅寸前の事態を経験した。一四万年前頃におそらく気候変動による何らかの壊滅的な出来事が起こり、当時アフリカに住んでいた現生人類のいくつもの集団が滅んだことが、遺伝人類学者によって最近おこなわれたＤＮＡ解析によって明らかとなっているのだ。その時期、我々が属する亜種の全人口はわずか数百人にまで激減した。今日なら、マウンテンゴリラやシロナガスクジラのように「絶滅危惧種」と呼ばれていたことだろう。アイザック・ニュートン、アルベルト・アインシュタイン、あなたが聞いたことのある人たち、そしていま世界中に住んでいる数十億の人々はみな、生き残ったわずか数百人の子孫なのだ。[16]

危機一髪の事態を迎えたことから見て、大きな脳を持ったその新たな亜種はまだ、長期間繁栄できるほどには賢くなかったのかもしれない。しかしその後、人類は再び変化を遂げ、驚くべき新たな精神能力を獲得した。それは、身体どころか脳の解剖学的特徴の変化によるものでもなく、脳の働き方を変えたことによると思われる。しかしその変化によって人類は、科学者や芸術家や神学者、そして今日の我々のように考える人々を生み出すことを可能にしたのだ。

人類学者はこの最後の精神的変化を、「現代的行動」の発達と呼んでいる。「現代的行動」とは、買い物をするとか、スポーツ観戦しながらアルコールをがぶ飲みするといった意味ではなく、複雑な象徴的思考、すなわち最終的に現代の人類の文化へつながったたぐいの精神活動という意味だ。それがいつ起こったかについては多少見解の相違があるが、一般的には紀元前四万年頃だと考えられている。[17]

我々が属する亜種は、いまではホモ・サピエンス・サピエンス（「賢い、賢い人」）と呼ばれている（もしあなたが選んだとしてもこれと似たような名前になるだろう）。しかし、我々の大きな脳を生み出した数々の変化は、いずれも大きな代償を伴っていた。エネルギー消費の観点から見ると、現生人類の脳は心臓に次いで二番目にもっとも高くつく臓器なのだ。[18]

自然は、これほど運転コストのかかる脳の代わりに、重量あたりのカロリー消費量がその一〇分の一しかない、より強力な筋肉を我々に授けることもできたはずだ。しかし自然は、人類を身体的にもっとも適応した種にするという選択肢は採らなかった。[19]我々人類はとくに力が強くもなく、もっとも敏捷なわけでもない。我々にもっとも近縁なチンパンジーやボノボは、五〇〇キロを超える力でものを引っ張る能力と、硬い木の実をたやすく噛み砕くぎざぎざの鋭い歯を使って、自らの生態的地位を奪い取った。それに対して私は、ポップコーンを食べるのでさえ難儀する。

人類は、見事な筋肉の代わりに異常に大きい頭蓋骨を手に入れたことで、食物エネルギーを不経済に使うようになった。我々の脳は体重のわずか二%ほどだが、摂取したカロリーの約二〇%を消費する。そのため、ほかの動物は環境の厳しいジャングルやサバンナで生き延びるのに適しているが、我々はそれよりも、カフェで座ってモカを味わうほうが合っている。しかし、ただ座っていることを見くびってはならない。我々は座りながら考え、疑問を抱くのだ。

一九一八年、ドイツ人心理学者のヴォルフガング・ケーラーが、古典となるべき著書『類人猿の知性(*Intelligenzprüfungen an Anthropoiden*)』を書いた。カナリア諸島のテネリフェ島にあったプロイセン科学アカデミー支所の所長を務めていたケーラーがおこなった、チンパンジーの実験をまとめた本だ。ケーラーは、チンパンジーがどうやって問題を解決するかに興味を持った。たとえば、手の届かないところにある餌をどうやって手に入れるかといった問題だ。実験をおこなったところ、我々の知的才能のほとんどがほかの霊長類と共通していることが明らかとなった。しかしその一方で、チンパンジーの行動と人間の行動の違いとして、我々の身体的欠点を補う人間の能力についても多くのことを明らかにした。

ケーラーがおこなった実験の中でも、とくに印象的なものが一つある。天井にバナナを縛りつけておくと、チンパンジーは、箱を積み重ねてその上に登ってバナナを取る方法を考え出したのだ。ただし、力学に関する知識はまったく使っていないように見えた。たとえば、ときには箱の角を下にして積み重ねようとした。あるいは、床に石を置いて箱が倒れるようにしておいても、チンパンジーは石をどけることには思い至らなかった。[20]

改良した実験では、チンパンジーと、三歳から五歳の人間の子供に、L字形のブロックを積み重ねればご褒美がもらえると教え込んだ。教え終わったら、ブロックをおもりを仕込んだものにこっそり取り替えた。それを積み重ねようとすると、ひっくり返ってしまった。チンパンジーはご褒美をもらおうとしばらく試行錯誤で挑戦しつづけたが、いったん手を止めてバランスのおかしいブロックを調べることはしなかった。人間の子供もうまく積み重ねられなかったが（そもそも誰がやっても積み重ねられない）、ただあきらめることはしなかった。ブロックを調べて、何が問題なのかを見極めようとしたのだ。[21] 我々人間は小さい頃から、答を探す。身の回りの事柄を理論的に理解しようとして、「なぜ」と問いかけるのだ。

幼い子供と接した経験のある人なら、子供は「なぜ」という問いが大好きだと知っている。一九二〇年代に心理学者のフランク・ロリマーがそれを本格的に調べた。四歳の男の子を四日間観察し、そのあいだに発した「なぜ」をすべて記録したのだ。[22] 合計で四〇回、たとえば「なぜじょうろには把手が二ついているの」や「なぜ眉毛があるの」といった疑問を発した。私が気に入っているのは、「ママにはなぜあごひげがないの」だ。世界中の人間の子供が、まだバブバブ言っているだけで文法的な言語を話す前の幼い頃から、疑問を発する。疑問を発する行為は人類にとってきわめて重要なため、疑問であることを明示するための万能の方法を持っている。声調言語と非声調言語を含めどんな言語でも、疑問はイントネーションを上げて表現するのだ。[23] 伝統的な宗教の中には疑問を最上級の理解ととらえているものもあるし、科学でも工学でも、適切な疑問を発する能力はおそらく人間にとって最大の才能だろう。それに対してチンパンジーやボノボは、原始的な手話を使ってトレーナーと意思疎通し、さらには質問に答える術《すべ》も身につけられるが、自分から質問することはけっしてない。彼らは身体的にはパワフルだが、考えることはしないのだ。

世界を理解しようとする脳

我々人間は、身の回りの世界を理解したいという衝動を持って生まれてくるだけでなく、どうやら生まれつき、あるいは少なくともかなり幼い頃から、物理法則がどのようなしくみになっているのかを直感的に知っているらしい。すべての出来事はほかの出来事によって引き起こされることを本能的に理解しているようだし、何千年もの努力の末にようやくアイザック・ニュートンによって解き明かされた法則を、初歩的だが直感的に知っているようなのだ。

イリノイ大学幼児認知研究所では三〇年前から、赤ん坊の物理的直観について研究するために、母親と赤ん坊を小さな舞台かテーブルの前に座らせて、舞台上の出来事に赤ん坊がどんな反応を示すかを調べている。この研究で探っているのは、幼児は物理世界に関してどのような事柄を知っていて、いつそれを知るようになるのかという科学的疑問だ。そして実験の結果、たとえ幼児であっても、物理のしくみに対する何らかの感覚を持っていることが、人間の人間たる基本的側面の一つであることが明らかになっている。[24]

ある一連の研究では、水平面に傾斜路を取りつけて、その前に生後六か月の幼児を座らせた。斜面の麓には、車輪のついたおもちゃの虫が置かれている。斜面のてっぺんには円筒がある。円筒を手から離すと、転がり落ちて虫にぶつかり、虫が水平面を数十センチ転がっていく。幼児はその様子を嬉々として見つめる。研究者のほうが嬉々としたのはその次だ。円筒の大きさを変えるとそれに比例して虫の移動距離が変化することを、はたして幼児は予測できるだろうか？

私がこの実験の話を聞いて最初に浮かんだ疑問は、幼児が何を予測しているかをどうやって知るのか、ということだった。私自身、自分の子供たちが何を考えているのかなかなか理解できない。しかも私の子供たちは、とうに話ができる一〇代や二〇代だ。子供たちが微笑んだりしかめ面をしたりよだれを垂らしたりしかできない頃に、はたしてどんなことを見抜けただろうか？　確かに赤ん坊と十分に接していれば、表情から何を考えているかがわかるようになるが、その直観が正しいかどうかを科学的に確かめるのは難しい。赤ん坊の顔にプルーンのようなしわが寄るのは、おなかにガスが溜まって痛いからなのか、それとも、ラジオで株価が五〇〇ポイント急落したと言っているのを聞いてうろたえたからなのか？　自分の表情はどちらの場合も同じだとわかっているのだから、赤ん坊の場合には見た目だけであきらめるしかない。しかし心理学者は、赤ん坊が何を予測しているかを見極める方法を持っている。赤ん坊に一連の出来事を見せ、その場面をどれだけの時間見つめたかを計るのだ。赤ん坊は、自分の予測と違う出来事が起こると凝視し、その驚きが大きければ大きいほど長い時間凝視する。

傾斜路の実験の場合、半数の赤ん坊には、二度目は最初よりも大きい円筒が衝突する様子を見せ、残り半数の赤ん坊には、最初よりも小さい円筒が衝突する様子を見せた。しかしどちらのケースでも、虫が最初よりも遠くまで、つまり台の端まで転がるような細工をしてあった。最初よりも大きい円筒がぶつかって虫が最初よりも遠くまで転がった様子を見た赤ん坊は、何も特別な反応は示さなかった。しかし案の定、最初よりも小さい円筒がぶつかって虫が最初よりも遠くまで転がる様子を見た赤ん坊は、虫を長いあいだ見つめ、もしやり方がわかれば頭を掻いていたであろう表情を示した。

衝突が強いと虫は遠くまで転がるということを知っているだけでは、アイザック・ニュートンのような人物にはなれない。しかしこの実験からわかるように、人間は物理世界を本能的に理解しており、また生まれつきの好奇心を満たしてくれるような、環境に対する高度な直感的感覚を持っている。そしてその感覚は、ほかの動物種よりもはるかに発達しているらしいのだ。

我々人類は何百万年もかけて進化と進歩を重ね、より強力な脳を獲得した。そして一人一人が、この世界でできることをせっせと学んできた。自然を理解しようとする上で現生人類の精神の発達は欠かせないものだったが、それだけでは十分でなかった。そこで次の章では、我々がどのようにして、周囲の世界に関する疑問を発し、知力を合わせてその答を出すようになったのか、その物語を話すことにしよう。つまり人間文化の発展の物語である。

第3章　文　化

疑問を抱く動物

毎朝、鏡をのぞき込む人は、ほかのほとんどの動物が認識しないものを見る。それは自分自身だ。自分の姿に向かって微笑んで投げキッスをする人もいるし、だらしない顔を直すために急いで化粧やひげそりをする人もいる。いずれにしても人間のこのような反応は、動物としては風変わりだ。我々は進化の途中のどこかで、自意識を持つようになった。さらに重要なこととして、鏡に反射して見える顔には年月とともに皺が寄り、恥ずかしい場所に毛が生え、最終的には存在しなくなってしまうことを、我々ははっきりと理解するようになった。つまり、はじめて死というものを知ったのだ。

我々の脳といういわば精神のハードウエアは、生き延びるために、象徴的に考え、疑問を抱いて推論する能力を発達させた。しかしひとたびハードウエアを手にすれば、さまざまな用途に使うことができる。ホモ・サピエンス・サピエンスの想像力が飛躍して、人はみな死ぬのだと認識したことによって、たとえば「誰がこの宇宙を司っているのか」といった実存的な疑問を抱くようになった。この疑問自体は科学的ではないが、それをきっかけに、「原子とは何か」や、あるいはもっと個人的な、「自分は何ものか」とか「自分に合うように環境を変えられるか」といった疑問へとつながっていった。そうして我々人類は、動物としての起源を超越してこのような問いかけを始めることで、思考して疑問を抱くことを特徴とする動物種として次の一歩を踏み出した。

このような疑問を考えるに至った人間の思考プロセスの変化は、おそらく何万年もかけて徐々に進んでいった。その始まりは、おそらく四万年前頃に我々の亜種が、現代的な行動と考えられるものを取りはじめたときだった。しかしその変化が大きくなってきたのは、約一万二〇〇〇年前、最終氷期の終わり頃である。それまでの二〇〇万年を旧石器時代といい、その後の七〇〇〇年から八〇〇〇年を新石器時代という。どちらの呼び名も、使っていた石器によって特徴づけられる。旧石器時代から新石器時代への大きな変化を「新石器革命」というが、それは石器の変化によるものではない。変化したのは、考え方、問う疑問、そして、どんな実存的問題を重要と考えるかだった。

精神的・文化的革命としての新石器革命

旧石器時代の人々は、一〇代の頃の私のように食べ物を求めてしょっちゅう移動していた。女性は植物や種子や卵を採集し、男性はもっぱら狩りをしたり死肉をあさったりしていた。彼ら放浪民は、季節ごとに、または毎日移動した。ほとんど何も持たずに、自然の恵みを追いかけ、試練に耐え、つねに自然のなすがままに生きていた。しかし土地の恵みが限られていて一平方キロあたり三人足らずしか生活できなかったため、旧石器時代のほとんどを通じて人々は、一〇〇人にも満たない小さな放浪集団の中で生きていた。[1] そのような生活様式から人口一〇人ないし二〇人の小さな村での定住生活へと変化し、食糧の採集から生産へと移行しはじめたことが、一九二〇年代に「新石器革命」と名づけられた。

この変化とともに、単に環境に合わせるのでなく、環境を積極的に作りかえるという動きが起こった。

小さい集落で生活しはじめた彼らは、自然が与える恵みによって生きるだけでなく、そのままでは価値のない材料を集め、それを価値のある品物へ作りかえるようになったのだ。たとえば、木材や日干しレンガや石で家を建てたり、天然に産出する金属銅から道具を作ったり、蔓を編んで籠を作ったりした。また、亜麻などの植物や動物から取った繊維を撚って糸にし、それを編むことで、それまで身につけていた動物の皮よりも軽く、通気性がよく、簡単に洗濯できる衣服を作った。さらには、粘土を成形して焼くことで、調理したり余った料理を保存したりする壺や水差しを作った。[2]

粘土製の水差しなどの道具の発明は、表面的に見れば単に、ポケットで水を運ぶのは難しいと気づいた程度のことにしか思えない。多くの考古学者も最近まで、新石器革命は生活を楽にするための適応的な変化にすぎなかったと考えていた。一万年前から一万二〇〇〇年前の最終氷期の終わりに気候が変化したことで、多くの大型動物が絶滅し、ほかの動物も移動のパターンを変えた。それによって人々は食糧を手に入れるのが難しくなったと考えられていた。中には、人口が増えすぎてもはや狩猟や採集では支えられなくなったと考える人もいた。このような考え方によれば、定住生活や複雑な道具の発達は、このような環境変化に対応した結果だということになる。

しかしこの説にはいくつか問題点がある。その一つとして、栄養失調や病気は骨や歯に痕跡を残す。しかし、一九八〇年代におこなわれた新石器革命以前の化石の研究では、そのような痕跡はまったく見つからなかったため、当時の人々は栄養は不足していなかったと考えられる。考古学的証拠によれば、むしろ初期の農耕民のほうがそれ以前の狩猟民よりも、背骨に多くの問題を抱え、歯が悪く、貧血やビタミン不足が多く、寿命も短かったらしい。[3]さらに、農業は徐々に採り入れられていったようで、広範囲の劇的な気候変動によるものではなかった。加えて、初期の定住民の多くが植物を栽培したり動物を飼ったりしていたことを示す痕跡は存在しない。

人類がもともと取っていた狩猟採集の生活様式では、人々は生き延びるために苦闘していたと考えられがちだ。テレビの実録番組では、ジャングルの中で飢え死にしそうな挑戦者が、翅の生えた昆虫やコウモリの糞を食べるしかなくなる。狩猟民がホームセンターで道具や植物の種《たね》を買ってカブを植えたら、生活はよくなったはずではないのか？　必ずしもそうではない。オーストラリアやアフリカの未開の地に一九六〇年代まで暮らしていた数少ない狩猟採集民の研究によると、数千年前の放浪民の社会は「物質的豊かさ」を持っていたらしいのだ。[4]

一般的に放浪生活では、一時的に定住して、野営地周辺の食糧がなくなるまではその場所に留まる。食糧がなくなれば移動する。持ち物をすべて運ばなければならないため、放浪民は大きい品物よりも小さい品物を大事にして、少ない所有物で満足し、一般的に財産や所有という感覚はほとんど持っていない。一九世紀に初めて研究に取り組んだ西洋の人類学者にとって、放浪生活のこのような側面は貧しくて満たされていないように見えた。しかし放浪民は一般的に、食糧を求めて困難に直面することもないし、生き延びるために苦闘することもない。むしろ、アフリカのサン族（ブッシュマンとも呼ばれる）の研究によって、彼らの食糧採集活動は第二次世界大戦前のヨーロッパの農民よりも効率的であることが明らかとなっている。また、一九世紀から二〇世紀半ばまでにおこなわれた、狩猟採集集団に関するより幅広い研究によって、平均的な放浪民は一日わずか二時間から四時間しか働かないことがわかっている。[5]年間降水量がわずか一五ないし二五ミリしかないアフリカのドーブ地方でさえ、食糧は「多種多様で豊富」であることがわかったのだ。それに対して原始的な農耕は、骨の折れる長時間の労働を必要とする。石や岩を動かしたり、草を刈ったり、きわめて原始的な道具だけを使って固い地面を耕したりしなければならないのだ。

このように考えていくと、人類が定住した理由に関する旧来の説は不完全であるように思われる。いまや多くの人が考えるところによれば、新石器革命はそもそも現実的な問題が理由で起こったのではなく、人間の精神性の成長をきっかけとした精神的で文化的な革命だったのだ。この見方を裏づける、現代でおそらくもっとも驚きの考古学的発見がある。自然に対するこの新たな接し方は定住生活様式の発達後ではなく、その前に始まったことを物語る、ギョベクリ・テペと呼ばれる巨大な遺跡だ。[6] この名前はトルコ語で「太鼓腹の丘」という意味で、発掘以前はまさに太鼓腹のように見えた。

ギョベクリ・テペと社会の誕生

ギョベクリ・テペは、トルコ南東部、現在のウルファ県にそびえる丘の頂上にある。その壮大な建造物は、いまから一万一五〇〇年前（大ピラミッドよりも七〇〇〇年前）に、新石器時代の定住民ではなく、まだ放浪生活様式を捨てていなかった狩猟採集民のすさまじい努力によって建てられた。だがもっとも驚かされるのは、それが何のために建てられたかである。『旧約聖書』よりおよそ一万年も昔のギョベクリ・テペは、どうやら宗教施設だったらしいのだ。

ギョベクリ・テペには、直径二〇メートルもの円周上に柱が並べられた構造物がいくつもある。それぞれの円の中心には、頭が横長で身体が細長い人間のような形をした、T字形の柱が二本建っている。もっとも高いものは五・五メートルある。それを建てるには、重さ一六トンもの巨石を運ばなければならなかった。しかもそれは、金属製の道具や車輪の発明よりも前で、動物を飼い慣らして荷物を運ばせる方法を人々が知るよりも前だった。さらにギョベクリ・テペは、その後の時代の宗教施設と違い、中央集権的で大規模な労働力を提供できる都市に人々が住むようになる以前に建てられた。『ナショナル・ジオグラフィック』誌には次のように書かれている。「狩猟採集民がギョベクリ・テペを建造したというのは、誰かが地下室で工作用ナイフを使ってボーイング７４７を造ったようなものだ」

科学者としてはじめてこの建造物を発見したのは、一九六〇年代にこの地域を調査していたシカゴ大学とイスタンブール大学の人類学者たちだった。彼らは壊れた石灰岩の石板が地面から顔を出しているのを見つけたが、ビザンチン時代の墓の跡だと考えて無視してしまった。そのため、人類学者のあいだでほとんど注目されないまま三〇年が過ぎた。そして一九九四年、地元の農民が鋤《すき》で地面を耕していると、先端に何かが当たった。それは地中に埋まった巨大な柱だった。この地域を研究していた考古学者のクラウス・シュミットは、以前にシカゴ大学の報告書を読んだことがあり、その柱を一目見てみることにした。「それを目にして一分も経たないうちに、自分には二つの選択肢があると気づいた。このまま立ち去って誰にも話さないか、それとも残りの人生をこの研究に捧げるかだ」[7]。シュミットは後者を選び、二〇一四年に亡くなるまでこの遺跡を研究しつづけた。

ギョベクリ・テペが建てられたのは文字の発明以前だったため、辺りに聖典のようなものはまったく残っておらず、この遺跡でどのような儀式がおこなわれていたかはわからない。しかし、のちの時代の宗教遺跡や宗教的行為との比較から、ギョベクリ・テペは礼拝の場だったという結論が導かれている。たとえば、ギョベクリ・テペの柱にはさまざまな動物の姿が彫り込まれているが、それらは旧石器時代の洞窟壁画と違って、この建造物を建てた人々が糧にしていた動物にも似ていないし、狩猟など日常生活のさまざまな行動に関係した象徴でもない。ライオンやヘビ、イノシシやサソリ、あるいは肋骨が露出したジャッカルに似た獣など、恐ろしい生き物を描いているのだ。それらは、のちに崇拝と結びつけられる、象徴的あるいは神話的な存在だったと考えられている。

ギョベクリ・テペの遺跡

ギョベクリ・テペは何もない台地のまっただ中に建っており、祖先たちは強い意志を持ってそこを訪れた。この地域では、水源や住居や火床など、人が住んでいたことを示す証拠は一つも発見されていない。その代わりに、遠くで獲って食糧として運んできたと思われる、ガゼルや野牛の骨が何千個も見つかっている。ギョベクリ・テペにやって来るのはいわば巡礼の旅で、一〇〇キロも離れた場所から放浪の狩猟採集民が集まっていたことを示す証拠もある。

「ギョベクリ・テペは、最初に社会文化的変化が起こり、その後で農業が始まったことを物語っている」と、スタンフォード大学の考古学者イアン・ホッダーは言う。要するに、集団による宗教的儀式が始まったことが重要な原因となって、宗教的中心地の周りに放浪の民が集まって定住しはじめ、やがて共通の信仰と価値体系に基づく村が形成されたということだ。[8] ギョベクリ・テペが建造された時代には、まだ剣歯虎がアジアの地をさまよっていた。また、ホモ・サピエンス以外の最後の近縁種である、狩猟をおこない道具を作っていた身長九〇センチのこびとのようなホモ・フロレシエンシスが絶滅するのは、まだ何百年も先のことだった。それでも、ギョベクリ・テペを建てた古代人は、生活に関する現実的な疑問を問う段階から精神的な疑問を問う段階へと進歩していたらしい。「ギョベクリ・テペが新石器時代の複雑な社会の真の起源だったと言っていいだろう」とホッダーは語っている。[9]

人間以外の動物も、食べ物を得るために単純な問題を解決したり、単純な道具を使ったりする。しかし、たとえ原始的な形であっても人間以外の動物にはけっして観察されたことがないのが、自身の存在を理解しようとする探究の行為である。したがって、旧石器時代後期や新石器時代前期の人々が単に生き延びることから視線を逸らし、自分自身と周囲の世界に関する「不必要な」真理に目を向けたことは、人間の知能の歴史においてもっとも意味深いステップの一つだった。ギョベクリ・テペが人類最初の、あるいは少なくとも知られている中で最初の宗教施設だったとしたら、それは宗教史における神聖な場所に値する。しかしそれだけでなく、人間の実存的な意識が飛躍し、宇宙に関する壮大な疑問に答を出すために人々が大きな労力を費やしはじめた時代を映し出しているのだから、科学史における神聖な場所としても価値がある。

チャタル・ヒュユクと自然に関する新たな疑問

人間の精神が進化して実存的な疑問を問うようになるまでに自然は何百万年も要したが、ひとたびそうなると、それよりはるかに短い年月で人類は文化を発展させ、生き方や考え方を一変させた。新石器時代の人々は最初は小さな村に定住していたが、その後、骨の折れる労働によって食糧生産を増やすにつれてより大きな村を作り、人口密度は一平方キロあたり三人から三〇〇人へと急上昇した。[10]

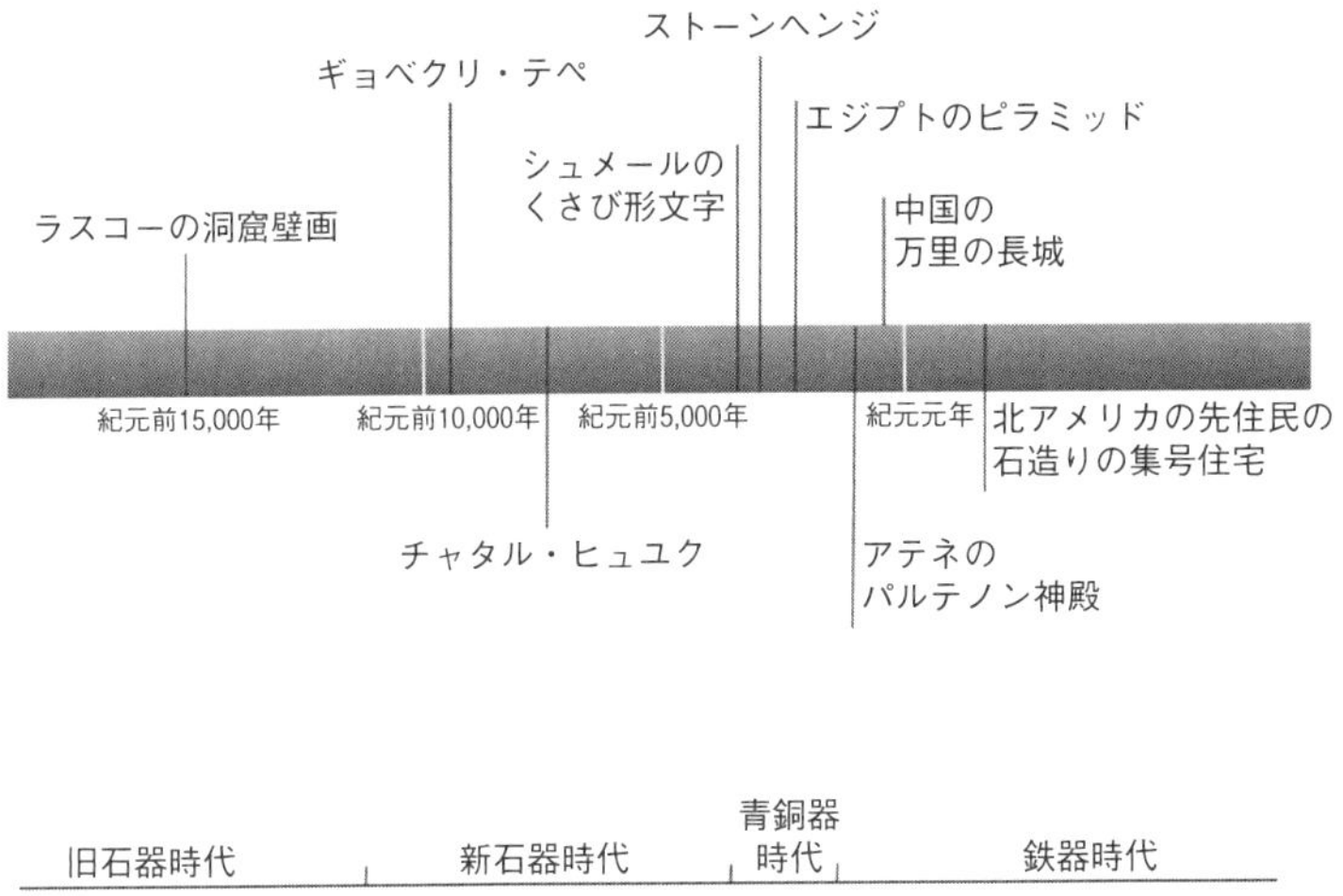

新石器時代の新たな巨大な村の中でももっとも見事なのが、ギョベクリ・テペから西へわずか数百キロ、トルコ中央部の平原に紀元前七五〇〇年頃に築かれたチャタル・ヒュユクである。[11] 動植物の遺物の分析によると、住民たちは野生の牛や豚や馬を狩り、野生の塊茎や草、ドングリやピスタチオを採集していたが、それとともに小規模な自給農業もおこなっていたらしい。さらに驚かされることとして、住居で発見された道具から、住民は自分の家を建てて維持し、また芸術作品を作っていたことがわかっている。分業はまったくおこなわれていなかったらしい。放浪民の小さな集落ならそれもうなずけるだろう。しかしチャタル・ヒュユクには最大でおよそ二〇〇〇家族八〇〇〇人が暮らしており、その一人一人が、ある考古学者いわく「自分のことだけをしていた」のだ。

　そのため考古学者は、チャタル・ヒュユクやそれに似た新石器時代の村を都市や町とはみなしていない。最初の都市や町が誕生するのはさらに何千年もあとである。村と都市の違いは、単なる規模だけではない。[12] それは住民のあいだの社会的関係によって決まり、その関係性が生産や分配の手段を左右する。都市では分業がおこなわれており、各個人や家族はいくつかの商品やサービスを他人に頼っている。誰もが必要とするさまざまな商品やサービスの分配を集約化することで、個人や家族は何から何まで自分でやる必要がなくなり、一部の人は特化した活動に携われるようになる。たとえば、周辺地域に住む農民が収穫した余分な農作物が都市に集まって、住民に分配できるようになると、本来なら食糧の採集（または栽培）に専念していた人々が、職人や聖職者などさまざまな職業に就けるようになる。しかしチャタル・ヒュユクでは、それぞれの家族はたとえ隣り合って住んでいても、互いにある程度独立して実際的な活動に携わっていたことが、人工遺物から明らかになっている。

それぞれの家族が自給自足で、肉を肉屋から買えず、配管を配管工に直してもらえず、水没させてしまった携帯電話を近くのアップルストアへ持っていって、トイレに落としていないふりをして取り替えてもらうこともできないとしたら、わざわざ隣り合って暮らして村を作る必要があるだろうか？　チャタル・ヒュユクのような集落の住民を互いに結びつけて一つにしていたのは、新石器時代の人々をギョベクリ・テペに惹きつけたのと同じく、共通の文化と精神的信仰の芽生えだったのだろう。

誕生しつつあったその文化では、人間の死について考えることが一つの特徴となった。たとえばチャタル・ヒュユクには、放浪民のものとはまったく異なる新たな死の文化の証拠が残っている。放浪民は、いくつもの丘を越えたり荒れ狂う川を渡ったりするときに、病人や弱った人を連れていく余裕はない。そのため放浪民は移動する際に、弱ってついていけない老人を置き去りにするのがふつうだ。しかしチャタル・ヒュユクなど近東の廃村の住民は、それとは正反対の習慣を持っていた。家族や親戚は、生きている人だけでなく死んでいる人も含め、物理的にそばに置いておくことが多かったのだ。チャタル・ヒュユクでは、死人は家の床下に埋葬していた。[13]幼児はときに、部屋の入り口の敷居の下に葬られた。ある大きな家の地下からは七〇体の遺体が発見されている。場合によっては、埋葬の一年後に墓を開け、儀式のためにナイフで頭部を切り離すこともあったらしい。[14]

チャタル・ヒュユクの住民は、死を恐れるだけでなく、人間の優越性についても新たな感じ方をしていた。ほとんどの狩猟採集社会では、まるでハンターと獲物が相棒であるかのように、大いに敬意を持って動物を扱う。ハンターは獲物を支配しようとはせず、自分に命を捧げる動物とある種の親交を築く。しかしチャタル・ヒュユクには、人々が雄牛やイノシシやクマをいじめたり苦しめたりしている様子を描いた壁画が残っている。もはや動物は相棒ではなく、支配し、蔓で籠を作るのと同じように利用するものと見ていたのだ。[15]

この新たな考え方がやがて、動物の家畜化へとつながった。[16] それから二〇〇〇年のあいだに、ヒツジやヤギが、さらにウシやブタが飼い慣らされていく。はじめは、野生の群れを狩って年齢や雌雄のバランスをとるという選択的な狩猟をおこない、狩った動物を野生の捕食者から守ろうとしていた。だがやがて、動物の一生のあらゆる面に責任を持つようになる。もはや自力で生きる必要のなくなった家畜は、それに応じて、新たな身体的特性とともに、より従順な行動、小さい脳、低い知能を進化させた。コムギやオオムギ、レンズマメやエンドウをはじめとした植物も人間の支配下に入り、採集者でなく農民のものとなった。

農業や牧畜の発明をきっかけとして、その営みの効率を最大限に高めることに関係した新たな知的飛躍が起こった。人々が、自然の法則や規則性を学んで活用したいと思うようになったのだ。動物はどのようにして繁殖するのかや、何が植物の生長を促すのかを知ることが、役に立つようになった。それがのちの科学の芽生えになったが、当時の人々は科学的方法も持たず、論理的推論の利点も理解していなかったため、魔法めいた宗教的な考え方が経験的な観察結果や理論とない交ぜになったり、ときにはそれに取って代わったりしていた。その目的は今日の純粋科学よりも実用的で、人間が自然の作用を凌ぐ力を発揮するためのものだった。

人類が自然に関する新たな疑問を問いはじめるとともに、新石器時代の定住地の拡大によってその疑問に答えるための新たな方法が生まれた。知の探求はもはや必ずしも一個人や小集団の営みではなくなり、大勢の人の貢献によって進められるようになったのだ。そして彼らは、食糧を探して集める習慣をおおかた捨てていた一方で、力を合わせてアイデアや知識を探して集めるようになった。

知識の伝播

私が大学院生のときに博士論文のテーマとして選んだ問題は、中性子星近傍の強い磁場中における水素原子の振る舞いを記述した、解くことが不可能な量子力学の方程式の近似解を求めるための新たな手法を開発するという難題だった（中性子星とは宇宙でもっとも密度が高く小さい星のことである）。なぜその問題を選んだのか見当もつかない。指導教官もすぐに興味を失ってしまったらしい。私は一年かけてさまざまな近似法を考え出したが、既存の手法より優れたものは一つもなく、学位を取るには値しなかった。そんなある日、建物の向こう側にオフィスを構える一人の博士研究員《ポスドク》と話をしていた。その人は、クォークという素粒子の振る舞いを理解するための新たな方法に取り組んでいた。クォークには三色ある（日常生活における「色」の定義とは何の関係もない）。その方法とは、三色でなく無限の種類の色がある世界を（数学的に）イメージするというものだった。クォークは私の研究とは何の関係もなかったが、話をしているうちに新たなアイデアが浮かんできた。三次元でなく無限次元の世界に我々が住んでいるというふりをして、自分の問題を解いてみたらどうだろうか？

的外れの奇妙なアイデアだと思われるかもしれない。確かにそのとおりだ。しかし数式をいじり回していくと、不思議なことに、現実の世界で考えていては解けないのに無限次元に書きなおすと解けるようになることがわかった。解が得られたので、卒業するためにあとやるべきことは一つしかなかった。我々が実際には三次元空間に住んでいるという事実と辻褄を合わせるには、その答をどのように修正すればいいか、それを見つけることだ。

その手法は強力だということがわかった。簡単な計算をするだけで、ほかの人が使っていた複雑なコンピュータ計算よりも精確な結果を得ることができたのだ。一年のあいだ無益な努力を重ねた末に、わずか数週間で「1／N展開」に関する博士論文の大部分を片づけ、それから一年間で例のポスドクと私は、このアイデアを別の場面や原子に応用した一連の論文を投稿した。[17] しばらくしてノーベル賞受賞者の化学者ダドリー・ハーシュバックが、『フィジックス・トゥデイ』という胸躍る名前の学術雑誌で我々の手法のことを知った。そしてこの手法に新たに「次元スケーリング」という名前をつけて、自らの研究分野に応用しはじめた。[18] それから一〇年もしないうちに、この手法だけを議論する学会まで開催された。ここでこの話を紹介したのは、厄介な問題を選んで一年間無駄にしても、最後は興味深い発見につながるかもしれないからではない。何かを明らかにして新たな道を切り開くという人間の苦闘は、孤立した一人の努力によるものではなくて協力的な取り組みであり、その社会活動は、大勢の人が互いに関わり合う定住地でうまく生きるためには必要なものなのだ。

大勢の人との関わり合いは、現在にも過去にも見られる。孤高の天才が人類の世界観を根底から覆したり、技術の世界で奇跡的な発明を成し遂げたりしたといった伝説は数限りないが、いずれも決まって作り話だ。たとえば、馬力の概念を考え出してその名が仕事率の単位に使われているジェイムズ・ワットは、やかんから噴き出す水蒸気を見ていたときに突然ひらめいて蒸気機関のアイデアを思いついたといわれている。しかし実際には、すでに五〇年ほど前から使われていた初期型の蒸気機関を修理している最中に、装置のアイデアを考え出したにすぎない。[19] アイザック・ニュートンも、一人で野原に腰を下ろしていたときにリンゴが落ちるのを見て、物理学を構築したのではない。ほかの人が蓄積した惑星の軌道に関する情報を、何年もかけて集めていたのだ。たまたま天文学者のエドモンド・ハレー（彗星で有名）の訪問を受け、問いかけられたある数学の問題に興味を惹かれていなかったら、あの有名な運動の法則が記された、今日ニュートンに名声を与えている『プリンキピア（自然哲学の数学的諸原理、*Philosophia Naturalis Principia Mathematica*）』を書くことはけっしてなかっただろう。アインシュタインもまた、友人の数学者マルセル・グロスマンの助けを借りて、湾曲した空間の性質を記述した古い数学理論を見つけ出していなかったら、相対論を完成できていなかっただろう。彼ら偉大な思索家は誰一人、何もないところからは偉大な成果を上げることはできなかった。ほかの人や以前の知識に頼ったのであって、その知識は当時の文化によって形作られ育まれたのだ。以前の人の成果に基づいて築かれていくのは、科学や技術だけではない。芸術もそうだ。T・S・エリオットは次のようにさえ言っている。「未熟な詩人は模倣し、成熟した詩人は剽窃し……、優れた詩人はそれをよりよいものに、あるいは少なくとも違うものに変える」[20]

「文化」は、周囲に住んでいる人から獲得した行動、知識、考え方、価値と定義され、場所ごとにそれぞれ異なる。我々現代の人間は、自分が育った文化に従って行動し、知識のほとんどは文化を通じて獲得する。ほかの動物種ではあまりそのようなことはない。最近の研究によれば、人間は進化によって、他人に物事を教えるよう適応したのだという。[21]

ほかの動物種が文化を持っていないというわけではない。たとえば、チンパンジーのいくつかの集団を調査した研究者たちは、ある集団を観察して、その一連の行動だけからその集団の出自を特定できることを発見した[22]。それはちょうど、世界中の人がアメリカ人のことを、ほかの国に行ってもミルクシェーキとチーズバーガーのあるレストランを探す人たちだと認識しているようなものだ。彼ら科学者は、チンパンジーの群衆どうしで互いに異なる計三八の慣習を特定した。ウガンダのキバレ、ナイジェリアのゴンベ、タンザニアのマハレに棲むチンパンジーは、大雨に打たれながら楽しそうに跳ね回り、木の枝を引きずったり手で地面を叩いたりする。コートジボアールのタイの森やギニアのボッソウに棲むチンパンジーは、コウラナッツを木の切れ端の上に置いて平らな石を叩きつけて実を割る。別のチンパンジーの集団は、薬用植物の使い方を文化として伝えるという。いずれの文化活動も、本能によるものや各世代ごとに発見されたものではなく、若いチンパンジーが母親の真似をして学習するものである。

動物のあいだで知識が発見されてそれが文化として伝えられる例として、もっともよく記録が残されているのが、日本の幸島《こうじま》という小さな島に見られるものだ[23]。一九五〇年代前半、研究者は海岸に毎日ニホンザルの餌として、サツマイモを撒いていた。サルたちはせっせと砂を払ってからサツマイモを食べていた。すると一九五三年のある日、イモという名前の生後一八か月のメスザルが、サツマイモを海中へ持っていって洗うというアイデアを思いついた。そうすることで、じゃりじゃりした砂を落とせるだけでなく、塩味がついてよりおいしくなった。すぐにイモの遊び相手もその技を身につけた。母親たちや、その後オスたちも、年老いた数頭を除いて徐々に真似していった――互いに教え合うのではなく、観察して真似しただけだったが。何年かすると、集団全体が餌を洗うという習慣を身につけていた。それだけでなく、以前は水を避けていたサルたちが海の中で遊ぶようになっていた。この行動は世代を経て受け継がれ、何十年も続いた。海岸沿いに住む人間集団と同じように、独自の文化を編み出したのだ。長年の研究によって、ほかにもシャチやカラス、そしてもちろんほかの霊長類など、さまざまな動物種に文化の証拠が見つかっている[24]。

我々人間がこれらの動物と違う点は、過去の知識や革新をもとにしてさらに進んでいくことができる唯一の動物であることらしい。ある日、一人の人間が、円いものが転がることに気づいて車輪を発明した。やがて、荷馬車、水車、滑車、そしてもちろんルーレットが生まれた。それに対してサルのイモは以前のサルの知識をもとにしたのではないし、ほかのサルもイモの知識をもとにしたのではない。我々人間は話し、教え合い、かつての考え方を発展させたり、洞察やひらめきを伝え合ったりする。サルなどほかの動物はそんなことはしない。考古学者のクリストファー・ヘンシルウッドは次のように言っている。「サルはほかのサルにシロアリの捕まえ方を見せることはできるが、それを改良することはない。『違う道具を使ってやってみよう』などと言うことはなく、同じことを何度も繰り返しやるだけだ[25]」

以前の文化をもとに（ある程度守りながら）文化を発展させていくこのプロセスを、人類学者は「文化のラチェッティング」と呼んでいる[26]。それが、人間の文化とほかの動物の文化との本質的な違いである。新たに築かれた社会の中で、他人と似た考え方を持って一緒に同じ問題について考えたいという欲求が、高度な知識の発展を促したのだ。

考古学者は文化的革新をウイルスにたとえることがある[27]。考え方や知識が広まるためには、ウイルスと同じくいくつかの条件（この場合には社会的条件）が必要だ。結びつきの強い大きな集団のように、その条件が整っている場合には、社会の一人一人が影響を及ぼし合い、文化は広まって発展する。役に立つ、あるいは単に満足を与えてくれる考え方が生き残って、次の世代の考え方を生み出すのだ。

革新に頼って成功を収める現代の企業は、そのことをよくわきまえている。グーグルはそれを具体的に実践し、カフェテリアに細長いテーブルを置いて社員が一緒に座るしかないようにしたり、料理をもらうのに三分から四分並ばなければならないようにしたりしている。いらいらしてカップラーメンで済ませるほど長くはないが、誰かと出会って話をする機会が多くなる程度には長い。一九三〇年代から七〇年代まで世界一創造力に富んでいたベル研究所は、トランジスタやレーザーなど、現代のデジタル時代を可能にした数々の重要な発明を生み出した。そんなベル研究所では、共同研究が大いに重視されていた。建物は人々の出会いがなるべく多くなるよう設計され、また所員は、毎年夏にヨーロッパへ渡って、ヨーロッパとアメリカの科学的考え方の橋渡しをすることを職務の一つとしていた[28]。そして、幅広い知識集団のもとへ派遣された所員ほど、新発明を考えつくチャンスが多かった。進化遺伝学者のマーク・トーマスは、「新しいアイデアを考えつくには、どれだけ賢いかでなく、どれだけ人間関係が深いかが重要だ」と言っている[29]。人と人の結びつきは、文化のラチェットの鍵となるメカニズムであって、それは新石器革命の賜物の一つなのだ。

思考のための道具

父が七六歳の誕生日を迎えて間もないある晩、私は夕食後に父と一緒に散歩をした。翌日に父は入院して手術を受けることになっていた。何年ものあいだ、境界型糖尿病、脳卒中、心臓発作、そして慢性の胸焼け（父にとっては一番しんどかった）を患っていて、好きなものはほとんど食べられなかった。あの晩、ゆっくりと歩いていた父は、杖に身を預けながら視線を地面から空へ上げ、これで星は見納めかもしれないなんて思えない、とつぶやいた。そして、死期が迫った自分が何を考えているのかを語りはじめた。

父は言った。地上で我々は、問題だらけの混沌とした世界に生きている。幼い頃はホロコーストに苦しめられ、年老いたら危険なまでに膨らんだ大動脈に悩まされた。天界は完全不滅の宇宙のようなもので、惑星や太陽が古くからの軌道の上を静かに動き、まったく違う法則に従っているのだとずっと思ってきた、と。父は何年も前から同じようなことをたびたび口に出していた。私が取り組んでいる物理学の研究のことを説明すると、たいていこう聞き返してきた。人間を形作っている原子が、生命を持たない死んでいる物体を形作る原子と同じ法則に従うだなんて、本当にお前は信じているのか、と。私が何度「そうだよ、信じているよ」と言っても、父は納得しなかった。

私は思った。死を意識した父は、一人一人の人間を相手にしない自然法則をそれまでにも増して信じようとせず、似たような境遇の多くの人と同じく慈悲深い神の考え方に頼ったのだろう、と。父は神のことはめったに口に出さなかった。伝統的な神を信じるよう育てられ、それを信じつづけようとしたが、数々の恐怖に直面して違う考えを持つようになっていたのだ。しかしあの晩、父は星をじっと見つめながら、きっと神に慰めを求めているのだろうと思った。ところが父は驚くようなことを言った。「物理法則についてお前の言うとおりだったらいいな。人間の境遇はめちゃくちゃだけれど、自分が完全でロマンティックな星々と同じ材料でできていることに、いまでは安らぎを感じているよ」と。

我々人間は、少なくとも新石器革命の時代からこのような問題について考えてきて、いまだに答を出せていない。しかし、ひとたび人類がこのような実存的な疑問に目覚めると、知識を目指す道のりにおける次の一里塚として、それらの疑問に答える上で役に立つ道具、精神的な道具が生み出された。

初期の道具は立派なものには思えない。それは微積分などの科学的手法ではなく、思考のやりとりに欠かせない道具だ。我々はあまりにも長いあいだそれを持ち合わせているので、それが人間の精神構造の一部でなかった時代もあったことをつい忘れがちだ。しかし人類が進歩するには、食糧の調達でなく考えの追究を営みとする職業が生まれ、知識を保存して交換するための書き言葉が発明され、のちに科学の言語となる数学が誕生し、最後に法則という概念が生み出されるまで待たなければならなかった。これらの進歩は、一七世紀のいわゆる科学革命と同じように、社会を変える大きな変化だった。そしてその変化は、偉大な思考を進めた英雄たちの産物というよりも、最初の本格的な都市における生活の副産物として徐々に起こったものだった。

第4章　文明

古代の文明が果たした役割

アイザック・ニュートンの有名な言葉の一つに、「もし私が人より遠くを見ることができたとしたら、それは巨人たちの肩の上に立っているからだ」というものがある。この言葉は、一六七六年、ロバート・フックとルネ・デカルトの研究をもとに考えた事柄を説明するためにフックに宛てた手紙に記されている（のちにフックはニュートンの宿敵となる）。ニュートンは間違いなく、先人たちの考え方から恩恵を得た。それだけでなく、自分は先人たちから恩恵を得ていると語ったその言葉自体が、先人の賜物だった。一六二一年にロバート・バートン司祭が、「巨人の肩の上に立ったこびとは、その巨人よりも遠くを見ることができる」と記した。一六五一年には詩人ジョージ・ハーバートが、「巨人の肩に乗ったこびとは、そのどちらよりも遠くを見ることになる」と詠んでいる。一六五九年には清教徒のウィリアム・ヒックスが、「巨人の肩に乗ったこびとは、その［巨人］自体よりも遠くを見ることができる」と書いている。一七世紀、巨大な人間の上に乗ったこびとは、知的探究に関するイメージの定番だったようだ。[1]

ニュートンらが言う先人たちとは、ある程度近い過去の人々のことだ。それとは対照的に、何千年も前の世代が果たした役割は忘れ去られることが多い。我々は今日の自分たちを進歩した存在だと考えたがるが、ここまで進歩してきたのは、新石器時代の村々が最初の本格的な都市へ発展した頃に起こった数々の重要な革新があったからこそだ。その古代の文明が発展させた抽象的知識と精神的技術は、宇宙に関する我々の考え方とそれを探る能力が形作られる上で欠かせない役割を果たしたのだ。

専門化した職業

最初の都市は突如として出現したのではない。放浪民がある日、団結しようと決断して、発泡スチロールとビニールにくるまれた鶏のもも肉を狩猟採集しはじめたわけではない。村から都市への変化は、定住農耕生活が定着したのちに、数百年ないし数千年をかけて徐々に自然に起こった。そのため、ある村を都市として分類しなおすべき精確な時代に関しては解釈の幅がある。とはいえ、史上初の都市と呼ばれているものは、紀元前四〇〇〇年頃に近東に出現した[2]。

おそらくその中でももっとも突出していて、都市化への流れの重要な推進力となったのが、現在のイラク南東部、バスラの近郊にあった大きな城壁都市ウルクだろう[3]。近東は最初に都市化した地域だが、容易に生活を築けるような土地ではなかった。最初の定住者は水を求めてここへやって来た。大部分が砂漠であることを考えると、見当違いだったように思えるかもしれない。しかし気候は好ましくなかったものの、地理的条件は魅力的だった。この地域の中央には大地の長いくぼみが走っていて、そこをチグリス川とユーフラテス川およびそれらの支流が流れ、豊かで肥沃な平地を作っている。その平地を、古代ギリシャ語で「川のあいだ」を意味するメソポタミアという。最初の定住地は単なる村々で、川に阻まれて規模も限られていた。すると紀元前七〇〇〇年以後のあるとき、農耕集団が運河や貯水池を掘って河川を伸ばす方法を身につけ、食糧供給の増加によってようやく都市化が可能となった。

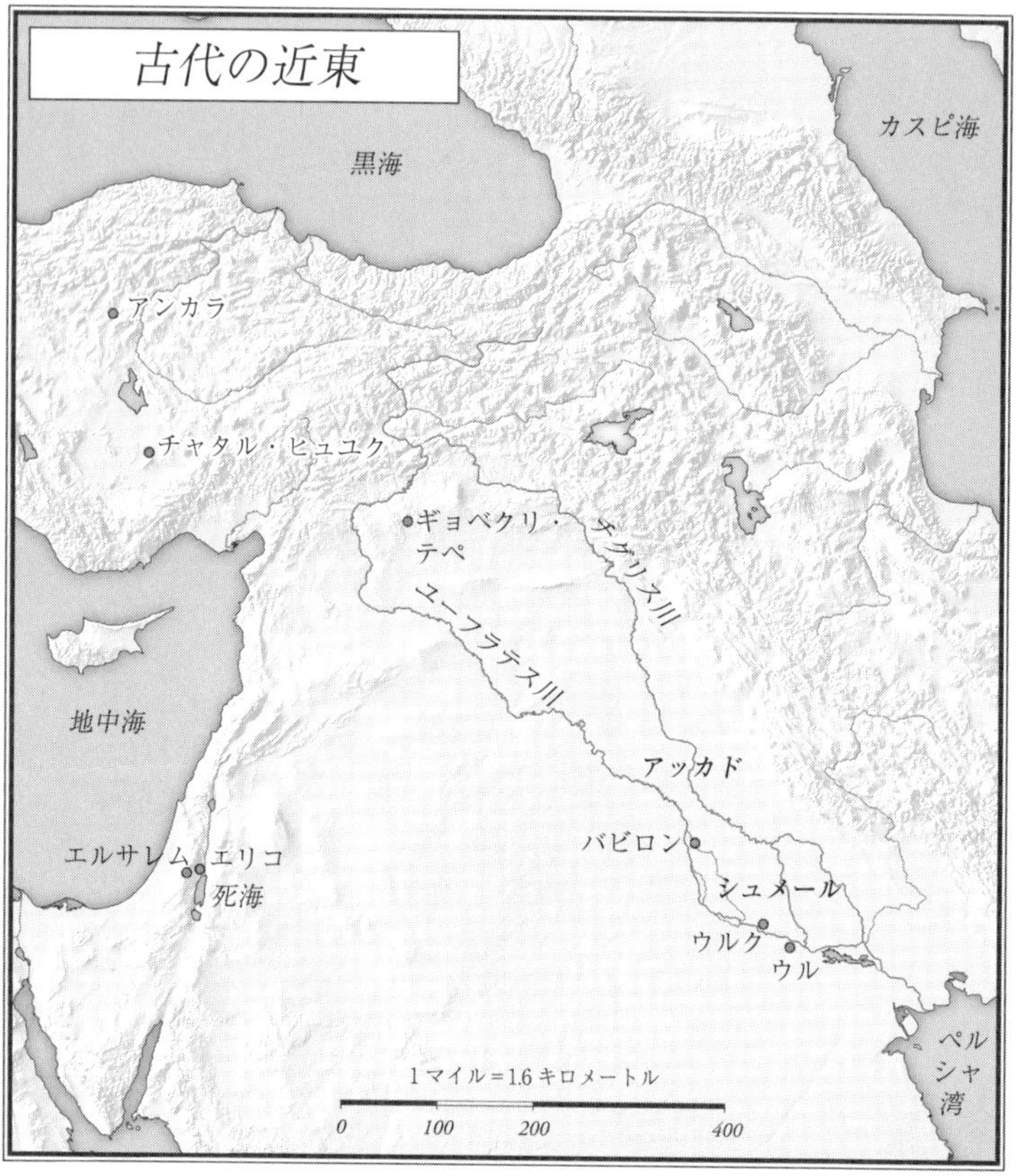

灌漑は容易ではなかった。あなたが溝を掘ろうとしたことがあるかどうかはわからないが、私は芝生のスプリンクラーのパイプを敷くために掘ったことがある。第一段階はうまくいった。スコップを買うという段階だ。だがそこから先は困難だった。その美しい道具を高く持ち上げ、力を込めて振り下ろすと、固い地面に跳ね返されてぶるぶると震えた。結局、作業をやり遂げるにはもっと大きい力を使わなければならなかった。エンジン駆動の掘削機を操る業者だ。今日の都市はさまざまな掘削作業に頼って

いるため、わざわざ立ち止まって感謝する人はほとんどいない。しかし古代近東の灌漑運河は、長さが何キロにも及んで幅も最大で二〇メートルあり、しかも機械の助けを借りずに粗雑な道具だけを使って掘り進められた。それを考えれば、古代世界のまさに驚きの偉業である。

　川岸から遠く離れた土地まで水を流すには、何百人から何千人もの労働者が汗水流して働くとともに、彼らに指示を与える設計者や監督者も必要だった。この集団事業に農民たちが労働力を提供するのには、いくつかの理由があった。一つは仲間からのプレッシャー。もう一つは、自分の土地に水を引くには力を合わせるしかなかったこと。動機が何であれ、農民たちの努力は報われた。食糧生産が増えて生活が安定したことで、家族はより多くの赤ん坊を支えて養うことができ、より多くの子供が生き延びられるようになった。出生率が加速度的に上昇し、乳児死亡率は低下した。紀元前四〇〇〇年には人口が急速に増えつつあった。村が町へ成長し、町が都市となり、都市はさらに拡大した。

　ペルシャ湾の奥に広がる湿地のすぐ内陸に建設されたウルクは、初期の都市の中でももっとも繁栄していた。ウルクは一帯を支配するようになり、ほかのどんな定住地よりもはるかに大きくなった。古代の都市の人口を推定するのは難しいが、考古学者が発見した構造物や遺物から見て、ウルクの人口は五万から一〇万、チャタル・ヒュユクの一〇倍に増えていたと思われる。[4]現代なら小さな都市にすぎないが、当時はニューヨークやロンドン、あるいは東京やサンパウロのような存在だった。

　ウルクの住民は、溝を掘りながらそこに種を落としていく、操作が難しい特別な道具を使って畑を耕していた。また、湿地から水を抜き、何百本もの水路がつながった運河を掘った。灌漑した土地では、穀類や果樹、おもにオオムギやコムギやナツメヤシを豊富に栽培した。ヒツジやロバ、ウシやブタを飼い、近くの沼では魚や鳥を、川ではカメを捕まえていた。ヤギやスイギュウを追い集めて乳を搾り、オオムギから造ったビールを大量に飲んでいた（古代の陶器の化学分析によって、紀元前五〇〇〇年にはビールが造られていた証拠が見つかっている）。

これらの発展が重要だった理由として、専門化した職業が生まれるには、材料や化学物質、および動植物のライフサイクルや生育条件に関する新たな知識が必要だったことが挙げられる。[5] 食糧生産は、漁師や農民、畜産家や猟師を生み出した。工芸品の製作は、すべての家が片手間でやる仕事から、特定の技術に専念する一群の職人がおこなう本格的な仕事へと変わった。パンはパン屋の製品に、ビールは醸造家の領分になった。[6] 酒場が登場し、女性を含め酒場の主人が生まれた。融かした金属を扱っていたと思われる作業場の遺跡から見て、精錬工もいたと推定される。陶器も職業を生み出したらしい。規格サイズで大量生産されたと思われる、縁が斜めのシンプルな器が何千個も発見されていることから、一〇〇円ショップではないが一つの工場が陶器製作を一手に引き受けていたと思われる。

専門労働者の中には、衣服に労力をつぎ込む者もいた。当時の絵画に織工の姿が描かれているし、絹織物の断片も見つかっている。さらに動物の遺骸からは、当時、ヤギよりもヒツジが多く飼われはじめたことがわかっている。ヤギのほうが乳を多く出すことを考えると、ヒツジが増えたことはおそらく羊毛の需要の高まりを反映しているのだろう。また残された骨から、畜産家はヒツジを大きくなってから屠殺していたことが明らかとなっている。肉を取るには好ましくないが、毛を取るために飼っていたとしたら賢い選択だ。[7]

これらの特化した職業はすべて、ビールや乳、そしてそれを飲むための陶器を必要とするどんな人にも頼りにされた。しかしそれだけでなく、人類の知性の歴史における輝かしい一里塚にもなった。新たな専門家の取り組みが組み合わさって、かつてないほど爆発的に知識が拡大したのだ。確かにそれは純粋に実用的な理由から獲得された知識で、神話や儀礼とない交ぜになっていた。またビールの製造法には、ビールの生産と喜びを司る女神の機嫌のとり方も含まれていた。雑誌『ネイチャー』に掲載されるようなものではなかったが、それが芽生えとなって、のちにそれ自体のために追究される科学的知識が発展することとなる。

知識階級の誕生

ものづくりを目的とした職業が発展するのに加え、この頃には、肉体労働や食糧生産でなく精神活動に集中する一握りの専門家も誕生した。

私のような職業は、ほかのほとんどの人よりも精神活動に縛られているといわれる。私は、溝を掘るだけでなくほとんどの実用的な作業に劣っている。労働社会における私の一番の取り柄は、疲れもせずに一日中座って考えることのできる能力だ。幸いにもその道を進みつづけている私は、古代の思索家たちとの結びつきを感じている。彼らは複数の神と迷信を信じていたものの、私を含め、考えて学ぶことで生計を立てる特権を持ったすべての人の仲間である。

新たな「知的」職業が生まれたのは、当時のメソポタミアに根づいた都市の生活様式には何らかの中央集権的組織が必要で、そのために体系や規則を作り、データを収集記録しなければならなかったからだ。たとえば都市化のためには、物々交換のシステムとそれを監督する機関が必要だった。また、食糧生産は増えたが季節が限られていたため、貯蔵のための共同システムを作らなければならなかった。さらに、農民や彼らに頼る人々は放浪部族と違い、襲撃されても定住地を簡単に放棄することはできなかったため、民兵や軍隊が必要となった。メソポタミアの都市国家はつねに、土地や水利をめぐって血なまぐさい戦いを繰り広げていたのだ。

また、労働者を束ねて公共事業に携わらせる必要も大いにあった。その一つとして、攻撃を防ぐために都市の周りに分厚い壁を築かなければならなかった。また、新たに発明された車輪を使った乗り物に合わせて道路を作ったり、農業のためにより大規模な灌漑事業を進めたりしなければならなかった。そしてもちろん、新たな中央集権的権力が存立するためには、役人を収容する大きな建物を建設する必要があった。

さらに警察組織も必要だった。[8] 人口が数十人や数百人だったときには、全員が知り合いだったかもしれない。しかし数千人に膨らむと、もはやそんなことはありえない。人々は見知らぬ人と頻繁に接するようになり、他人とのいさかいも様変わりした。人類学者や心理学者や神経科学者は、集団が大きくなるとそのダイナミクスがどのように変化するかを研究しているが、もっとも基本的なレベルで何が起こるかは容易に理解できる。誰かとつねに顔を合わせることになったら、たとえその人のことが嫌いでも、そんなそぶりを見せないのが得策だ。相手のことが好きだというふりをすれば、その人の頭を粘土板で殴ってヤギを盗むといったことを防げる。しかし相手が見知らぬ人で、その人と二度とすれ違うことはないと思ったら、おいしいヤギのチーズを手に入れるチャンスを逃すことはできないかもしれない。そうして、家族や友人や知人のあいだだけでなく見知らぬ人ともいさかいが起こるようになったため、それを解決する正規の手段、および警察力を作らなければならなくなった。それが、中央集権的な支配機関が作られるもう一つの推進力となった。

これらの中央集権的活動を可能にした世界初の都市の支配者は、はたしてどんな人物だったのか？　メソポタミア人は、自分たちと神々とを仲立ちする者、宗教上の義務や祭礼を司る人物に権威を求めたのだ。メソポタミアではいまでいう教会と国家との区別がなく、互いに不可分なものだった。都市にはそれぞれ神がいて、その都市を守っていた。住民は、神が自分たちの存在を司って、自分たちの住む都市を建てたと信じていた。[9]都市が衰退したら、神が見捨てたからだと考えた。そうして宗教は、社会を一つにまとめる単なる信仰体系でなく、規則を守らせる執行権力となった。さらに神は畏れられていたため、宗教は服従を促す道具としても役立った。近東学者のマーク・ヴァン・デ・ミエループは次のように記している。「品々はその都市の神に与えられ、人々に分配された。神が住む寺院は、そのシステムを機能させる中央機関だった。……都市の中に位置する寺院は、すべての中心地だった」[10]。結果としてウルクの社会の頂点に立ったのは、寺院における役割から派生した権威を持つ、司祭と王を兼ねた人物だった。

権威には力も伴うが、その力を有効に発揮するために、支配者はデータを集めなければならなかった。たとえば宗教権力が、商品や労働力の交換を監視し、税を徴収し、法を守らせようとしたら、それらの活動に関する情報を収集して処理して保管する人が必要となる。今日では政府役人は、カレッジフットボール一部リーグのチームにたとえられる影響力を持っていると考えられている。しかし彼ら史上初の政府役人からは、特化した知識階級が誕生した。そしてその役人たちの必要性から、もっとも重要な精神的技術である読み書きと計算が生まれた。

今日では読み書き計算は、おむつが外れてからスマートフォンを手にするまでに身につけるもっとも基本的な技術とされている。しかしそれが基本的なものに思えるのは、はるか昔に誰かが発明したからにすぎない。それ以来、読み書き計算は、教師たちが苦労して教えることで受け継がれてきた。古代メソポタミアに教授の肩書きがあったとしたら、読み方の教授、書き方の教授、数え方の教授、足し算の教授が、当時もっとも進んだ考え方を教えたり研究したりしていたことだろう。

音声言語と文字言語

我々自身と、地球上に棲むほかの何百万もの動物種との大きな違いの一つが、人間の精神はきわめて複雑でニュアンスに富んだある方法によって、ほかの人の考え方に影響を与えることができる点だ。その方法とは言語によるものである。ほかの動物も、恐怖や危険、空腹や好意を互いに知らせることができ、場合によっては我々に対して知らせることもできるが、抽象的な概念を学んだり、多数の単語を意味のある形でつなぎ合わせたりする能力は持っていない。チンパンジーは命令されるとオレンジの絵が描かれたカードを手に取ることができるし、オウムは「クラッカーちょうだい」と延々としゃべって人を苛立たせることができる[11]。しかし、単純な頼み事、命令、警告、および自分の名前をしゃべる以上の能力はほとんど持っていない。

一九七〇年代、チンパンジーに手話を教えて文法や統語法の構造を習得できるかどうかが調べられていた頃、言語学者のノーム・チョムスキーは次のように語った。「類人猿が言語能力を持っているというのは、まるでどこかの島に飛べない鳥がいて、人間に飛び方を教わるのを待っているようなものだ[12]」。それから何十年か経ち、チョムスキーのこの言葉は正しかったように思える。

鳥は飛び方を考え出したわけではないし、若い鳥は学校に行って飛び方を教わらなければならないわけでもない。それと同じように、言語は人間に生まれつき備わっているものであるように思える。しかも人間だけに。人類は野生の中で生き延びるために、複雑な共同行動をとらなければならなかった。また、私が子供たちにいつも言っているように、指を指してブーブー言っているだけでは何も伝わらない。そのため、言語は直立する能力や見る能力と同じく、生物学的な適応形質として進化した。それに役立った遺伝子ははるか昔からヒトの染色体の中に存在していて、古代のネアンデルタール人のＤＮＡの中にもあったことがわかっている。

音声言語の能力は本能的なものなので、音声言語は至るところで生まれたと予想できる。そして実際に、地球上にこれまで存在してきたあらゆる人間集団で互いに独立に何度も繰り返し発明されてきたらしい。新石器革命以前には、部族の数だけ言語が存在していたのかもしれない。そう考えられる一つの理由として、一八世紀後半、イギリスの植民地になる前のオーストラリア大陸には平均人口五〇〇人の固有の部族が五〇〇ほどあり、彼らは新石器時代以前の生活様式で暮らしていて、それぞれの部族が独自の言語を持っていた[13]。スティーヴン・ピンカーは次のように語っている。「言葉をしゃべらない部族はこれまで見つかっていないし、言語の『ゆりかご』である一つの地域から、言語を持たなかった集団へ言語が広まっていったという記録も存在しない[14]」

言語はヒトという動物種を規定する重要な特徴だが、それに対して文字言語は人間文明を規定する特徴であって、もっとも重要な道具の一つだ。人は言葉をしゃべることで、すぐ近くの小さな集団とコミュニケーションを取れるようになったが、さらに文字を書くことによって、空間的にも時間的にも遠く離れた人と考えを伝え合うことができるようになった。それによって膨大な知識を蓄積し、過去を土台にして文化を築けるようになった。そうすることで、一人一人の知識や記憶の限界を超えて成長することが可能となった。電話やインターネットは世界を変えたが、そのはるか以前、文字言語は最初のもっとも革新的なコミュニケーション技術となったのだ。

音声言語は自然に誕生したため、発明する必要はなかった。しかし文字言語は発明されたものであって、そのステップを踏まなかった部族もたくさんある。我々は文字言語を当たり前のものと思っているが、実はもっとも難しい史上最大の発明の一つである。その難しさを物語る事実として、現在話されている言語は世界中で三〇〇〇以上記録されているが、そのうち文字を持っているのはわずか一〇〇ほどしかない[15]。さらに、人類史全体を通じて文字はわずか数回しか発明されておらず、それがおもに文化の拡散によって世界中に広がった。何度も再発明するのではなく、既存の文字体系を借用したり改良したりしたのだ。

文字言語がはじめて使われたのは、紀元前三〇〇〇年より少し前、メソポタミア南部のシュメールにおいてだったと考えられている。それと独立して発明されたことが確実である文字体系は、紀元前九〇〇年より前にメキシコで作られたものだけである[16]。それに加えて、エジプト（紀元前三〇〇〇年）と中国（紀元前一五〇〇年）の文字体系も独自に発達した可能性がある。我々が知っている文字はすべて、この数回の発明のいずれかにそのルーツを持っているのだ。

私はほとんどの人と違って、自分で文字言語を「発明」しようとした経験がある。八歳か九歳の頃、カブスカウトに所属していたときにグループリーダーから、独自の文字体系を作るという課題を出されたのだ。リーダーのピーターズさんからレポートを返されたとき、私のレポートに感心してくれていることがわかった。私の作った文字は、ほかの子供のものとは似ても似つかなかった。ほかの子供は単に、英語のアルファベットを少し変形させただけだった。しかし私の文字体系は、完全に目新しいものに見えたのだ。

ピーターズさんは私のレポートを返す前に、いま一度じっくり読み返した。ピーターズさんは私のことが嫌いで、このような作品を作った創造的な才能を褒めたくないあまりに、何か穴がないかと探しているのがわかった。結局ピーターズさんは、「……よくできた」とつぶやいた。まるで、「よい」という言葉を使ってしまうと、これを考え出した私に著作権料として一週間分の給料を支払わなければならないかのようだった。ところがピーターズさんは、レポートを私のほうに差し出したかと思うと、突然引っ込めた。「お前は日曜学校に行っているだろう?」私はうなずいた。「ヘブライ語のアルファベットをもとに作ったのか？」嘘はつけなかった。私もほかの子供と同じように、自分の知っているアルファベットを変形させただけだったのだ。恥じることはなかったが落ち込んだ。ピーターズさんはいつも私のことを、ふつうの子供でなくユダヤ人の子供だと決めつけていたが、このとき私は自分でそれを証明してしまったのだ。

カブスカウトでのこのちょっとした課題は、私たち子供には難しかったかもしれない。しかし私たちはすでに、音声言語を基本的な音声に分解して一つ一つの文字に対応づける方法を教わっていたため、最初に文字言語を発明した人よりも圧倒的に有利だった。また、thやshなどいくつかの基本的な音声が一つの文字に対応しないことも教わっていたし、pとbなどの音声を区別することもできた。何らかの文字体系の経験がなかったらそれは難しかったかもしれない、

外国語を聞いてその音声の基本単位を聞き分けてみれば、その難しさがある程度分かるはずだ。たとえばインド＝ヨーロッパ語族の言語を話している人が中国語を聞くといったように、馴染みの薄い言語であればあるほど難しくなる。膨大な種類の音声を聞き分けるのは難しいだろうし、ましてやpとbのような微妙な違いを区別するのはもっと難しい。しかし古代シュメール文化は、どうにかしてこの難題を克服して文字言語を作り出した。

新たな技術が発明されると、その最初の利用法と、最終的に社会で果たすことになる役割とは大きく食い違うことが多い。革新や発見を糧にする分野で働いている人は、次のことを肝に銘じておいてほしい。のちほど説明する科学理論のように、新技術を発明した人は、自分が考え出したものの意味を本当には理解していないことが多いのだ。

文字言語を、粘土板（のちに紙などほかの素材）に音声言語を記録する一つの技術ととらえるなら、その進化を録音技術の発展と比較するのは自然だろう。トーマス・エディソンは録音技術を発明したとき、

やがてそれが音楽の録音に使われるなどとは思ってもいなかった。[17] いまわの際の言葉を記録したり、オフィスで口述筆記したりする以外に、商業的価値はほとんどないと考えていたのだ。それと同じように、文字言語の当初の役割は、やがて社会で果たすことになる役割とは大きくかけ離れていた。はじめのうちは記録を取ったりリストを作ったりするために使われていただけで、エクセルのスプレッドシートほどの意味しかなかったのだ。

文字と複雑化するコミュニケーション

知られている中で最古の文字は、ウルクの寺院複合施設の遺跡で見つかった粘土板に刻まれているものである。そこには、袋詰めの穀類やウシなどの品物が列挙されている。別の粘土板には、労働の分担が詳しく記されている。たとえばある寺院の教団は、一八人のパン職人、三一人の醸造人、七人の奴隷、一人の鍛冶を雇っていたことが、粘土板からわかっている。[18] また部分的な翻訳によって、労働者にはオオムギや油や布など一定量の品物が支給されていたことや、ある職業には「都市のリーダー」、別の職業には「ウシの偉人」といった肩書きがつけられていたこともわかっている。文字を書く理由はいくつも思いつくが、これまでに発掘されている粘土板の八五％は会計に関するもので、残り一五％の大部分は未来の会計士を教育するためのものである。[19] 簿記の作業は複雑だったため、学ぶべきことはかなり多かった。たとえば、人や動物や魚の干物を数えるのと、穀物製品やチーズや生魚を数えるのとでは、異なる数体系が使われていた。[20]

誕生したときの文字言語は、純粋に実用的な用途に限られていた。三文小説や宇宙の理論などは存在せず、請求書や商品目録、およびそれを証明する「署名」といった、役人の記録文書しかなかったのだ。俗っぽく聞こえるが、実は深い意味を持っていた。文字言語がなかったら、都市生活を規定する特徴である複雑な共生関係を築いて維持することはできず、都市文明は誕生していなかっただろう。

都市では我々はつねに、売買や請求、商品の発送や受領、貸借、賃金の授受、契約の締結や履行など、互いに与えたり与えられたりする関係にある。文字言語がなかったら、このような相互活動はすべて混乱していさかいを引き起こしていただろう。一週間、どんな出来事もどんなやりとりも、さらには仕事の成果も労働時間も記録できない状態で暮らしたと想像してみてほしい。プロバスケットボールの試合でさえ、両チームのファンがそれぞれ勝利を主張し合って収拾がつかなくなると思う。

もっとも初期の文字体系は、その目的と同じく原始的だった。果物であれ動物であれ人であれ、物の個数はただの斜線で表現していた。やがて、どの記号がヒツジに対応してどの記号がヒツジの所有者に対応するかを簡単に区別できるよう、数の横に小さな絵文字が描かれるようになったことで、単語を表現するための絵が使われはじめた。これまでに意味が特定されている初期の絵文字は、一〇〇〇種類を超える。たとえば、ウシの頭部の輪郭は「ウシ」を、三つの半円を三角形に並べたものは「山」を、三角形に陰部の印をつけたものは「女性」を表現するために使われていた。複合的な記号もあった。たとえば女性の奴隷は、「山の向こうからやって来た」女性ということで、そのとおり「女性」の記号に「山」の記号をつけ加えて表していた。[21]やがて、動詞を表現したり文を作ったりするのにも絵文字が使われるようになった。手と口の絵文字を「パン」の記号と並べて書いたものが、「食べる」という意味の絵文字になったのだ。[22]

初期の筆記者は、先の尖った道具で平らな粘土板を引っ掻いて絵文字を刻んでいた。その後、アシの茎を尖らせたものを粘土に押しつけて、くさび形の記号をつけるようになった。そのタイプの絵文字を「くさび形文字」という。ウルクの遺跡からは初期の粘土板が何千枚も発掘されているが、いずれも物や数を単純に並べただけで、文法は使われていない。

絵文字を使った文字言語の欠点は、絵文字が膨大な種類に及ぶために学習がとてつもなく難しいことだ。そのため、先ほど述べた思索家からなる、読み書きのできる小さな階級を作る必要性が生じた。彼ら史上初の職業上の学者たちは、寺院や宮殿に支えられて高い地位を享受する特権階級となった。エジプトでは税金さえ免除されていたという。

考古学的遺物によると、紀元前二五〇〇年頃、筆記者が必要となったことでもう一つの大革新が起こった。メソポタミアで「粘土板の館」と呼ばれていた、世界初の学校の誕生である。[23] はじめのうちは寺院と一続きだったが、のちに独自の建物に入るようになった。「粘土板の館」という名前は、学校の必需品だった粘土板から来ている。教室にはそれぞれ、粘土板を乾燥させる棚、それを焼く窯、保管する収納箱が備えられていたと思われる。依然として文字体系はきわめて複雑だったため、筆記者を志す人は何年もかけて何千種類もの複雑なくさび形文字を覚え、書けるようになる必要があった。人類の知的進歩におけるこの段階の重要性は、ついつい軽視されがちだ。しかし、社会が知識の伝達に専念する職業を生み出し、学生が何年もかけてその知識を習得するというのは、人類にとってまったく新しい発想だった。

時代とともにシュメール人は、文字言語を単純化すると同時に、それを使ってますます複雑な考えや概念を伝え合うようになっていった。また表現しにくい単語を、それと音が同じで表現しやすい単語の記号を流用して表すことも、場合によっては可能だと気づいた。たとえば“two”という単語を表す絵文字に、限定符と呼ばれる発音しない記号をつけ加えることで、別の意味を表すことを明示すれば、“to”という単語を表す絵文字を作ることができた。この方法を考案したシュメール人は、文法語尾を表す記号をいくつも作りはじめた。たとえば、“shun”という単語の記号を変形させて、接尾辞“-tion”を表現した。また同様の方法を使えば、短い単語を使って長い単語を綴ることもできると気づいた。たとえば、“two”と“day”を表す記号を使って“today”という単語を書くといった具合だ。このような革新によって紀元前二九〇〇年までに、シュメール人の言語の絵文字は二〇〇〇種類から約五〇〇種類にまで減った。

文字言語がより柔軟で扱いやすくなり、より複雑なコミュニケーションに利用できるようになると、粘土板の館は教える分野を文章の書き方や計算にまで広げ、やがて、新たに誕生した天文学、鉱物学、生物学、医学といった学問に用いられる特別な用語も扱うようになった。ただしはじめのうちは単語とその意味を扱うだけで、それらの学問の原理は取り上げられなかった。[24] 粘土板の館ではまた、町の長老から集めた人生成功のための「格言」、いわば実用的な哲学も教えた。それは、「売春婦と結婚するな」といったように単刀直入で実践的なものだった。アリストテレスによってではなく、穀物やヤギを数える段階から人々がステップアップしたことによって、このような探究が始まって教育機関が誕生し、それがのちに哲学の世界や科学のきっかけを作ることになるのだ。

紀元前二〇〇〇年頃、メソポタミアの文字文化は再び進化した。今度は、人間の感情的な要素を語る文学の発達だ。[25] 現在のバグダッドの南およそ一〇〇〇キロにある考古学的遺跡から発見されたこの時代の石板には、これまでに見つかっている中で最古の恋愛詩が刻まれている。四〇〇〇年前、王に愛情を抱く女司祭が語ったその言葉が表現している感情は、今日も変わらず鮮やかで共感できる。

私の愛しい花婿よ
あなたの神かがった美しさは、蜜のように甘い
あなたは私を虜にしてしまった。あなたの前では震えてしまった

花婿よ、寝室へ連れて行ってほしかった
花婿よ、私から喜びを奪ってしまった
母に言えばごちそうをくれるでしょう。父は贈り物をくれるでしょう

この詩から何世紀かのちに、再び革新が訪れた。単語が表す対象でなく、単語を作る発音を表記するという方法だ。それによって記号は概念でなく音節を表すようになり、文字言語の性質が劇的に変化した。それは、かつてのシュメール人がたとえば“shun”という単語を使って“-tion”という音節を表していた方法から、自然な成り行きとして生まれた。この進歩がいつどのようにして起こったか、正確なところはわからない。しかし、商業上の書簡や記録を絵文字で書くのは面倒だったはずで、より効率的な筆記法の発達は都市の通商の発展と関係があったと考えて差し支えないだろう。そうして紀元前一二〇〇年頃には、人類史上初の本格的なアルファベットであるフェニキア文字が誕生した。[26] かつては何百種類もの複雑な記号を覚えなければならなかったものが、わずか二、三〇種類の基本的な記号のさまざまな組み合わせで済むようになったのだ。このフェニキア文字がのちに、アラム語やペルシャ語、ヘブライ語やアラビア語に借用され、紀元前八〇〇年頃にギリシャ語に流用された。そしてギリシャからヨーロッパ全体へ広がっていった。[27]

初期の数学

初期の都市には、読み書きに加えて数学の進歩もある程度必要だった。私はずっと、数学は人間の心の中で特別な場所を占めていると考えている。「なるほどコレステロールのような存在だ」とあなたは思っ

ているかもしれない。確かに数学をこき下ろす人はいるし、歴史を通じてもずっとそういう人はいた。早くも紀元四一五年には聖アウグスティヌスが、「数学者が悪魔と契約を結んで邪悪な精神を持ち、人を地獄に閉じ込める恐れがある」と記している。[28] アウグスティヌスを怒らせたのは、数学をもっぱら邪悪な用途に使っていた占星術師と数秘学者だったと思われる。しかし私の子供も、もっと控えめな表現ではあるが同じようなことをしょっちゅう言っていると思う。それでも数学や論理的思考は、好むと好まざるとにかかわらず人間の精神の重要な一部だ。

何世紀にもわたって数学はさまざまな用途に使われてきた。今日でいうところの数学は科学と同じく、具体的な取り組みというよりも知識の探求であって、概念や仮定を入念に構築し、厳密な論理を使って結論を導くという推論過程にほかならない。しかしいわゆる「初等数学」は、その意味でいえば数学ではない。ちょうど、シュメール人が記録に使った文字が、シェイクスピアでいうところの文学ではないのと同じように。

もっとも初期の数学は、私の子供たちや生徒が小学校で嫌々学ぶ算数のように、何も考えずに一連の規則を当てはめて特定の種類の問題を解くというものだった。メソポタミアの初期の都市ではおもに、お金や物資や労働力を管理したり、重さや大きさをはじき出したり、単利や複利の計算をしたりすることに関係する問題が対象だった。文字の発達を促したのと同じたぐいの、都市社会を機能させる上で欠かせない俗っぽい問題である。[29]

算術は数学の中でもおそらくもっとも基本的な分野だろう。原始的な人々でさえ、片手で五までしか数えられなくても何らかの計数体系を使っている。乳児も生まれつき、最大で四までだが物の個数を判断する能力を持っているらしい。しかし、子宮から出てすぐに獲得する計数技術より先へ進むには、加減乗除

古代バビロンの遺跡。サダム・フセインのかつての夏の宮殿からの光景

を身につけなければならず、その技術は幼児期や小学校低学年を通じて徐々に獲得していく[30]。

初期の都市文明は、形式的でときに複雑な計算法則や計算手法を導入し、また今日では代数学で取り扱う、未知数を含む方程式を解く方法を考案した。現代の代数学に比べるとよく言っても原始的だったが、二次方程式や三次方程式が関係した複雑な計算をおこなう方法を、おそらくは何百通りも編み出した。そして商業への単純な応用を超えて、その手法を工学へ利用するようになった。たとえばメソポタミア南部のバビロニア地方の技術者は、運河を掘る前に、運び出さなければならない土の体積を計算し、一人が一日あたり掘ることのできる土の量でそれを割ることによって、必要な労働力を計算していた。建物を建てる前にも同様の計算をおこなって、必要な労働力とレンガの個数を求めていた。

このように成果を上げたメソポタミアの数学も、実用上重要なある点で力不足だった。数学を操るのは一つの技術であり、その技術に用いられるのは記号言語である。数学記号や数式は通常の言語と違い、概念だけでなく概念どうしの関係も表現している。数学の縁の下の力持ちがいたとしたら、それは表記法にほかならない。表記法が優れていれば、関係性を正確かつ明瞭に表現でき、それについて考えるのが容易になる。表記法が悪ければ、論理的解析は効率が上がらずに手に負えなくなる。バビロニアの数学は後者に含まれ、解法や計算はすべて当時のふつうの言語で表現されていた。

たとえばバビロニアのある粘土板には、次のような計算が記されている。「長さが4、対角線が5。幅はいくらか？　その大きさはわからない。4掛ける4は16。5掛ける5は25。25から16を引くと残りは9。何と何を掛けると9になるか？　3掛ける3は9。幅は3だ」。現代の表記法ではすべて、$x^2+4^2=5^2$ ∴ $x=\sqrt{5^2-4^2}=\sqrt{25-16}=\sqrt{9}=3$と書かれる。この粘土板に記されているような数学的記述の大きな欠点は、単に簡潔でないことだけでなく、散文で書かれた数式を代数法則を使って操作できないことである。

表記法に革命が起こったのは、紀元五〇〇年頃、インド数学の古典時代になってからだった。当時のインド人数学者が成し遂げたことの重要性は、いくら評価してもしきれない。彼らは十進法を採り入れ、「0」を数として導入した。どんな数でも0を掛けると0になり、どんな数に0を足しても変わらない。それが0という数の性質である。彼らは借金を表すために負の数も考案したが、ある数学者は「人々は負の数を認めていない」と述べている。もっとも重要なこととして、彼らは未知数を表す記号を導入した。だが算術記号が使われるようになるのは、もっと後のことだった。「足し算」（plus）をpで、「引き算」（minus）をmで表すようになったのは一五世紀のヨーロッパだし、等号が考案されたのは一五五七年、オックスフォード大学とケンブリッジ大学のロバート・レコードが、平行線ほど似ている二つのものはないという理由から、今日でも使われている記号を選んだのだった（二本の平行線は印刷記号としてすでに使われていたため、印刷工が新たな活字を作る必要がなかったこともその理由である)[31]。

ここまでは数に焦点を絞ってきたが、世界初の都市の思索家たちは、形の数学においても大きく進歩した。それはメソポタミアだけでなくエジプトでも起こった。エジプトでの生活の中心をなしていたナイル川は、毎年四か月間にわたって谷を水浸しにして大地を肥沃な泥で覆ったが、土地の境界線は台無しにした。洪水が引くと役人は毎年、新たに農民の所有地の境界を定め、税の基準として土地の面積を計算しなければならなかった[32]。そこには大きな利害が関係していたため、エジプト人は、正方形や長方形、台形や円の面積および、立方体や直方体や円柱など、穀物倉庫に関係する立体の体積を計算するための、多少複雑だが信頼できる方法を編み出した。"geometry"(幾何学)という言葉は測量から来ていて、ギリシャ語で「土地を測る」という意味の単語に相当する。

エジプト人の実用的な幾何学はきわめて高度で、紀元前一三世紀のエジプト人技術者は、ピラミッド内部の長さ一五メートルの梁を〇・五ミリの精度で水平に渡すことができた[33]。しかし古代エジプト人の幾何学も、バビロニア人の算術や原始的な代数学と同じく、今日我々が数学と呼んでいるものとはほとんど共通点がなかった。実用的用途のために作られたのであって、世界に関する深遠な真理に対する欲求を満たすためではなかった。そのため幾何学は、物理科学の発展に必要な段階へ到達する前に、実用的な営みから理論的な取り組みへと進歩する必要があった。紀元前四世紀から五世紀にかけてそれを成し遂げたのが、ギリシャ人、中でもエウクレイデス(ユークリッド)である。

算術、高度な代数学、そして幾何学の進歩によって、何世紀ものちの理論的な科学法則の発展が可能となった。しかしその一連の発見の全体像を描き出そうとすると、そこには今日の我々が気づかないかもしれないステップが一つあったことがわかる。誰かが具体的な自然法則を構築できるようになるには、その前に法則という概念そのものを考え出さなければならなかったのだ。

科学法則の概念

大きな影響をもたらす偉大な技術的進歩なら、それが革新的であることは簡単にわかる。しかし新たな考え方、知識に対する新たな取り組み方は、さほど人目を引かないかもしれない。思考方法の一つとしてその由来がめったに顧みられることのないのが、自然を法則に則って理解するという考え方である。

今日では科学法則の概念は当たり前のものとみなされているが、多くの大革新と同じく、それが当たり前のものになったのは編み出された後からだった。ニュートンは自然のしくみを観察し、個々の実例でなく抽象的な振る舞いのパターンに即して考えることで、すべての作用には大きさが等しく向きが反対の反作用が存在することを見抜いた。それは人類の進歩の上でとてつもなく大きい前進だった。このような考え方は時代とともに徐々に発展し、その起源は科学でなく社会にあったのだ。

今日では"law"(「法則」または「規則」)という言葉には、相異《あいこと》なるいくつもの意味がある。科学法則は、物理的物体がどのように振る舞うかを記述するが、なぜその法則に従うかは説明していない。石や惑星は、法則に従う動機も持っていないし、背いて罰を受けることもない。それに対して社会や宗教の領域では、規則は人がどのように振る舞うかでなく、どのように振る舞うべきかを記述している。また、善人でいるためや、罰を受けないためなど、規則に従うべき理由も示されている。"law"という言葉はどちらのケースにも使われるが、今日ではこの二つの概念に共通点はほとんどない。だがこの考え方がはじめて生まれたときには、人間に対する規則と非生物の世界での法則に区別はなかった。人が宗教や倫理の規範に縛られているのと同じような形で、非生物の物体は法則に従っていると考えられていたのだ。

法則の概念は宗教から生まれた。[34] 初期メソポタミアの人々は、周囲を観察して混沌の一歩手前にある世界を目にし、秩序を好む神々でないとそこから救い出してくれないと考えたが、神々の好む秩序は最小限でしかも独断的だった。[35] 神々は我々人間と同じく感情的で気まぐれに振る舞い、つねに人間の生活に干渉していた。神は文字どおり何千というものに宿っていて、醸造の神、農民の神、筆記者の神、商人の神、職人の神もいた。家畜小屋の神もいた。疫病を引き起こす神や、幼児を殺す「消す者」という女神など、悪い神もいた。都市国家にはそれぞれ、独自の最高神だけでなく、門番や庭師や使節や美容師などの役割を持つ下位の神も大勢いた。

これらの神に対する崇拝には、形式的な倫理規範を守ることも含まれていた。法体系によって守られていない生活など想像しにくいが、都市の誕生以前の放浪民は形式的な法体系を持っていなかった。もちろんどんな行動が喜ばれてどんな行動が責められるかは知っていたが、行動規則が「汝殺すなかれ」のような命令として抽象化されていることはなかった。行動は一般的な法令によって支配されてはおらず、一つ一つの事例ごとに、ほかの人がどう考えるかや、もっと力のある人から仕返しされないかといった懸念に基づいて決められていた。

しかしメソポタミアの都市の神々は、倫理に関する具体的な要求として、「他人を助けよ」とか「小川に吐くな」といった形式的な規則に人々が従うよう求めた。それが、我々のいう形式的な法律を高位の権力が定めるという初の例となった。[36] それに背くことは重く受け止められた。規則に背いた者は、「熱」や「黄疸《おうだん》」や「咳」といった名前の悪い神の罰を受け、病気や死などの問題が降りかかるとされていた。

神々はまた、神学的な結びつきによる権威を持った都市の支配者を介しても影響を及ぼした。紀元前一八世紀、バビロニア第一王朝の時代には、超越神が人間と非生物の世界の両方を対象とする規則を定めたとする、ある程度統一された神学的な自然理論が生まれていた。[37] 人間に対するその民法と刑法を、ハンムラビ法典という。この名前の由来となった当時のバビロニアの王は、偉大な神マルドゥクから「この土地に正義の法をもたらし、邪悪な者や悪人を滅ぼせ」と命令された。

ハンムラビ法典が布告されたのは、ハンムラビが世を去る一年ほど前の紀元前一七五〇年だった。この法典は必ずしも民主的権利のモデルではなかった。上流階級や王族がほとんど法に縛られずに大きな特権を持つ一方で、奴隷は売買したり殺したりできた。しかし、この法典に含まれていた裁判規則は、一〇〇〇年ほどのちのユダヤ教の律法にある「目には目を」に相当する厳しいものだった。たとえば、強盗の罪で捕らえられた者は死刑になり、消火を手伝うふりをして盗みを働いた者は火の中に投げ込まれ、酒場を開いた「神の妹」は火あぶりにされた。堰の管理を怠って洪水を引き起こした者は、だめになった穀物の代わりを調達しなければならなかった。他人から預かったお金を盗まれたと神に告白した者は、弁済する必要はなかった。[38]

ハンムラビ法典の条文は、人々が見て参照できるよう、高さ二メートルあまりの黒い玄武岩の塊に彫り込まれた。その石の塊は一九〇一年に発見され、現在はルーヴル美術館に展示されている。それはピラミッドと違って物質的な偉業ではなく、画期的な知的偉業として、商業や金融や軍事、婚姻や医術や倫理など、バビロニアのあらゆる社会的交流を対象とした秩序と道理の枠組みを構築しようという試みだった。支配者が人民に対するひとまとまりの法律を制定したという、現在知られている中で最古の例である。

先ほど述べたように、神マルドゥクは人間だけでなく物理過程も支配していると信じられていた。人間と同じように星々にも法を課していたのだ。そのためマルドゥクは、ハンムラビ法典と合わせて、自然が従うべきある種の規範も作ったとされていた。我々が言うところの非生物の世界を支配するその法は、自然現象のしくみを記述しているという意味で初の科学法則だったといえる。[39] しかし、自然がどのように振る舞うかは漠然としか示されていなかったため、現代的な意味で言うような自然法則ではなかった。ハンムラビ法典と同じく、マルドゥクが自然に対して従うよう命じる命令に近いものだった。

　人間と同じように自然も法に「従う」という考え方は、その後何千年も続くこととなる。たとえば古代ギリシャの偉大な自然哲学者アナクシマンドロスは、万物は原始の物質から生まれて原始の物質に戻るが、それは「時の命令に基づいて不正に対する罰を受けないようにするためだ」と言っている。[40] ヘラクレイトスも、「太陽が法を破ることはない。[正義の女神に]見つかって[罰せられる]からだ」と言っている。[41] “astronomy”(天文学)という単語はギリシャ語のnomosから来ているが、これは人間の「法律」という意味である。一七世紀前半にケプラーが登場してようやく、“law”という言葉は現代的な意味で使われるようになった。観測に基づいて何らかの自然現象を一般化して記述するが、そこに目的や動機は当てはめないという意味である。しかし突如としてそのように一変したのではない。ケプラーは数学的な法則についてたびたび書き記す一方で、神は宇宙に「幾何学的美しさ」の原理に従うよう命じているとも信じていた。そして、惑星が運動するのは、おそらくその「精神」が角度を感じ取って軌道を計算しているからだろうと説明している。[42]

物理法則と人間の法

　科学法則の概念の歴史を研究する歴史家のエドガー・ジルセルは、「人間は社会のパターンに合わせて自然を解釈しがちのようだ」と書いている。[43] つまり、自然法則を定式化しようとする人々の試みは、個人的な生活や経験を理解したいという生まれ持った傾向から生まれたらしい。そして、科学への取り組み方は我々が育った文化から影響を受けるのだ。

　ジルセルいわく、我々は誰しも自分の生活を綴った物語を心の中で紡ぐ。そして、教わったことや経験したことをつなぎ合わせ、自分が何者であって宇宙の中のどこにいるのか、その全体像を構築する。そうすることで、自分の個人的な世界を記述する法則と人生の意味を見出す。たとえば第二次世界大戦前に私の父は、自分の人生を支配していると考える法則に基づいて、社会は品位を、法廷はおおよその正義を、市場は食糧を、神は庇護を与えるものと思っていた。それが父の世界観であって、それが成り立つのは当然だと感じていた。まるで、自分の理論があらゆる検証をパスした科学者のように。

　しかし、恒星や惑星が何十億年ものあいだ変わることなく引力を及ぼしつづけるのと違い、人間の世界では法はたった数時間で覆されることがある。一九三九年九月、私の父と大勢の人たちの身にそれが起こった。父はそれまで何か月もかけて、ワルシャワで服飾デザインの課程を修了し、ドイツ製の新品のミシンを二台購入し、近所のアパートに小さな部屋を借りて仕立屋を開いた。ところがドイツ軍がポーランドに侵攻し、九月三日に父の住むチェンストホヴァへ進軍してきた。占領軍政府はまもなく一連の反ユダヤ法を発布し、宝石や車、ラジオや家具、お金やアパート、さらには子供のおもちゃまで、価値のあるあらゆるものを没収した。ユダヤ人学校は閉鎖され非合法化された。大人はダビデの星のシンボルを身につけさせられた。人々は一方的に街から連行され、強制労働に就かされた。狂人の気まぐれで撃ち殺される人もいた。

　父の世界の物理的構造を破壊した者は、それを支える精神的や感情的な枠組みも取り返しのつかない形で変えた。そして悲しいことに、このホロコーストの物語は、それ以前にもそれ以降にもさまざまな規模で繰り返されている。科学法則の概念が我々の経験によって特徴づけられているとしたら驚くことではないが、人類が歴史の大半を通じて、この世界は、気まぐれに影響を受けず、目的を持たず、神の介在に左右されない、整然とした絶対的規則性に支配されているのだなどとイメージするのは、容易なことではなかったのだ。

ニュートンが不朽の法則を生み出してからかなり経った今日もなお、多くの人が、そのような法則は万物に当てはまるわけではないと信じつづけている。それでも、何世紀にもわたる進歩によって科学者は、物理法則と人間の法とが明らかに異なるパターンに従うことを知ったのだった。

アルベルト・アインシュタインは七六歳で世を去る九年前に、宇宙の物理法則を理解するという自らの生涯の取り組みを次のように表現した。「かなたに見えるこの巨大な世界は、我々人間とは関係なく存在していて、我々の前に大きな永遠の謎として立ちふさがり、我々の観察や思考では少なくともその一部しか理解できない。この世界について思索することは、拘束からの解放のように魅力的だった。……その楽園への道のりは確実であると証明されており、私はそれを選んだことをけっして後悔していない」[44]。私の父も晩年、ある意味これと同じような心の「解放感」を得たのだと思う。

人類にとってウルクは、その永遠の謎の解明に向けた長い道のりの出発点だった。近東の生まれたての文明は初歩的な知的生活を確立し、それをもとに生まれた思索家の階級が、数学や文字言語や法則の概念を作り出した。人間の精神が花開いて成熟する次のステップは、そこから一五〇〇キロ以上離れたギリシャで起こった。偉大なギリシャ人の奇跡が、数学的証明の考え方、科学と哲学という学問、そして今日我々が「道理」と呼んでいる概念を、ニュートンより二〇〇〇年ほど前に生み出したのだ。

第5章　道　理

この世界を知るための合理的方法

紀元前三三四年、ギリシャの国家マケドニアの王で齢《よわい》二二歳のアレクサンドロスが、練達の市民兵士を率いてヘレスポント海峡を渡り、広大なペルシャ帝国征服のための長期にわたる軍事作戦を開始した。偶然だが私にも、同じギリシャ語にちなんだアレクセイという名前の二二歳の息子がいる。いまの子供は昔より成長が速いというが、息子アレクセイが練達したギリシャ人市民兵士を率いてメソポタミアへ進軍し、ペルシャ帝国と対決するなどとは想像もできない。マケドニアの若き王がどのようにして勝利を収めたかをめぐっては、古くからいくつもの説があるが、そのほとんどでは大量のワインを飲んだことが関係したとされている。いずれにせよ、アレクサンドロスの長い征服の道のりはカイバル峠を越えて延びていった。そして、三三歳で世を去るまでの短い生涯で大きな偉業を成し遂げ、それ以降、アレクサンドロス大王と呼ばれるようになった。

アレクサンドロスが侵略した頃、近東には何千年も昔からウルクなどいくつもの都市が点在していた。わかりやすくたとえてみよう。もしアメリカ合衆国がウルクと同じくらいの年月存在していたとしたら、現在の大統領はおよそ六〇〇代目ということになる。

アレクサンドロスが征服したそれらの古代都市の通りを歩いたら、畏敬の念に打たれたに違いない。街のあちこちには、巨大な宮殿、特別な水路で水が引かれた広大な庭園、そしてグリュプス〔上半身はワシで下半身はライオンの姿をしたギリシャ神話の怪獣〕や雄牛の彫刻が先端にあしらわれた柱を擁する、壮大な石造りの建物があった。複雑な社会は活気にあふれていて、衰退の片鱗さえなかった。それでも彼らの文化は、都市を征服したギリシャ語を話す世界に比べて知的に劣っていた。そのギリシャ世界の象徴である若き指導者は、ほかならぬアリストテレスから教育を受けていた。

アレクサンドロスがメソポタミアを征服したことで、ギリシャ人はあらゆることに秀でているというイメージがあっという間に近東全体に広まった。[1] 時代を問わず文化的変革の先頭に立つ子供たちは、ギリシャ語を学んでギリシャの詩を覚え、レスリングをやった。ペルシャではギリシャ芸術の人気が高まった。バビロニアの司祭ベロッソス、フェニキア人のサンキュニアトン、ユダヤ人のフラウィウス・ヨセフスがそれぞれ自らの民族の歴史書を書いたのは、自分たちがギリシャの思想と相容れることを示すためだった。税務までもがギリシャ風になって、粘土板にくさび形文字で記すのでなく、比較的新しいギリシャ語のアルファベットでパピルスに記録するようになった。しかし、アレクサンドロスが持ち込んだギリシャ文化のもっとも偉大な側面は、芸術とも行政とも関係がなかった。それは、アリストテレスから直接学んだ、この世界を知るための新たな合理的方法である。これが人類の思想史における大きな転換点となる。そのアリストテレス自身も、宇宙に関する古い真理に異議を唱えはじめた何世代もの科学者や哲学者の思想に頼っていた。

ギリシャ人の自然観

古代ギリシャの初期、自然に対するギリシャ人の理解はメソポタミアとさほど変わらなかった。悪天候はゼウスが消化不良になったからだと説明されたかもしれないし、農作物が不作になれば、神々が怒っているからだと考えたかもしれない。地球は花粉症の神の鼻水だとする創造神話はなかったかもしれないが、それと似たような話はあっただろう。文字言語が発明されてから何千年ものあいだに残された膨大な文章の中からは、この世界がどのようにして誕生し、どのような力に支配されているかに関する、ありとあらゆる物語が見つかる。そのすべてに共通しているのが、人智の及ばない神が形のない何らかの空虚の中から荒れ狂う宇宙を創造したという記述である。"chaos"(混沌)という単語自体、宇宙創成以前に存在していたとされる「無」を意味するギリシャ語に由来している。

万物創造以前にすべてが混沌だったのだとしたら、ギリシャ神話の神々は世界創世後に精力をつぎ込んで秩序をもたらそうとはしなかったらしい。雷、暴風、旱魃《かんばつ》、洪水、地震、火山、寄生虫、事故、病気など、気まぐれに起こる数々の自然の災厄が、人間の健康や命を脅かした。わがままで不誠実で移り気な神々は、怒りや単なる不注意でつねに災害を引き起こしていると考えられていた。まるで、陶器である人間が並んだ焼き物店で、ウシである神々が暴れ回るようなものだ。この原始的な宇宙論はギリシャで世代から世代へ口伝えされ、ギリシャ文化に文字が広まってから一〇〇年ほど経った紀元前七〇〇年頃に、ホメーロスとヘシオドスの手で文章に残された。それ以来この宇宙論は、ギリシャの教育の中心的テーマとなって、何世代もの思索家に知識として受け入れられた。[2]

現代社会の中で生活していて科学的思考の長い歴史の恩恵を受けている我々にとっては、古代の人々の目に自然がこのように見えていたことを理解するのは難しい。自然に構造や秩序があるという考え方が我々にとって当たり前であるのと同じように、彼らにとっては、神がすべてを支配しているという考え方は当然に思えた。今日、我々の日々の活動は、何時何分と数値で指定される。場所は緯度と経度で示され、住所は通りの名前と番地で表される。株価が三ポイント下がったら、ある専門家がたとえば、新たなインフレ懸念が原因だなどと説明してくれる。確かに、別の専門家は中国の発展が原因だと言い、三人目は太陽の異常な黒点活動によるものだと言うかもしれない。しかし正しいか間違っているかは別として、因果関係に基づいて説明されるはずだ。

我々がこの世界に因果性と秩序を求めるのは、これらの概念が我々の文化、我々の意識そのものに染み込んでいるからだ。しかし、我々と違って数学や科学の伝統がなかった古代の人々は、現代科学の概念的枠組み、たとえば精確な数値的予測の概念や、実験を繰り返しても同じ結果が得られるはずだという考え方、あるいは事象の展開を追跡するために時間をパラメータとして利用することを、理解したり受け入れたりするのは難しかったはずだ。古代の人々にとっては、自然は喧噪に支配されているように見えた。粗野で気まぐれな神々の物語が我々には突飛に聞こえるのと同じように、秩序立った物理法則を信じることは、彼らにとって奇異なことに思えただろう（いま我々が大事にしている理論も、いまから一〇〇〇年後の歴史家にとっては突拍子もなく思えるかもしれない）。

自然が予測可能であり、人間の知性によって発見できる概念を使って説明できるのは、いったいなぜだろうか？　アルベルト・アインシュタインは、時空連続体がプレッツェルの形に歪むと知っても驚かなかっただろうが、自然に秩序があるというもっとずっと単純な事実には驚きを示して、次のように記している。「精神ではどうしても把握できない混沌とした世界があるはずだ」[3]。しかしその一方で、自らの予想に反して「この宇宙に関してもっとも不可解なのは、宇宙が理解可能であることだ」とも書いている[4]。

ウシは自分たちを地上に留めている力を理解していないし、カラスは自分たちが飛ぶための航空力学について何一つ知らない。アインシュタインはこの言葉で、人間にしかわからない重大な事実を表現しようとした。この世界は秩序に支配されており、自然の秩序を司る法則は必ずしも神話で説明する必要はないということだ。その法則は理解可能であり、人間は地球上の生き物の中で唯一、自然の設計図を解き明かす能力を持っている。この教えは深い意味を持っている。宇宙の設計図を解読できれば、その知識を使って宇宙における自分たちの場所を理解でき、また製品や技術を作って自然を操ることで自分たちの生活を改善できるのだ。

自然に対するこの新たな合理的取り組み方は、紀元前六世紀、現在のギリシャとトルコを隔てる地中海の大きな入江である、エーゲ海沿岸の大ギリシャに住んでいた、革新的な思索家集団によって始められた。アリストテレスより数百年前、ブッダがインドに、孔子が中国に新たな哲学的考え方をもたらしたのと同じ頃、彼ら最初期のギリシャ人哲学者は、この宇宙を無秩序でなく秩序立ったものとして、すなわち「カオス」でなく「コスモス」としてとらえるというパラダイムシフトを引き起こした。この変革がどれほど深遠で、それ以降の人々の意識をどの程度変えたかは、強調してもしすぎることはない。

彼ら革新的な思索家を生んだ地域は、ブドウやイチジクやオリーブが実り、繁栄した国際都市が点在する魅力的な土地だった。[5]都市は海に流れ込む河口や湾に面しており、内陸には道が延びていた。ヘロドトスいわく、「世界中でもっとも美しい雰囲気と風土」の楽園だった。その土地はイオニアと呼ばれていた。

ギリシャ人は現在のギリシャ本土やイタリア南部にいくつもの都市国家を築いていた。しかしそこは片田舎にすぎず、ギリシャ文明の中心地は、ギョベクリ・テペやチャタル・ヒュユクから西に数百キロしか離れていない現在のトルコのイオニア地方だった。ギリシャ人の最先端の文明は、エーゲ海やさらには地中

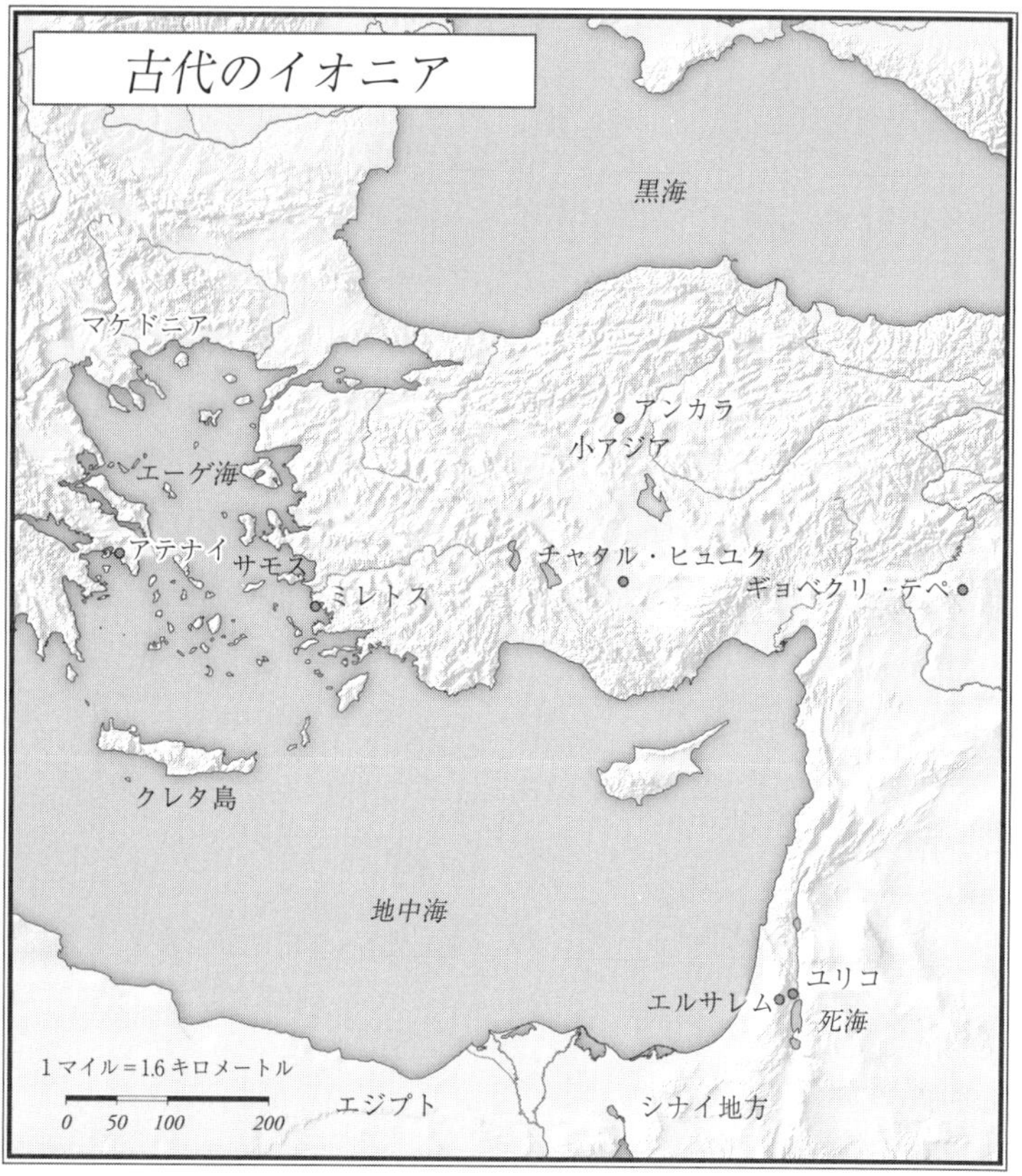

海につながるラトムス湾に面した、ミレトスという都市で花開くこととなる。[6]

　ヘロドトスによると、紀元前第一千年紀に入るまでミレトスは、ミノア人の末裔であるカリア人が住む小さな町だったという。しかし紀元前一〇〇〇年頃、アテナイ（現在のアテネ）やその近郊の兵士がこの地域を侵略した。紀元前六〇〇年にはミレトスはいわば古代のニューヨークとなり、よりよい生活を求める貧しく勤勉な移民がギリシャ全土から集まるようになった。

　何世紀ものあいだにミレトスの人口は一〇万にまで

膨らんで、莫大な富の中心地へと発展し、イオニア、ひいてはギリシャ世界全体でもっとも豊かな都市となった。ミレトスの漁師はエーゲ海でハタやヒメジやムール貝を獲った。農民は豊かな土地で穀類やイチジクを栽培した。ギリシャ人にとってイチジクは、長期間保存できる唯一の果物だった。果樹園で採れるオリーブは、食糧にするだけでなく、搾って油を取り、いまでいうバターや石鹸や燃料として使っていた。さらに、海に面したミレトスは交易の重要拠点となった。遠くはエジプトにまで築かれたミレトスの何十もの植民地から、亜麻や木材、鉄や銀が運び込まれ、熟練の職人が作った陶器や家具や上質の毛織物が輸出されていた。

しかしミレトスは、単なる交易の中心地というだけでなく、考えを共有する場でもあった。この都市では何十もの多様な文化の人々が出会っては言葉を交わし、ミレトス人もさまざまな地へ旅して多様な言語や文化に触れた。そのため、住民が塩漬けの魚の値段を交渉するように、伝統と伝統が出合い、また迷信と迷信が衝突し合うことで、新たな考え方への扉が開かれ、革新の文化、とくに因習的な知識に対して積極的に疑問を投げかけるというきわめて重要な姿勢が育まれた。さらに、豊かなミレトス人は余暇を生み出し、人間の存在に関する問題について時間をかけてじっくり考える自由を得た。このようにいくつもの好条件が組み合わさったことで、ミレトスは国際的で洗練された楽園であると同時に学問の中心地となり、思考の革命に必要なあらゆる要素を完璧な形で生み出したのだった。

このような環境の中、ミレトスやのちにイオニアの幅広い地域で、ある思索家集団が、それまで何千年も受け継がれてきた宗教的で神話的な自然の解釈に疑問を抱きはじめた。当時のいわばコペルニクスやガリレオともいえる彼らは、哲学と科学の両方を生み出す先駆けとなる。

アリストテレスによれば、その中でも最初に登場したのが、紀元前六二四年頃に生まれたタレスという名前の人物だという。ギリシャ哲学者の多くは貧しい暮らしをしていたといわれている。いまでもそうかもしれないが、有名な哲学者でさえ、道端でオリーブを売るといったもっとましな仕事を探せばもっと豊かな生活を送ることができた。しかし言い伝えによるとタレスは例外で、狡猾で裕福な商人として何の問題もなく思索に時間を割くことができたという。あるときタレスは、オリーブの搾り器を買い占め、まるで一人OPECのように油に法外な値段をつけて一財産を築いたという。また都市の政治に深く関わり、支配者トラシュブロスと懇意にしていたともいわれている。

タレスはその財産を使って旅をした。エジプトを訪れたときには、エジプト人はピラミッドを建てる技術を持っていながら、その高さを測る知恵に欠けていることを知った。だが前に述べたように、エジプト人は一連の新たな数学法則を導き、それを使って徴税のために土地の区画の面積を求めていた。タレスはそのエジプトの幾何学の手法を応用して、ピラミッドの高さを計算してみせ、また海上の船までの距離を測る方法も披露した。そうしてタレスは、古代エジプトでかなりの有名人となった。

タレスはギリシャへ戻る際にエジプトの数学を持ち帰り、幾何学という呼び名を母語へ翻訳した。しかしタレスにとって、幾何学は単に測定や計算のための道具ではなく、論理的推論によって互いに結びついた定理の集合体だった。正しそうな結論を事実として述べるだけでなく、幾何学的真理をはじめて証明したのだ。のちに[7]偉大な幾何学者エウクレイデスも、著書『原論（*Στοιχεία*）』にタレスの定理をいくつか収めることとなる。しかし、数学的洞察は確かに優れていたものの、タレスが名声を勝ち得た本当の理由は、物理世界の現象を説明するための方法論にあった。

タレスの考えでは、自然は神話の世界ではなく、科学の原理に従って振る舞う。その原理を使えば、これまで神の介在によるものとされていたあらゆる現象を説明して予測することができる。タレスは史上はじめて日食の原因を解明したといわれており、またギリシャ人としてはじめて、月は太陽光を反射して輝いていると論じた。

タレスは、間違った結論に関しても独自の考え方を際立させていた。地震の説明について見てみよう。当時は、神ポセイドンがいらいらして三つ叉の矛で地面を叩くことで、地震が起こると考えられていた。しかしタレスは、当時としては異端的だったに違いない考えを持っていた。地震は神とは何の関係もないというのだ。タレスの説明は、カリフォルニア工科大学で私の友人だった地震学の学生から聞くような話とは違っていた。この世界は果てしなく広がる水面に浮かんだ半球であり、その水が跳ねることで地震が起こると考えていたのだ。それでもこのタレスの説は、革新的な意味合いを帯びていた。地震を自然過程の結果として説明し、経験的および論理的な論証を使ってその考え方を裏づけようとしたのだ。おそらくもっとも重要な点は、そもそもなぜ地震が起こるのかという疑問に焦点を絞ったことだろう。

一九〇三年、詩人ライナー・マリア・リルケはある学生に、詩と同じく科学にも当てはまる次のような助言をした。「心の中で解決していないどんな事柄にも辛抱して、疑問を愛してみなさい。そして疑問を楽しみなさい」[8]。科学研究でもっとも重要な技能は（ビジネスでも往々にしてそうだが）、正しい疑問を問う能力だ。科学的疑問を問うという考え方を打ち立てたのが、誰あろうタレスだった。タレスは天空を含め至るところに目を向けて、説明が必要な現象を見て取り、直観に基づいて深く思索することで、自然の基本的なしくみに光を当てることとなる。地震だけでなく、地球の大きさや形、夏至や冬至の日付、地球と太陽や月との関係についても疑問を抱いた。二〇〇〇年後にアイザック・ニュートンが重力と運動の法則を発見したきっかけになったのと、まさに同じ疑問だ。

アリストテレスは、タレスが過去から徹底的に決別したことを評価して、タレスやその後のイオニア人思索家たちを最初の“*physikoi*”(物理学者)と呼んだ。私はその一員であることに誇りを持っているし、アリストテレス本人も自分はそこに属していると感じていた。この単語はギリシャ語で「自然」を意味する *physis* から来ている。アリストテレスがこの言葉を選んだのは、超自然的な説明を探す *theologoi*(神学者)とは対照的に、現象に対して自然に基づく説明を探す人たちを指すためだった。

しかしアリストテレスは、もう一つの革新的な集団のことはそれほど評価しなかった。それは数学を使って自然のモデルを作った人々だ。その革新の担い手は、タレスに続く世代に属し、タレスからそう遠くないエーゲ海のサモス島に住んでいた一人の思索家だった。

ピタゴラスとアリストテレス

仕事の時間を費やして宇宙のしくみを理解しようとしている人もいる。その一方で、代数学を身につけていない人もいる。タレスの時代、前者に属する人たちは後者にも属していた。前に述べたように、我々の知っている代数学、そして数学の大部分は、まだ発明されていなかったからだ。

現代の科学者にとって、数式を使わずに自然を理解することは、「何でもない」しか言わないパートナーの感情を理解しようとするようなものだろう。数学は科学の言語であり、理論的な考えを人に伝える手段だ。我々科学者は、言葉を使って個人的な考えを明かすのは必ずしも得意ではないかもしれないが、数学を使って自分の理論を人に伝えることにはとても長けている。科学は数学という言語を使うことで、理論をより深く掘り下げ、通常の言語を用いた場合よりも洞察に満ちた正確な結論を導くことができる。数学には推論と論理の規則があらかじめ組み込まれており、ときにまったく予想外の方向へその意味合いが展開して広がっていくのだ。

詩人は見たことを言葉で表現するが、物理学者は数学を使って表現する。詩人は詩を書き上げればそれで仕事は終わりだ。しかし物理学者にとっては、数学の「詩」を書きくだすのは仕事の始まりにすぎない。その次には、数学の法則や定理を使ってその詩をうまく操り、作者自身は思いもつかなかったかもしれない、自然に関する新たな教訓を導き出さなければならない。数式は考え方を表現しているだけでなく、十分な技能と忍耐力を持った人なら導き出せるさまざまな帰結を教えてくれる。それが数学という言語の力だ。数学は、物理の原理をより簡単に表現し、その関係性に光を当て、それに関する推論を導いてくれるのだ。

しかし紀元前六世紀初めには、誰もそのことを知らなかった。人類はまだ、自然のしくみを理解する上で数学が役に立つことには気づいていなかった。科学的概念を表現する言語として数学をはじめて使ったと言われているのは、ギリシャ数学を打ち立て、「哲学」という言葉を作り、メールを打つのをしばらく中断して $a^2+b^2=c^2$ の意味についてなぜ学ばなければならないのだと世界中の中学生に悪態をつかれている人物、ピタゴラス（前五七〇頃—前四九〇頃）である。

古代、ピタゴラスという名前は、非凡な才能と結びつけられるだけでなく、魔術的で宗教的な雰囲気も醸し出していた。[9] まるで、アインシュタインが物理学者だけでなく教皇でもあったかのような尊敬のされようだった。ピタゴラスの生涯については、のちの何人もの作家や何冊もの伝記からたくさんの情報が得られている。しかし紀元後何世紀かまでに、それらの物語は信用できないものに変容していった。宗教的あるいは政治的な動機を隠し持った作家たちが、ピタゴラスの考え方を歪曲し、歴史におけるピタゴラスの地位を拡大解釈してしまったのだ。

真実と思われる事柄の一つは、ピタゴラスはミレトスから湾を隔てたサモス島で育ったということだ。

また古代の伝記に共通する記述として、ピタゴラスは一八歳から二〇歳のあいだに、年老いて死期が近づいたタレスのもとを訪ねた。タレスは若い頃の才能がかなり衰えているのを自覚していて、精神状態が損なわれていることをピタゴラスに詫びたという。タレスがどんな教訓を伝えたにせよ、ピタゴラスは感銘を受けたまま別れた。それから何年も経った頃には、自宅で座りながら、亡くなった師を讃える歌を歌っている様子がたびたび目撃されたという。

ピタゴラスもタレスと同じくさまざまな地へ旅し、おそらくエジプトやバビロニアやフェニキアも訪れたと思われる。四〇歳のとき、暴君ポリクラテスのもとでの生活に耐えられなくなったピタゴラスは、サモス島を離れ、現在のイタリア南部にあったクロトンへたどり着いた。そしてその地で大勢の弟子を集めた。また、物理世界の数学的秩序について悟りを開いたともいわれている。

言語がどのように誕生したかはわかっていないが、私はいつもこう想像している。洞窟に住んでいたある人が、爪先をぶつけて自然に「うっ！」と口走った。それを聞いた誰かが、「感情を表現するまったく新しい方法だ」と思い、まもなく誰もが話すようになった、と。科学の言語としての数学の起源も謎に包まれているが、少なくともその様子を語る言い伝えがある。

その言い伝えによると、ピタゴラスはある日、鍛冶屋の前を通り過ぎたときに金槌の音を聞き、金槌ごとに鉄を叩く音の高さが違うことに気づいた。そして鍛冶屋に駆け込んで実験をおこない、音程の違いは叩く人の力とも金槌の形とも関係がなく、金槌の大きさ、つまり重さによって決まることを見抜いたという。

自宅へ戻ったピタゴラスは、金槌でなくさまざまな長さと張力の弦を使って実験を続けた。ピタゴラスはほかの若いギリシャ人と同じく、音楽、とくに横笛や竪琴を学んでいた。当時のギリシャの楽器は、当てずっぽうや経験や直感に基づいて作られていた。しかしピタゴラスは実験によって、弦楽器を支配する数学的法則を発見し、弦の長さとその弦が奏でる音の高さとの正確な関係を明らかにしたとされている。

今日、ピタゴラスが導いたその関係性は、音の振動数は弦の長さに反比例すると表現できる。たとえばある弦をつま弾くとある音が出たとしよう。その弦の真ん中を押さえると、一オクターブ高い音、つまり二倍の振動数の音が出る。四分の一の場所を押さえると、さらにもう一オクターブ上がってもとの振動数の四倍になる。

本当にピタゴラスはこの関係性を発見したのだろうか？　ピタゴラスに関する言い伝えのうちどの程度までが真実なのかは、誰にもわからない。たとえば、中学生を悩ませる「ピタゴラスの定理」を証明したのは、ピタゴラスではなかったかもしれない。最初に証明したのは弟子の一人だったと考えられているが、この公式自体はすでに何世紀も前から知られていた。とはいえピタゴラスの真の功績は、何か具体的な法則を導いたことではなく、宇宙は数学的関係性に従って構築されたという考え方を育んだことにある。そしてピタゴラスの影響力は、自然の数学的関係性を発見したことではなく、それを世に広めたことによる。古典学者のカール・ハフマンは次のように言っている。「ピタゴラスの重要性は、数に名誉を与えて商業という実用的な分野から切り離し、代わりに数の振る舞いと物事の振る舞いとのあいだの対応関係を示したことにある」[10]

タレスは、自然は秩序立った法則に従うと語ったが、ピタゴラスはさらに歩を進め、自然は数学的法則に従うと断言した。そして、宇宙の根本的真理は数学的法則にほかならないと説いた。ピタゴラス学派の人たちは、数が現実の本質であると信じた。

ピタゴラスの考え方は、プラトンをはじめとするその後のギリシャ人思索家、およびヨーロッパ中の科学者や哲学者に大きな影響を与えた。しかし、道理を尊重したギリシャ人や、宇宙は合理的分析によって理解できると信じた偉大なギリシャ人学者の中でも、その後の科学の発展にとって飛び抜けて大きな影響力を発揮したのは、その方法論を考え出したタレスでもなければ、そこに数学を持ち込んだピタゴラスでも、さらにはプラトンでもなかった。それは、プラトンの弟子でのちにアレクサンドロス大王の個人教師となる、アリストテレスだった。

ギリシャ北東部の町スタゲイロスで生まれたアリストテレス（前三八四―前三二二）は、かつてアレクサンドロスの祖父アミュンタス王の侍医を務めていた男の息子だった。アリストテレスは幼くして両親を亡くし、一七歳でアテナイに移り住んでプラトンのアカデメイアで学びはじめた。プラトン以降、「アカデミー」という言葉は学び舎《や》を意味するようになったが、当時は単に、アテナイ郊外にある木立が並んだ公共の庭園の名前でしかなかった。プラトンとその弟子たちはその庭園によく集まり、アリストテレスも二〇年にわたって通いつづけた。

紀元前三四七年にプラトンが世を去ると、アリストテレスはアカデメイアを去り、それから数年後にアレクサンドロスの個人教師となる。王ピリッポス二世がまだ無名のアリストテレスを息子の個人教師に選んだ理由は、定かでない。だがアリストテレスにとって、マケドニア王の世継ぎの個人教師になるというのは、なかなかよいことに思えたに違いない。アリストテレスは手厚い報酬をもらい、アレクサンドロスがペルシャや世界の大部分の征服に乗り出すと、ほかにもさまざまな恩恵を授かった。しかしアレクサンドロスが王位を継ぐと、五〇歳に近づいていたアリストテレスはアテナイへ戻り、それから三〇年以上かけて、その名を知られることとなる業績の大部分を生み出す。アレクサンドロスと会うことは二度となかった。

アリストテレスが教えた科学は、おそらく彼自身がプラトンから学んだものとまったく同じというわけではなかっただろう。アリストテレスはアカデメイアでずば抜けた弟子だったが、数学を重視するというプラトンの考え方にはけっして満足していなかった。アリストテレス自身は抽象的な法則よりも自然の詳細な観察を重視し、その姿勢はプラトンの科学とも今日の科学とも大きく違っていた。

私は高校生のとき化学と物理が大好きだった。私が夢中になっているのを見た父は、説明してくれと何度か言ってきた。貧しいユダヤ人の家庭に生まれて地元の神学校にしか通えなかった父は、科学の理論よりも安息日の理論を重視する教育を受け、しかも七年生より先へは進めなかった。だから説明にはとても苦労した。

アリストテレスとプラトン（左）。ラファエロのフレスコ画より

私は手始めに、物理学はもっぱら、変化という一つの事柄を学ぶ学問だと説明した。すると父はしばし考えて、文句を言いはじめた。「お前は変化のことなんて何も知らない。まだ若すぎて変化を経験したことなんてないだろう？」私はもちろん変化を経験したことくらいあると言い返したが、父はある古いイディッシュ語の表現を使って反論した。その表現は、イディッシュ語の古い表現をどの程度受け入れられるかによって、深遠にも聞こえればばからしくも聞こえた。「変化は存在す

る。ゆえに変化は存在する」。

私は一〇代らしくその格言を否定した。そして、「物理学では変化も変化も存在しない。存在するのは**変化**だけなんだ」と言った。確かに、今日我々の知る物理学を構築する上でアイザック・ニュートンが果たした中心的な役割は、由来にかかわらずすべての変化を記述できる統一的な数学的方法論を考え出したことだと言えるかもしれない。ニュートンの二〇〇〇年前にアテナイで生まれたアリストテレスの物理学は、この世界を理解するための、もっとずっと直感的でもっと数学によらない方法論に基づいていたため、父にとってはそのほうがより取っつきやすいだろうと私は考えた。そこで、父にもっと説明しやすい事柄が何か見つかればと思って、アリストテレスの考えた変化の概念について読みはじめた。そしてかなり努力した末にわかった。アリストテレスはギリシャ語を話していて、けっしてイディッシュ語の言葉を発することはなかったが、つまるところこう信じていたのだ。「変化は存在する。ゆえに変化は存在する」と。

父の言い回しでは、二つ目の「変化」という言葉は不気味に聞こえた。その言葉は、ナチスが侵攻してきたときに経験したたぐいの猛烈な変化という意味だった。一つ目の通常の自然な変化と、二つ目の猛烈な変化との違いは、アリストテレスによる区別と同じである。アリストテレスは、自然界で観察される変化はすべて自然なものと猛烈なものとに分類できると考えていた。

アリストテレスの世界理論によれば、自然な変化はその物体そのものの中から生じる。[11] つまり、自然な変化の原因はその物体の性質や成り立ちにもとから備わっているということだ。たとえば、我々が運動と呼んでいるたぐいの変化、すなわち位置の変化を取り上げてみよう。アリストテレスは、万物は土、気、火、水という四種類の基本元素の組み合わせでできていて、それらの元素はそれぞれ固有の運動傾向を持っていると考えた。石が地面に向かって落ち、雨が海に向かって降るのは、地面と海がそれらの物質の自然な居場所だからだという。石を飛び上がらせるには外から手を加える必要があるが、石が落ちるときには、固有の傾向に従って「自然な」運動をおこなうということだ。

現代物理学では、物体が静止しつづけたり、一定の速さと方向で一様に運動しつづけたりする理由を説明するのに、何ら原因は必要ない。それと同じようにアリストテレスの物理学でも、土や水でできた物体が落下し、気や火でできた物体が上昇するというように、物体が自然な運動をする理由を説明する必要はない。この考え方は、周囲の世界に見られる事柄と一致している。泡は水の中を上昇し、火は空中に立ちのぼり、重い物体は空から落ち、海は大地の上に留まり、大気はすべてのものの上に横たわっている。

アリストテレスにとって運動は、成長や腐敗や発酵など数多くの自然過程の一つにすぎず、それらはすべて同じ原理に支配されている。丸太の燃焼、人の老化、鳥の飛行、ドングリの落下など、さまざまな形の自然な変化は、本来の潜在力を実現させることとしてとらえていた。アリストテレスの信念の体系では、我々は自然な変化によって日々生きている。自然な変化は、驚く必要などない、我々が当たり前と考えるたぐいの変化なのだ。

しかし、ときに自然な成り行きが妨げられて、外部の何らかのものによって運動または変化が引き起こされることがある。石が空中に投げ上げられたり、ブドウの木が地面から引き抜かれたり、ニワトリが食用に捌かれたりといったことだ。あるいは、仕事を失ったり、独裁者が大陸を乗っ取ったりといったこともある。このようなたぐいの変化を、アリストテレスは「猛烈な変化」と呼んだ。

猛烈な変化では、物体はその性質に反する方向へ変化したり運動したりする。アリストテレスはそのたぐいの変化の原因を理解しようと考え、それを表現する言葉を選んだ。「力」である。

自然な変化の概念と同じく、猛烈な変化の理論も、自然界で観察される事柄とうまく対応している。たとえば重い物体はひとりでに落下するが、それを上向きや横向きなど別の方向へ動かすには、力すなわち仕事が必要となる。

アリストテレスによる変化の考え方で注目に値するのは、当時のほかの偉大な思索家と同じ身の回りの現象を目にしていながら、ほかの人と違って、人間生活と自然の両方における変化について本腰を入れてかつてなく詳細に観察した点だ。アリストテレスは、さまざまな種類の変化の共通点を見つけるために、事故の原因、政治力学、重い荷物を引っ張るウシの動き、ニワトリの胚の成長、火山の噴火、ナイル川の三角州の変化、太陽光の性質、熱の発生、惑星の運動、水の蒸発、複数の胃を持つ動物による食物の消化、物の融け方や燃え方を研究した。さまざまな動物の解剖もおこなった。とうに腐りはじめていることもあったが、悪臭で苦情を言われてもアリストテレスは鼻であしらうだけだった。

アリストテレスは、変化を体系的に説明するというこの試みを*Physics*（物理学または自然学）と呼ぶことで、自らをかつてのタレスと結びつけた。アリストテレスの自然学は対象範囲が広く、生物と非生物、天空と地上の両方を含んでいた。アリストテレスが研究したそれぞれの種類の変化は、今日では物理学、天文学、気候学、生物学、発生学、社会学などさまざまな科学分野の対象となっている。アリストテレスは書き手としても多作で、いわば一人ウィキペディアのようだった。アリストテレスの業績の中には、強迫神経症と診断されたことのない人によるものとしてはもっとも包括的なものもいくつかある。古代の記録によれば、アリストテレスは合計一七〇冊の学術書を書いたとされ、そのうちおよそ三分の一が現存している。『気象論』、『形而上学』、『倫理学』、『政治学』、『弁論術』、『詩学』、『天体論』、『生成消滅論』、『霊魂論』、『記憶について』、『睡眠と覚醒について』、『夢について』、『予言、長寿、青年と老年について』、『動物の歴史と部分について』など数多くの著作がある。

かつての教え子アレクサンドロスがアジアの征服に乗り出す一方、アリストテレスはアテナイに戻ってリュケイオンと呼ばれる学園を創設した。その学園では、街なかや庭園を歩きながら、長年にわたって自分が学んだ事柄を弟子たちに教えた。* アリストテレスは偉大な教師で、しかも自然を隅々まで見事に観察したものの、その知識への取り組み方は、今日我々が科学と呼んでいるものとはかけ離れていた。

哲学者のバートランド・ラッセルいわく、アリストテレスは「霊感を受けた預言者のようにではなく、教授や本職の教師のように物書きをしたはじめての人物である」[12]。ラッセルによれば、アリストテレスはいわば「常識で薄めた」プラトンだという。確かにアリストテレスは常識をきわめて重視した。我々の多くもそうだ。そのおかげで、もしナイジェリアの親切な連中から、「今日一〇〇〇ドルを送金してくれたら明日一兆ドルにしてお返しする」というEメールが来ても、返事をせずに済む。しかしアリストテレスの考え方を振り返って、いまの我々が持っている知識を踏まえれば、次のように言えるのではないだろうか。アリストテレスが伝統的な考え方に忠実だったことこそが、今日の科学の方法論とアリストテレスの方法論との最大の違いであり、アリストテレスの自然学の最大の欠点だった、と。確かに常識は無視すべきでないが、ときには非常識も必要なのだ。

科学の世界で前進するには、ときに、歴史家のダニエル・ブアスティンが「常識の圧政」と呼ぶものに抵抗する必要がある[13]。たとえば、物体を押すと滑ってから減速して静止するというのは、常識である。し

＊授業が終わると弟子たちは身体に油を塗ってもらった。このような選択科目があったら学生人気は簡単に上がると思うのだが、残念ながら大学の運営にとっては逆効果だろう。

かしその根底にある運動の法則を見抜くには、見たままの様子より先を見通して、ニュートンがいうように、摩擦のない理論上の世界で物体はどのように運動するかを想像しなければならない。同じように、摩擦の究極のメカニズムを理解するには、物質世界のうわべよりも奥をのぞき込んで、目に見えない原子からどのようにして物体ができているのかを「見る」ことができなければならない。原子の概念はアリストテレスより一〇〇年ほど前のレウキッポスやデモクリトスがすでに提唱していたが、アリストテレスはそれを受け入れなかったのだった。

アリストテレスはまた、人々の共通した見解や、当時の慣例や考え方にも大いに従った。「誰もが信じていることは真実である」と言い、それを疑う人に対しては、「その考え方を否定する者は、より信頼できる考え方を見つけることはけっしてできない」と指摘した。[14] アリストテレスが伝統的な知恵に頼り、それによってものの見方が歪められていたことをまざまざと物語っている例がある。それは、当時のほとんどの市民が受け入れていた奴隷という存在は物理世界の性質に本来備わっているのだという、若干こじつけの主張である。アリストテレスは、自然学の著作を連想させるその手の議論を使って、次のように言い切った。「複合体を形作っていて複数の部分から構成されているものの中には、必ず支配的要素と服従的要素との違いが見える。そのような二元性は生物の中に存在するが、それだけでなく宇宙の構造にも由来している」。[15] この二元性のために、生まれつき自由な人間と生まれつき奴隷である人間がいるのだと、アリストテレスは論じたのだ。

今日の科学者や革新者は、風変わりで型にはまらない人間と形容されることが多い。この固定観念にもある程度の真理は含まれていると思う。私が知っているある物理学教授は、毎日、カフェテリアの調味料のテーブルから無料の品物を取ってランチにしていた。マヨネーズからは脂質を取り、ケチャップは野菜代わり、塩味のクラッカーは炭水化物だった。別のある友人は、薄切り肉が好きだがパンは大嫌いで、レストランではまったく臆せずにランチにサラミだけを山盛り注文し、まるでステーキのようにナイフとフォークを使って食べていた。

型にはまった考え方は、科学者や革新を目指す人にとって好ましい態度ではなく、ときに人々に変な目で見られるというリスクを伴う。しかしこのあと何度も述べるように、科学は、先入観や権威、さらには科学体制自体の権威の天敵だ。革新的なブレークスルーを起こすには、誰もが真実だと信じている事柄に逆らって、古い考え方を新しい信頼できる考え方に置き換えようとする意欲がどうしても必要である。科学の歴史、および人間の思考全般の歴史に立ちふさがる、前進を妨げる障壁が一つあるとしたら、それは、過去や現在の考え方に対して必要以上に忠実であることだ。だから、もし私が創造性を必要とするポストに人を雇うとしたら、常識を重視しすぎないよう注意し、風変わりな性格を高く評価して、調味料のテーブルは充実させるだろう。

定性的な分析と定量的な科学

アリストテレスの方法論とのちの科学との違いとしてもう一つ重要なのが、定量的でなく定性的だったことである。今日の物理学は、たとえ高校の単純な内容であっても、量を扱う科学である。きわめて初歩的な物理学を学んでいる学生でさえ、時速一〇〇キロメートルで走っている車は一秒あたり約二八メートル進むと習う。リンゴを落とすと、一秒ごとに時速三五キロメートルずつ速くなると習う。椅子にドスンと座ると、座面にぶつかった一秒足らずのあいだに背骨にかかる力は五〇〇キログラム以上に達する、といったたぐいの計算をする。アリストテレスの自然学はそのようなものではなかった。それどころかアリストテレスは、哲学を「数学に変えようとする」哲学者に対して激しく異議を唱えたのだ。[16]

もちろんアリストテレスの時代には、自然哲学を定量的な探究へ変えようとしても、古代ギリシャの知識水準がその妨げになった。アリストテレスはストップウォッチも秒針つきの時計も持っていなかったし、事象の精確な継続時間を考えることにも馴染みがなかった。そのようなデータを処理するのに必要な代数学や算術の分野も、タレスの時代からまったく進歩していなかった。前に述べたように、足し算や引き算やイコールの記号はまだ考案されていなかったし、数体系も「時速何キロメートル」といった概念もなかった。しかし一三世紀以降の学者は、さほど進歩していない道具や数学を使って定量的な物理学を前進させたのだから、数式や測定や数値予測に関する科学を妨げていたものはそれだけではなかったはずだ。もっと重要だったのは、アリストテレスがほかの人たちと同じく、定量的な記述にまったく関心がなかったことである。

運動に関してもアリストテレスの分析は定性的でしかなかった。たとえば、アリストテレスは速さについても、「同じような時間内で、ある物はほかの物よりも速く進む」といったように、漠然としか理解していなかった。我々にはフォーチュンクッキーの中に入っているメッセージのように聞こえるが、アリストテレスの時代の人々にとっては十分に正確だった。さらに、速さの概念が定性的でしかなかったせいで、加速度の概念もかなり漠然としていた。加速度とは速さや運動方向の変化のことで、いまでは中学校で教わる。当時と現代とのこのような大きな違いを考えると、もし誰かがタイムマシンに乗って時間をさかのぼり、アリストテレスにニュートン物理学の教科書を渡しても、アリストテレスにとっては電子レンジで作るパスタのレシピくらいの意味しかないはずだ。ニュートンが言う「力」や「加速度」がどういう意味なのか理解できないだけでなく、それを気にかけさえもしないだろう。

アリストテレスが徹底的な観察をして興味を持ったのは、運動などの変化が何らかの目的へ向かって起こっているように見えることだった。たとえばアリストテレスは運動を、測定するものではなく、見極められる目的を持った現象として理解した。ウマは荷馬車を走らせるために引っ張る。ヤギは餌を探すために歩く。ネズミは食べられないように走る。オスのウサギはより多くのウサギをつくるためにメスのウサギを追い回す。

　アリストテレスの考えによると、この宇宙は、調和して振る舞うよう設計された一つの大きな生態系のようなものだった。アリストテレスは至るところに目的を見て取った。雨が降るのは、植物が生長するのに水が必要だからだ。植物が生長するのは、動物が食べるためだ。ブドウの種《たね》が木に生長し、卵がニワトリになるのは、種や卵に秘められた潜在力を実現させるためだ。太古から人々は決まって、自分自身の経験に投影することでこの世界を理解していた。そのため古代ギリシャでは、ピタゴラスやその弟子たちが編み出した数学法則によって物理世界を説明しようとするよりも、数々の出来事の目的を分析するほうがはるかに自然なことだったのだ。

　ここでも、科学ではどの問題を選ぶかが重要であることが見て取れる。アリストテレスは、自然は定量的な法則に従うというピタゴラスの考え方をたとえ受け入れたとしても、その肝心な点は見過ごしただろう。法則の定量的な細部よりも、なぜ物体がその法則に従うかという疑問のほうに関心があったからだ。楽器の弦や落下する石が数的な規則性に従って振る舞うよう仕向けているのは、いったい何なのか？　アリストテレスが夢中になったのはこのような問題だった。ここに、アリストテレスの哲学と今日の科学の進め方との最大の違いがある。アリストテレスは自然の目的と解釈するものを見て取ったが、今日の科学ではそのようなことはしないのだ。

目的を探すというこのアリストテレスの分析の特徴は、のちの人間の思考にとてつもない影響を与えた。それによってアリストテレスは、何世代にもわたる数多くのキリスト教哲学者に敬愛されることとなる。しかしその特徴は、今日の研究の道しるべとなっている強力な科学原理とは完全に相容れなかったため、二〇〇〇年近くにわたって科学の進歩は妨げられた。二個のビリヤード球が衝突して次に起こることは、その根底にある壮大な目的ではなく、ニュートンがはじめて示した法則によって決まるのだ。

　科学は、この世界のことを知ってその意味を見出したいという人間の根本的欲求から生まれた。だから、自然の目的を追い求めるというアリストテレスの動機がいまだ多くの人に共感されるのは、驚くことではない。「すべての出来事には理由がある」という考え方は、自然災害などの惨事を受け入れようとしている人を慰めてくれるかもしれない。そういう人が、宇宙はいかなる目的にも従っていないという科学の主張を聞けば、科学という学問は冷淡で無情だと感じるかもしれない。

　しかしそれとは違う見方もあり、私は父からそちらのほうを植えつけられた。目的に関する話題が出ると、父はよく、自分の身に降りかかった出来事ではなく、父と出会う前の一七歳の母が経験したある事件を引き合いに出した。母の住む町はナチスに占領されていた。理由はまったくわからなかったが、一人の兵士が、母を含め数十人のユダヤ人に雪の中一列になってひざまずくよう命令した。そして端から端へ歩きながら、数歩ごとに立ち止まっては、捕らえた人間の頭を撃ち抜いていった。もしそれが神や自然の壮大な計画の一部だったとしたら、父はそんな神とは一切関わりたくなかっただろう。我々の人生は、どんなに悲劇的であってもどんなに成功したとしても、恒星を爆発させるのと同じ、偏見を持たない法則の結果だ。よかれ悪しかれ究極的には、この世界を支配する中立的な数式からともかくも生まれた賜物、いわば奇蹟である。父のような人にとっては、このように考えることが救いになるのかもしれない。

アリストテレスの誤り

アリストテレスの考え方はニュートンの時代に至るまで自然界に関する思索を支配しつづけたが、その長年のあいだに、自然を観察してその理論に疑問を投げかける人も大勢いた。たとえば、自然な運動をしていない物体は力を受けたときにだけ運動するという考え方に基づくと、矢や槍などの投射体は最初の推進力を受けたあと、何によって運動しつづけるのかが問題になる。アリストテレス自身もそのことに気づいた。そしてその説明として、自然は真空を「嫌う」ために、投射体の後方に空気の粒子が勢いよく流れ込んできて、それが投射体を押し出すのだと論じた。日本人は東京の地下鉄に乗客を詰め込むという発想に見事に馴染んでいるようだが、アリストテレス本人でさえ自分の理論には煮え切らなかった。その弱点がかつてなくあらわになったのは、大砲が普及した一四世紀のことだった。重い砲弾の後方に空気の粒子が流れ込んできて押しやるという考え方は、ばかげているように思えたのだ。

それと同じく重要な点として、砲弾を押し出すのが空気の粒子なのか、あるいは目に見えない妖精なのかは、大砲を発射する兵士にとってはほとんどどうでもよかった。兵士が知りたかったのは、投射体がたどる軌道、とくに、最終的に敵の真上から落ちるかどうかだった。この見解の食い違いは、アリストテレスと、のちに科学者を自称することとなる人たちとの真の隔たりをまざまざと物語っている。投射体の軌道、すなわち各瞬間における速さと位置といった問題は、アリストテレスにとっては的外れだった。しかし、物理法則を使って予測をおこなおうとすれば、そうした問題がきわめて重要になってくる。そこで科学者たちは、この世界で起こっているプロセスの目的や哲学的理由でなく、そのプロセスの定量的な細部、すなわち、測定可能な力や速さや加速度などに関心を抱いた。そうして結局、アリストテレスの自然学の代わりに、砲弾の軌道を計算できる物理学を採り入れることになる。

アリストテレスも自らの自然学が完璧ではないことを知っており、次のように記している。「私の理論はかなり考えて苦労して編み出したものだが、あくまでも第一ステップで、それゆえ小さなステップだ。それは第一ステップとしてとらえなければならず、大目に見て評価すべきだ。私の本を読んだり講義を聴いたりして、出発点としてはかなり期待どおりだと思ってくれた人なら、私が成し遂げたことを認め、ほかの人たちに後を託したことを許してもらえるだろう」[17]。この言葉でアリストテレスが表現している感情は、のちの物理学におけるほとんどの天才たちと共通している。ニュートンやアインシュタインに匹敵する人たちは全知全能で、自分の知識に自信があり、尊大でさえあったと世間では思われている。しかしこれから見ていくように、彼らはアリストテレスと同じくさまざまな事柄に困惑し、またアリストテレスと同じくそのことを自覚していたのだ。

アリストテレスの影響

アリストテレスは紀元前三二二年、おそらく胃腸障害により六二歳で亡くなった。その一年前、かつての教え子アレクサンドロスが逝去してマケドニア政権が崩壊すると、アリストテレスはアテナイを去った。プラトンのアカデメイアで二〇年間も過ごしていたが、アテナイではつねによそ者のように感じていた。「この都市では、市民にとって正しいことがよそ者にとっては正しくない。この都市に住みつづけるのは難しい」と記している[18]。だがアレクサンドロスが世を去ると、アテナイに留まるかどうかはきわめて重大な問題になった。マケドニアとつながりのある人に対して危険な反感が向けられるようになったのだ。しかも、ソクラテスが政治的理由から処刑されたことで、毒草を使えばどんな哲学的主張も葬り去ることができるという先例ができてしまった。つねに深い思索をしていたアリストテレスは、それに気づき、殉教者になる危険を避けて逃げ出そうと考えた。アテナイの人々に二度と「哲学に反する」罪を負わせないためだという崇高な理由をこじつけたが、人生を通じた取り組みと同じくきわめて現実的な決断だったのだ。[19]

死後、アリストテレスの考え方は、リュケイオンで学ぶ何世代もの弟子たちや、アリストテレスの評釈書を書く人たちによって受け継がれた。中世初期にはあらゆる学問とともに影が薄くなっていったが、中世盛期にはアラブ人哲学者のあいだで再び重要視され、のちに西洋の学者たちが彼らから学んだ。アリストテレスの考え方は、若干手直しされた上で最終的にローマカトリック教会公認の哲学となった。そうしてそれから一九〇〇年のあいだ、自然を学ぶことはアリストテレスを学ぶことと等しかった。

ここまで見てきたように、我々人類は、疑問を問うための脳と、疑問を問うという性分、そしてその疑問に答えるための文字言語、数学、法則の概念といった道具を進化させた。ギリシャ人が宇宙を解明するために道理を使うようになったことで、人類は科学という輝かしい新世界の縁へとたどり着いた。しかしそれは、その先に待っているもっと壮大な冒険の始まりにすぎなかった。

第2部 科学

平穏な過去の教義は適切でない。したがって我々は、新たに考え行動しなければならない。

――エイブラハム・リンカーン、二度目の年次教書、一八六二年一二月一日

第6章　道理への新たな道

科学の勝利への大きな飛躍

私は、二冊の本を友人たちと共同執筆するという、ためになる経験をした。その友人たちとは、物理学者のスティーヴン・ホーキングと、精神的指導者のディーパック・チョプラだ。二人の世界観は、まるで互いに違う宇宙に住んでいるかのように大きくかけ離れていた。私の人生観は、スティーヴンの見方とほぼ同じ、つまり科学者の見方だ。しかしディーパックの人生観はそれとは大きく異なっていたため、私たちは共著のタイトルに、『すべて意見が一致するなんて素晴らしいじゃないか』ではなく、『二つの世界観の戦い（*War of the Worldviews*）』を選んだ。

ディーパックは自らの信念に深く傾倒していて、私と一緒に旅をするあいだずっと、私を改心させようと、世界を理解するための私の方法論に疑問を差し挟んできた。ディーパックは私の方法論を「還元主義」と呼んだ。私は、人間を含め自然界のすべてのものは最終的に数学的な物理法則によって説明できると信じている。とくに前に述べたように、今日のほとんどの科学者と同じく、万物（やはり我々人間を含む）は原子や素粒子でできていて、それらは自然界の四種類の基本的な力によって作用を及ぼし合っており、そのしくみをすべて理解できれば、原理的には世界で起こるすべての事柄を説明できるという信念を持っている。もちろん現実には、周囲の世界に関する十分な情報もなければ、基本法則を使って人間の行動のような現象を解析できるほどの強力なコンピュータもないので、ディーパックの心が物理法則に支配されているかどうかという疑問はけっして解決できないはずだ。

ディーパックに還元主義者に見られても基本的には嫌ではなかったが、実際にそう言われるとけんか腰になった。心ある人間ならそんなふうには考えないという言い方に、戸惑いを感じて反発したのだ。ディーパックの信者の集会では、まるで養豚業者の大会にユダヤ正教のラビが一人紛れ込んだかのように感じることが多かった。いつも次のような誘導尋問を浴びせられた。「私がフェルメールの絵を見たりベートーヴェンの交響曲を聴いたりしたときにどんなことを経験するか、君の数式からわかるのかい？」「もし本当に私の妻の心が粒子と波動の両方だとしたら、妻の私への愛はどう説明してくれるのかい？」私は、ディーパックに対する奥さんの愛情を説明することはできないと認めるしかなかった。それどころか、数式ではどんな愛も説明できない。私にとってはそれは的外れな指摘だ。物理世界を理解する道具としての数式の利用は、（少なくとも現段階では）精神的経験を除けばかつてない成功を収めているのだから。

一個一個の原子の運動を追跡してそこに原子や原子核の物理の基本原理を当てはめても、来週の天気を計算することはできないかもしれないが、より高いレベルの数学モデルを用いた気象学という学問は存在していて、明日の天気はある程度予測できる。同じように、海洋、光と電磁気、物質の性質、病気など、日常の世界のさまざまな側面を研究し、数百年前までは想像もつかなかったような形で我々の知識を実用的に使うことのできる応用科学も存在する。今日では、物理世界を数学的に理解することの有効性に関して、少なくとも科学者のあいだではほぼ意見が一致している。しかしその見方が広まるまでには、とても長い年月がかかったのだった。

自然は何らかの規則性に従って振る舞うという考え方に基づく形而上学的体系として、現代科学が受け入れられたのは、ギリシャ時代にまでさかのぼる。しかし、法則の利用という点で科学が有無を言わせない勝利を収めたのは、一七世紀になってからだった。タレスやピタゴラスやアリストテレスなど哲学者の考え方から、ガリレオやニュートンの考え方への一歩は、大きな飛躍だった。それでも二〇〇〇年はかからなかった。

ローマ、アラブ世界、中国の停滞

ギリシャの遺産を受け入れて、それに基づいて科学を構築するという道のりにおける最初の大きな障害となったのは、ローマによるギリシャの征服（前一四六年）とメソポタミアの征服（前六四年）だった。ローマの勃興以降何世紀にもわたり、哲学や数学や科学に対する関心はギリシャ語を話す知識人のあいだでも衰えていった。それは、実践志向のローマ人がこれらの学問分野を軽んじたためだった。ローマ人が理論的追究をさげすんでいた様子が、キケロの言葉によく表現されている。「ギリシャ人は幾何学者をもっとも敬っていた。そのため、ギリシャでは数学が何よりも華々しく進歩した。しかし我々はその学問を突き詰めて、測定や計算に役立つようにした」[1]。事実ローマ人は、共和政ローマとそれを引き継いだローマ帝国が統治したおよそ一〇〇〇年のあいだ、間違いなく測定と計算に大いに頼った巨大で見事な建築事業を進めた。しかし知られている限り、ローマ人からは著名な数学者は一人も出ていない。これは仰天の事実であり、数学や科学の発展に対して文化がとてつもなく大きな影響を及ぼすことの何よりの証拠である。

ローマは科学を育む環境ではなかったが、紀元四七六年に西ローマ帝国が滅亡すると、状況はますます悪くなった。都市が縮小して封建制が始まり、キリスト教がヨーロッパを支配して、地方の修道院や、のちに聖堂学校が知的生活の中心となったことで、学問は宗教的問題に絞り込まれ、自然の探究は取るに足らない、または価値がないとみなされるようになったのだ。[2] その結果ギリシャの知的遺産は、西洋世界では失われてしまった。

科学にとっては幸いなことに、アラブ世界ではイスラム教の指導者階級がギリシャの学問に価値を見出した。とはいっても、知識を知識として追究したのではない。そのような姿勢は、イスラム教でもキリスト教と同じく認められなかった。しかしアラブ人の裕福なパトロンたちは、ギリシャの科学の有用性を信じ、進んでお金を出してギリシャ科学の書物をアラビア語に翻訳させた。そうして何百年かのあいだに、中世のイスラムの科学者が光学や天文学、数学や医学を大きく前進させ、知的伝統をもてあそぶヨーロッパを追い抜いていった。[3*]

しかし、一三世紀から一四世紀になってヨーロッパ人が長い眠りから目覚めはじめた頃には、イスラム世界の科学はすでに大きく凋落していた。[4] それにはいくつかの要因があったらしい。その一つとして、保守的な宗教権力が、科学を探究する理由として認められるのは有用性だけだとみなし、その有用性の範囲を次々に狭めていったことがある。また科学が発展するには、社会が豊かで個人や国家が支援できるようでなければならない。なぜならほとんどの科学者は、開かれた市場で自分の仕事を支えるだけの資金を持

＊中世とは紀元五〇〇年から一五〇〇年（別の定義では一六〇〇年）まで。いずれの定義でも、若干の重なりはあるものの、ローマ帝国の文化的繁栄からルネサンスによる科学と芸術の開花までの期間に相当する。一九世紀の人々はこの時代を、「風呂のない一〇〇〇年間」として無視した。

っていないからだ。しかし中世後期にアラブ世界は、チンギス・ハーンや十字軍などさまざまな外圧の攻撃を受け、また内部の宗派対立によってばらばらに引き裂かれた。以前なら芸術や科学に投じられていたはずの資金が、戦争、そして生き残るための努力に振り向けられたのだ。

　科学研究が停滞したもう一つの理由として、アラブ世界の知的生活の大部分を支配するようになった教育機関が科学研究を重視しなかったことがある。マドラサと呼ばれるそれらの学校は、宗教的基金によって維持される慈善事業で、その創設者や後援者は科学に対して疑念を抱いていた。その結果、教育は宗教に絞られ、哲学や科学は排除された。[5]哲学や科学は学校以外で教えるしかなかった。支援して一つにまとめてくれる機関を失った科学者は互いに孤立するようになり、それが専門的な科学教育や研究の大きな足枷となった。

　科学者は何もないところでは生きられない。偉大な科学者でさえ、同じ分野のほかの科学者との交流からとてつもない恩恵を受ける。しかしイスラム世界では科学者どうしが直接接触することがなかったため、進歩に必要なアイデアのやりとりができなかった。また、相互批判の利点が失われたことで、経験的根拠に欠けた理論が林立して収拾がつかなくなり、従来の考え方に異議を唱える見方をとる科学者や哲学者は、最低限必要な支援さえ得るのが難しくなった。[6]

　このような学問の行き詰まりに匹敵する事態は、ヨーロッパより先に現代科学を発展させられたかもしれないもう一つの偉大な文明である中国でも起こった。[7]中世盛期（一二〇〇年—一五〇〇年）、中国の人口は一億人を超え、当時のヨーロッパの人口のおよそ二倍に達した。しかし中国の教育システムもイスラム世界と同じように、少なくとも科学に関してはヨーロッパで発展しつつあったシステムよりもはるかに劣っていた。教育内容は厳しく統制されて文学や道徳教育に絞られ、科学的発見や創造性にはほとんど関心が払われなかった。そのような状況は、明王朝初期（一三六八年頃）から二〇世紀に至るまでほとんど変わらなかった。アラブ世界と同じように科学は（技術とは対照的に）わずかしか発展せず、しかも教育制度の恩恵は受けなかった。学問の現状を批判し、知的生活を前進させるのに必要な道具を開発して体系化させようとする思索家たちは、強い逆風にさらされ、知識を発展させる手段としてデータを利用することもままならなかった。インドでも、カースト制に重きを置くヒンドゥー教の体制は、学問の進歩を犠牲にして安定を求めた。[8] この結果、アラブ世界や中国やインドは、他の分野では偉大な思索家を輩出したものの、西洋で現代科学を作り上げた人々に匹敵するような科学者は一人も生み出さなかった。

ヨーロッパにおける科学の復活

ヨーロッパで科学が息を吹き返したのは、一一世紀の終わり、ベネディクト会修道士のコンスタンティヌス・アフリカヌスが古代ギリシャの医学文献をアラビア語からラテン語に翻訳しはじめたときだった。[9] アラブ世界の場合と同じく、ギリシャの知恵を学ぶ動機はその有用性にあった。そんな中、アフリカヌスによる初期の翻訳がきっかけとなって、医学や天文学におけるそのほかの実用的な文献も翻訳したいという欲求が生まれた。そして一〇八五年、キリスト教徒がスペインを再征服した際に、アラビア語の書物を収めたいくつもの図書館がキリスト教徒の手に落ち、それから数十年のあいだに、関心を持つ地元の司教たちの惜しみない支援のおかげもあって多くの文献が翻訳された。

その新たな取り組みがどのような影響を及ぼしたかは、なかなか想像しにくい。それはまるで、現代の考古学者が古代バビロニアの粘土板を発見して翻訳してみたところ、そこに現代よりはるかに高度な科学理論が記されていたようなものだった。それから数百年のうちに翻訳作業の支援は、ルネサンスの社会的・経済的エリートのあいだでステータスシンボルとなった。その結果、取り戻された知識は教会の外まで広まって普及し、今日の金持ちにとっての芸術品のごとく収集されるようになった。いまなら彫刻や絵画を飾るように、当時の裕福な人は書物や地図を飾ったのだ。やがて、知識には実用的価値と無関係の新たな価値が与えられ、科学的探究が評価されるようになった[10]。そうしてついに、教会による真理の「所有権」が脅かされるようになった。聖書や教会の伝承に示されている真理と相反する、自然が明らかにする真理が姿を現したのだ。

しかし、単に古代ギリシャの著作を翻訳して読むだけでは、「科学革命」は起こらない。ヨーロッパを真に変えたのは、新たな教育機関である大学の登場だった[11]。大学は今日我々が知る科学を発展させる推進力となり、何百年にもわたってヨーロッパを科学の最先端に位置づけ、科学をかつてないほど前進させることとなる。

この教育革命を勢いづけたのは、高学歴の人々が裕福になっていくつもの職業機会を得たことだった[12]。ボローニャ、パリ、パドヴァ、オックスフォードといった都市は、学問の中心地として名声を博して大勢の学生や教師を惹きつけた。教師たちは独自に、または既存の学校の支援を受けて、学び舎を開いた。やがて、職人ギルドに倣って自発的な協会を組織した。しかし「大学」を自称するそのような協会も、最初は単なる同盟にすぎず、建物も持たずに一定の所在地もなかった。我々の知っている意味での大学が登場したのは、それから何十年ものち、ボローニャでは一〇八八年、パリでは一二〇〇年頃、パドヴァでは一二二二年頃、オックスフォードでは一二五〇年である。これらの都市では宗教でなく自然科学が重んじられ、学者が集まって互いに交流しては刺激し合った[13]。

とはいっても、中世ヨーロッパの大学がエデンの園のような楽園だったわけではない。たとえば一四九五年と時が下ってもドイツでは、大学に関係する者が新入生に小便を浴びせることを禁じる法律を制定しなければならなかった。その法律はもはや存在しないが、私はいまでも学生たちに守らせている。教授も専用の教室を持っていないことが多く、下宿や教会、さらには売春宿で講義をしなければならなかった。さらに悪いことに、授業料はふつう学生から直接もらっていて、学生は教授を雇ったり首にしたりすることができた。ボローニャ大学では、今日の基準から見れば奇妙なもう一つの制度があった。教授が無断欠勤や遅刻をしたり、難しい質問に答えられなかったりすると、学生から罰金を徴収されたのだ。講義がつまらなかったり、進み具合が遅すぎたり速すぎたりしたら、学生はやじを飛ばして暴れた。ライプツィヒでは攻撃的な風潮が目に余るようになり、大学は教授に石を投げることを禁じる規則を作らなければならなかった。

このような実際上の苦難をよそにヨーロッパの大学は、人々が集まっては考え方を共有して議論するしくみのおかげもあって、科学の進歩を大きく後押しした。科学者は、学生のやじや小便のかけ合いといった迷惑行為には耐えられたが、学問について終わることなく議論し合うセミナーを開けないなんて想像もできなかった。今日、科学の進歩のほとんどが大学での研究に根ざしているのは、基礎研究の資金の大部分が大学につぎ込まれているからだ。しかし歴史的には、学者が集まる場所としての大学の役割もそれと同じく重要だった。

アリストテレス哲学から袂《たもと》を分かち、自然やさらには社会に対する我々の見方を変え、今日の我々の基礎を築いた科学革命は、コペルニクスの地動説とともに始まり、ニュートンの物理学によって最高潮に達したとよく言われる。しかしそのとらえ方は単純すぎる。便利な言い回しとして「科学革命」という言葉を使ったが、それに関わった科学者たちは多様な目標や信念を持っていたのであって、一致団結して新たな思考体系の構築に意識的に取り組む集団ではなかった。さらに重要な点として、「科学革命」という言葉が指す変化は、実際には徐々に起こった。一五五〇年から一七〇〇年にわたって活躍した偉大な学者たちは、頂点にニュートンを戴く壮大な知識体系を何もないところから構築したわけではない。中世の思索家たちが、ヨーロッパの初期の大学で苦労してその基礎を築いていたのだ。

中でも最大の貢献は、一三二五年から一三五九年の、オックスフォード大学マートンカレッジの数学者たちの手によるものである。ギリシャ人が科学の概念を考え出して、ガリレオの時代に現代科学が誕生したことは、ほとんどの人が少なくとも漠然となら知っている。しかし残念なことに、中世の科学にはほとんど関心が向けられていない。というのも、中世の学者は驚くほどの進歩を成し遂げたのだが、当時の人々は言明の真偽を判断する上で、経験的証拠ではなく、宗教に基づく既存の信仰体系という、今日我々が知る科学とは相反する文化にどれほどうまく当てはまるかを基準としていたからだ。

哲学者のジョン・サールは、現代の我々と中世の思索家がこの世界を根本的に違うふうに見ていたことを物語る、ある出来事について記している。それは、ヴェネツィアにあったマドンナ・デル・オルト（果樹園の聖母）という名前のゴシック様式の教会の話である。当初の計画ではその教会はサン・クリストフォロ教会と名づけられるはずだったが、建設中に不思議なことに隣の果樹園に聖母の像が出現し、その像は天から落ちてきたと考えられて奇蹟とされたために、名前が変更されたのだ。当時はこの超自然的な説明に対して誰も疑問を抱くことはなかったが、現在の我々ならそのような出来事に対しては世俗的な解釈をするはずだ。サールは次のように書いている。「たとえその像がヴァチカンの庭園で見つかっても、教会当局はそれが天から落ちてきたなどとは主張しないだろう」[14]

私はあるときパーティーの席で、中世の科学者の功績について話をした。そして、彼らが直面した文化や困難を考えると、その功績には心打たれると語った。我々今日の科学者は、研究補助金の申請書を書く時間が「無駄」だと文句を言うが、我々には少なくとも暖房の効いたオフィスがあるし、町の農業生産量が激減したからといって夕食のために猫を捕まえる必要もない。[15] もちろん、人口の半分を死に追いやった一三四七年の黒死病から逃れる必要もない。

そのパーティーには学者が大勢いて、私の話に対する相手の反応はふつうの人とは違っていた。たいていの人なら、シャルドネをつぎ足さなければとすぐにその場を離れるものだ。しかし相手は疑うような目つきで問いただしてきた。「中世の科学者？ ちょっと待って。麻酔もせずに手術していたのよ。レタスの搾り汁とかドクニンジンとか、去勢したイノシシの胆汁から薬を作っていたのよ。あのトマス・アクィナスでさえ魔女の存在を信じていたでしょ？」

私は一本取られた。何も言い返せなかった。後から調べてみても、その女性科学者の言うことは正しかった。しかし彼女は、中世の医学のある側面については博学のようだが、物理科学の分野におけるもっと綿々とした考え方については明るくなかった。中世にそれ以外の分野の知識がどんな状況だったかを考えると、その物理科学の状況はなおさら奇跡的に思える。だから、タイムマシンで現代にやって来た中世の医師に診察してもらいたくないことは認めるしかなか

オックスフォード・マートンカレッジの図書館

ったが、中世の学者が物理科学で成し遂げた進歩に関してはけっして譲らなかった。

彼ら物理学の忘れられし英雄たちは、何を成し遂げたのか？　まず彼らは、アリストテレスが考えたあらゆる種類の変化の中から、もっとも基本的なものとして、位置の変化、つまり運動を選び出した。それは先見の明のある深遠な判断だった。我々が目にするほとんどの種類の変化は、肉が腐る、水が蒸発する、葉が木から落ちるといったように、物質ごとにそれぞれ異なるため、普遍的な事柄を探求する科学者にとってはあまり役に立たない。それに対して運動の法則は、すべての物質に当てはまる基本法則である。しかし、運動の法則が特別である理由はもう一つある。我々が日常経験するマクロな変化はすべて、顕微鏡では見えない小さなレベルで運動の法則によって引き起こされているのだ。というのも、現代の我々が知っていて、また古代ギリシャの原子論者も推測していたとおり、日常の世界で我々が経験する多くの種類の変化は、物質の基本構成部品である原子や分子に作用する運動の法則を解析することで最終的に理解できるからだ。

マートンカレッジの学者たちはそのような包括的な運動の法則こそ発見しなかったものの、そのような法則が存在することを直観で見抜き、何百年かのちにほかの人がそれを発見するための舞台を整えた。とりわけ、初歩的な運動の理論として、それ以外の種類の変化に関する科学とも、あるいは目的の概念とも無関係なものを構築した。

マートンカレッジの学者たち

当時、きわめて単純な運動の解析に必要な数学でさえ依然として原始的な段階にあったことを考えると、その取り組みは容易なものではなかった。しかし深刻な悪条件がもう一つあり、それを克服したことは、当時の限られた数学による成功よりもさらに大きな偉業だった。というのも、それは技術的な障害ではなく、人々の世界観を縛りつける足枷だったからだ。マートンカレッジの学者たちは、アリストテレスと同じく、時間が定性的で主観的な役割しか果たさない世界観に邪魔されていたのだ。

　先進世界の文化に浸りきっている我々は、時間の経過を、かつての時代の人々なら気づかなかったような形で経験している。人類史の大半を通じ、時間はきわめて伸縮性の高い枠組みであって、完全に個人的な事情で伸び縮みしていた。時間はけっして本来主観的なものではないと考えるのはなかなか困難なことだったが、それは幅広い影響を及ぼす一歩となった。それは科学にとって、言語の発達や、この世界は道理によって理解できるという認識に匹敵する大きな前進だったのだ。

　たとえば、ある出来事の時間の規則性――石が四・九メートル落下するのに必ず一秒かかることを思い浮かべてほしい――を探るというのは、マートンカレッジの学者たちの時代には革新的な考え方だったはずだ。その一つの理由として、どのようにして時間を精確に計るのか誰も見当がつかなかったし、分《ふん》や秒の概念などほとんど聞いたこともなかった[16]。一時間をつねに等しい長さで刻む時計が発明されたのは、一三三〇年代のことである。それ以前は、昼間がどんなに長くてもそれを一二等分していたため、六月の「一時間」が一二月の二倍以上の長さになることもあった（たとえばロンドンでは、現代の分で数えて三八分から八二分まで変化した）。それで誰も困らなかったのは、人々がおおざっぱで定性的な時間経過の概念以外はほとんど使っていなかったからだ。それを考えると、単位時間あたりに進む距離という速さの概念は、それこそ奇妙なものに思えたはずだ。

　このような障害を考えると、マートンカレッジの学者たちが運動の研究の概念的基礎を築き上げたのは奇跡に思える。しかも彼らは、史上初の定量的な運動の法則、いわゆる「マートン則」まで示した。それは次のようなものである。「静止状態から一定の割合で加速する物体が進む距離は、その加速する物体の最高速度の半分の速さで同じ時間だけ移動する物体が進む距離に等しい」[17]

何とも長ったらしい法則だ。私はかなり以前から見慣れているが、いまだに二度読まないと何を言っているのかわからない。しかし、この法則の表現のわかりにくさは、あることを教えてくれる。科学者が適切な数学を使う――必要なら発明する――ようになったことで、科学がどれほど簡単になったかを物語っているのだ。

今日の数学の言語では、「静止状態から一定の割合で加速する物体が進む距離」は、$\frac{1}{2}a \times t^2$ と書くことができる。二つめの値、「その加速する物体の最高速度の半分の速さで同じ時間だけ移動する物体が進む距離」は、単に $\frac{1}{2}(a \times t) \times t$ となる。したがって、先ほどのマートン則の表現を数学的に翻訳すると、$\frac{1}{2}a \times t^2 = \frac{1}{2}(a \times t) \times t$ となる。これは簡潔なだけでなく、少なくとも代数学の初歩を学んだことがある人なら、これが真であることを瞬時に理解できる。

学生時代なんて遠い昔だという人は、六年生の子供に聞いてみてほしい。きっとその子は理解できるだろう。今日の平均的な六年生は、一四世紀のもっとも進んだ科学者よりもずっと多くの数学を知っている。それと同じことが二八世紀の子供と二一世紀の科学者にも当てはまるのかどうか、それは興味深い疑問だ。ともかく、人類の数学の能力が何百年ものあいだ着実に進歩してきたのは間違いない。

マートン則が表している事柄の日常的な実例として、次のようなものがある。自動車を速さゼロから時速一〇〇キロまで一定の割合で加速させると、ずっと時速五〇キロで走っていたのと同じ距離だけ進む。助手席の母に「スピード出しすぎちゃだめ」とがみがみ言われているように聞こえる。しかしマートン則は今日では常識だが、マートンカレッジの学者たちはそれを証明できなかった。それでもこの法則は学問の世界に大きな衝撃を与え、あっという間にフランスやイタリアなどヨーロッパ各地へ広まった[18]。そしてまもなく、イギリス海峡を渡った地で、マートンカレッジの学者たちに相当する、パリ大学に勤めるフランス人たちによって証明された。その中心人物だったのが、のちにリジューの司教にまで登りつめる哲学者で神学者のニコル・オレーム（一三二〇―一三八二）。証明を完成させるには、歴史を通じてさまざまな物理学者が繰り返しおこなってきたことが必要だった。それはすなわち、新たな数学を発明することである。

数学は物理学の言語なのだから、適切な数学がなければ、物理学のある問題に関して語ることも推論することもできない。アインシュタインは一般相対論を定式化するために、複雑で馴染みのない数学を使わなければならなかった。だからあるとき一人の女子生徒に、「数学が苦手でも心配しなくていい。きっと僕のほうが苦手なんだから」とアドバイスした[19]。ガリレオも次のように言った。「『自然の』書物を理解するにはまず、その言語を身につけて、書かれている文字の読み方を学ばなければならない。その書物は数学の言語で書かれていて、その文字は三角形や円などの幾何学図形であり、それがなければ人間は一つの単語たりとも理解できない。それがなければ、暗い迷宮の中をさまよってしまうことになるのだ[20]」

オレームはその暗い迷宮に光を照らすために、マートン則の物理的内容を表現するためのある種の図を考案した。その図をオレームは今日の我々とは違う形で理解していたが、この図は、運動の物理をはじめて幾何学的に表現したもの、すなわち史上初のグラフとみなせるだろう。

いつも不思議に思うのだが、微積分を使う人は数少なくても、それを誰が発明したかを知っている人は多いのに対し、グラフは誰でも使うのに、それを誰が発明したかを知っている人はほとんどいない。おそらくそれは、今日ではグラフのアイデアなんて当たり前に思えるからだろう。しかし中世には、数量を空

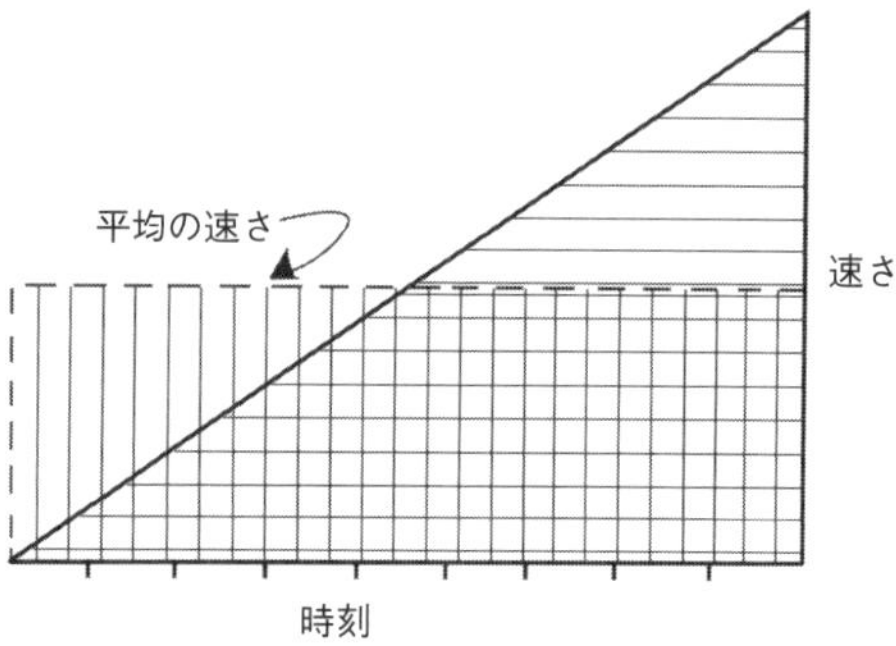

グラフで表したマートンの法則

間内の線や図形で表現するという考え方は、驚くほど独創的で革新的だった。少々ばかげているようにさえ見えたかもしれない。

　人々の考え方を単純な形でさえ変えるのが難しいことを理解してもらうために、私がよく引き合いに出すのが、明らかに数学とは関係のないもう一つのばかげた発明の物語だ。その発明とはポストイット、小さな紙切れの片面に再利用可能な接着剤を帯状に塗って、何かに簡単に貼りつけられるようにしたものである。ポストイットは一九七四年、3Mの化学工学技師アート・フライが発明した。しかし仮の話として、現在までポストイットは発明されておらず、私が投資家のあなたのところにやって来て、ポストイットのアイデアと試作品を披露したとしてみよう。当然あなたは、その発明品を宝の山だと見抜いて、投資のチャンスに飛びつくだろうか？

　おかしいと思うかもしれないが、ほとんどの人はきっと飛びつかないだろう。その証拠に、フライが3M（接着剤と革新性で世に知られている）のマーケティング担当者に自分のアイデアを説明したところ、担当者は乗り気にならなかった。メモ用紙に取って代えるつもりなのに、それより高い価格を設定しなければならない商品を売るのは難しいというのだ。なぜ彼らは、フライが提案した宝の山に飛びつかなかったのか？[21] ポストイットの登場以前、弱い接着剤を帯状に塗った紙切れをものに貼るという発想は、人々の想像力を超えていたからだ。そのためアート・フライは、単に製品を発明するだけでなく、人々の考え方を変えるという難題に直面した。ポストイットをめぐる戦いが厳しいものだったとしたら、本当に重要な事柄をめぐって同じことをしようとした人がどんな困難に直面したかは、想像するしかない。

幸いにもオレームは、ポストイットがなくても証明をすることができた。オレームの論証を現代の我々なりに解釈してみよう。はじめに、横軸を時刻、縦軸を速さとする。そして、いま考えている物体が時刻ゼロに動きはじめて、しばらく一定の速さで運動するとしよう。その運動は水平線で表される。その線の下側の領域に影をつければ、長方形ができる。それに対して等加速度運動は、時刻が進むにつれて速さも大きくなるため、ある角度で上がっていく直線で表される。その直線の下側の領域に影をつければ、三角形ができる。

これらの直線の下側の面積（影をつけた面積）は速さと時間との積を表していて、それは物体が移動した距離となる。長方形と三角形の面積の計算法がわかっていれば、この考え方に基づいてマートン則の有効性は簡単に証明できる。

オレームがしかるべき名声を得ていない一つの理由が、研究成果の多くを発表しなかったことである。さらに、ここではオレームの研究結果を今日の我々なりに解釈して説明したが、オレームが実際に用いた概念的枠組みはそこまで詳細でもなければ定量的でもなく、現代の我々が理解している数学と物理量との関係性とは大きくかけ離れていた。その新たな関係性の理解をもたらしたのが、偉大なガリレオ・ガリレイ（一五六四―一六四二）の最大の功績の一つといえる、空間、時間、速度、加速度という概念に関する一連の革新である。

ルネサンスがガリレオを生んだ

一三世紀や一四世紀の大学で研究していた中世の学者たちの手によって、経験に基づく合理的な科学的方法の伝統はさらに前進したが、それによってただちにヨーロッパの科学が爆発的に発展することはなかった。およそ一四世紀から一七世紀まで続く中世後期、ルネサンスの最初のうねりが起こった頃にヨーロッパの社会や文化を変えたのは、発明家や技術者だった。

ルネサンスの初期の革新者たちは、おもに人間の筋肉以外の力で動力を得る初の偉大な文明をつくり出した。当時、水車や風車や新たな継ぎ手などのしかけが開発、改良されて、村の生活に組み込まれた。そしてそれらのしかけは、製材機や製粉機などさまざまな巧妙な機械の動力となった。これらの技術革新は理論科学とはほとんど無関係だったが、新たな富を生み出すことで教育水準や識字率を引き上げ、また自然の理解が人々の生活向上に役立つという認識を広めることで、その後の進歩の下地をつくった。[22]

ルネサンス初期の進取の気風は、のちの科学と社会全般に大きな直接的影響を与えるある技術の発明も生み出した。その発明とは印刷機である。中国ではそれより何百年も前の一〇四〇年頃に可動活字が開発されていたが、中国語には表意文字が使われていて何千種類もの活字を作る必要があったため、あまり実用的ではなかった。しかしヨーロッパでは、一四五〇年頃に機械式の可動活字印刷が登場したことで、世界が一変した。たとえば一四八三年に印刷会社リポリ・プレスは、一冊の本の印刷料金を筆写者が書き写す場合の三倍に設定した。しかし、リポリ・プレスが一〇〇〇部以上印刷する時間で、筆写者は一部しか書き写せなかった。[23] その結果、ヨーロッパの筆写者が数百年のあいだに書き写してきたよりも多くの本が、わずか数十年のうちに印刷されることとなった。

印刷技術は新たな中産階級に力を与え、ヨーロッパ中の思考や情報の流れを大きく変えた。突如として、以前よりずっと幅広い市民に知識や情報が手に入るようになったのだ。それから数年で初の数学の教科書が印刷され、一六〇〇年までに数学の教科書は一〇〇〇冊近くに達した。[24] さらに、古代の文書を復刊するという新たな動きも起こった。それと同じく重要なこととして、新たなアイデアを思いついた人は、自分の考えを以前よりはるかに幅広く議論してもらえるようになった。また科学者のように、ほかの人のアイデアを吟味して発展させることを生きがいとする人は、同業者の研究成果をはるかに多く手に入れられるようになった。

このような変化が起こったことで、ヨーロッパ社会の支配階級はイスラム世界や中国やインドよりも柔軟で多様になった。イスラムや中国やインドの社会は硬直的で、限られた正説に縛られていた。それに対してヨーロッパのエリートは、街と田舎、教会と国家、教皇と皇帝、および、新たな一般人知識階級の欲求と消費主義の高まりという、さまざまな利害対立に振り回されていた。そのためヨーロッパ社会が発展するにつれて、芸術や科学はさらに自由に変化し、自然に対するより実際的な新たな関心が生まれた。[25]

芸術でも科学でも、新たに自然のリアリティーを重視することがルネサンスの真髄となった。フランス語で「再生」を意味するルネサンスは、物質社会と文化の両方における新たな始まりとなった。ヨーロッパの人口の三分の一から半分を死に追いやった黒死病の流行の直後にイタリアで始まったルネサンスは、そこからゆっくりと広がり、北ヨーロッパにまで達したのは一六世紀になってからだった。

芸術では、ルネサンスの彫刻家は解剖学を、画家は幾何学を学び、いずれも鋭い観察に基づいて現実をより忠実に表現することに焦点を当てた。人間の姿は自然の環境の中で解剖学的に正確に描かれ、光と影や線遠近法によって立体性が表現された。絵の中の人物はリアルな感情を見せ、以前の中世の絵画に見られる平坦で非現実的な顔は描かれなくなった。ルネサンスの音楽家は音響学を学び、建築家は建物の調和比を綿密に調べた。そして、自然哲学、つまり今日で言うところの科学に関心を持つ学者は、宗教的世界観を裏づけたいという願望によって歪められた純粋に論理的な分析ではなく、データを収集してそこから結論を導くことを新たに重視するようになった。

　科学と芸術がまったくの別物だとはみなされていなかった当時、科学的および人間的理想をおそらくもっともよく体現していたのが、レオナルド・ダ・ヴィンチ（一四五二―一五一九）だろう。レオナルドは科学者、技術者、発明家であるとともに、画家、彫刻家、建築家、音楽家でもあった。そしていずれの取り組みでも、細かい観察によって人間や自然界を理解しようとした。科学や工学に関するその記録や文書は一万ページを超える。画家としては、単にポーズをとったモデルを観察するだけでは飽き足らず、解剖学を学んで人間の死体の解剖もおこなった。以前の学者は自然の一般的で定性的な特徴を観察していたが、レオナルドとその同時代の人々は、自然のデザインの細かい点を知ることに大きな精力を傾け、アリストテレスや教会の権威は軽視した。

　このような知的環境の中、ルネサンスも終わりに近づいた一五六四年、ピサでガリレオが生まれた。もう一人の巨人ウィリアム・シェイクスピアが生まれるわずか二か月前のことだった。ガリレオは、著名なリュート奏者で音楽理論家だったヴィンチェンツォ・ガリレイの七人の子供の第一子だった。

　ヴィンチェンツォは高貴な家の出だった。とはいっても、今日の我々がイメージする、キツネ狩りに出かけて午後は紅茶をたしなむような貴族ではなく、名前の力を借りて仕事を探さなければならないたぐいの家だった[26]。ヴィンチェンツォはきっと前者のような貴族になりたかったのだろう。リュートが好きで、街なかを歩いたり馬に乗ったり、窓辺に立ったりベッドで横になったりしながら、可能な限りいつ何時でも演奏し、それによってわずかな現金を稼いでいた。

息子には金儲けできる人生を送らせたいと考えたヴィンチェンツォは、若いガリレオをピサ大学に入れて医学を学ばせた。しかしガリレオは医学よりも数学に興味を持ち、エウクレイデスやアルキメデス、さらにはアリストテレスの著作を教える個人授業を受けるようになった。何年ものちに友人には、大学の授業に出るくらいなら絵を描いているほうがましだったと語っている。しかしヴィンチェンツォは伝統的な親心から、麻の種のスープと牛の内臓を夕食にするような生活を避けるためにある程度は妥協して、もっと現実的な道に進むよう、ガリレオをけしかけていた。

ガリレオが医学から数学に転向したことを聞いたヴィンチェンツォは、自分の遺す不十分な遺産で生きていく道を息子は選んだのかと思ったに違いない。しかしそれどころの話ではなかった。結局ガリレオは、医学も数学もどんな学位も取得しなかった。退学し、絶えず金に困ってたびたび借金をする人生を歩みはじめたのだ。

ガリレオ・ガリレイ。フランドル人画家ユストゥス・サステルマンス作、1636年

大学を辞めたガリレオは、まずは数学の個人授業をして生計を立てた。しばらくすると、ボローニャ大学の下級講師の席が空いたことを聞きつけた。ガリレオはまだ二三歳だったが、自分の年齢を二六歳「くらい」と偽って応募した。大学はもう少し年上「くらい」の人を欲しがっていたらしく、学位を持っている別の三二歳の人物を雇った。何百年も経ったいまでも、大学のポストに選ばれなかった人は、あの偉大なガリレオと同じ経験をしたのだと思って自分を慰めるといい。

その二年後にガリレオはピサ大学の教授になった。大学では敬愛するエウクレイデスの著作を教えるとともに、医学生が患者の瀉血のタイミングを決めるのに役立つよう、占星術の講義もおこなった。科学革命をあれほど推し進めた人物が、向上心のある医者相手に、「みずがめ座は瀉血の位置を表している」と助言していたのだ。今日では占星術は信用されていないが、自然法則に関してあまりよくわかっていなかった時代には、天体が地上の我々の生活に影響を与えるという考え方は理にかなっているように思われていた。確かに太陽と月はそのとおりで、潮汐《ちょうせき》と謎めいた関係があることがかなり昔から知られていた。

ガリレオは個人的興味と金儲けの両方のために星占いをおこない、学生を一回占うたびに一二スクードの料金を取っていた。一年で五回占いをするだけで、教師としての給料六〇スクードが二倍になった。どうにか生活はできたが、余裕はなかった。ガリレオは賭け事も好きで、確率論に関してほとんど知られていなかった当時、オッズの計算をいち早く導入しただけでなく、はったりをかけるのも得意だった。

二〇代後半、背が高くがっしりしていて、色白で赤毛のガリレオは、人に好かれた。しかしピサ大学の教授職は長続きしなかった。おおむね権威を尊重してはいたが、嫌みを言うことが多く、学問上の論敵や癇に障る事務官をこき下ろすこともあったのだ。あるとき、ピサ大学の当局が、教授は街なかでも講義中と同じく式服を着用せよと強く求めると、ガリレオは激怒した。

詩を詠むのが好きなガリレオは、一篇の詩を書いて大学当局に仕返しをした。題目は「衣服」で、ガリレオは衣服を否定した。衣服は欺瞞の源だというのだ。たとえば、もし衣服を着ていなければ、女性は花婿候補を見て、「小さすぎないかどうか、フランス病〔梅毒〕を持っていないかどうかを判断し、好きなように相手を選べる」のだという。[27] パリっ子に好かれるような詩ではない。ピサ大学でも受けが悪く、若いガリレオは再び仕事を探す身となってしまった。

実はそれがよいほうに働いた。すぐにヴェネツィア近郊のパドヴァ大学の職に就き、以前の三倍、年一八〇スクードの給料で働きはじめたのだ。晩年には、この地で過ごした一八年間が人生で最高の日々だったと回想している。

パドヴァ大学へやって来た頃には、ガリレオはアリストテレスの物理学に幻滅していた。[28] アリストテレスにとって、科学は観察と理論化から構成されていた。しかしガリレオが考えるに、そこには実験という重要なステップが欠けていた。そうして実験物理学は、ガリレオの手によって理論物理学と同じく進歩することとなる。何百年も前から学者たちは実験をおこなっていたが、そのほとんどは、すでに受け入れられている考え方を例証するためだった。それに対して今日の科学者は、理論を厳密に検証するために実験をおこなう。ガリレオの実験はその中間に位置していた。それは言ってみれば探検であり、単なる例示ではないが厳密な検証でもなかった。

実験に対するガリレオの取り組み方には、とくに重要な面が二つある。第一に、予想外の結果が得られたら、ガリレオはそれを否定するのでなく、自分の考え方のほうに疑問を持った。[29] 第二に、ガリレオの実験は定量的であり、それは当時としてはかなり革新的なことだった。

ガリレオの実験は今日の高校の科学の授業でおこなわれるものにそっくりだったが、もちろんガリレオの実験室には、高校と違って電気もガスも水道も、手の込んだ装置もなかった。「手の込んだ装置」とは、たとえば時計のことである。このためガリレオは、いまで言う冒険野郎マクガイバー〔アメリカの同名のテレビドラマに登場する、手近な物で何でも直してしまう主人公〕張りに、ダクトテープやトイレの吸引具に相当する品物から複雑な装置を作らなければならなかった。たとえばストップウォッチは、大きなバケツの底に小さな穴を開けて作った。ある出来事にかかった時間を計るには、そのバケツに水を入れ、流れ出した水を回収してその重さを量った。水の重さが、その出来事にかかった時間に比例するという算段だ。

ガリレオはこの「水時計」を使って、物体が地上に落ちるプロセスである自由落下をめぐる、論争の絶えない問題に挑んだ。アリストテレスにとって自由落下とは、いくつかの経験則に支配された自然な運動の一種だった。その経験則の一例が、「半分の重さの物体がある距離をある時間で移動したら、その二倍［全体］の重さの物体は半分の時間で移動する」というものである。要するに、物体は一定の速さで落下し、その速さは重さに比例するということだ。

考えてみればそれは常識どおりで、石は葉っぱよりも速く落ちる。当時は測定や記録のための装置などなく、また加速の概念についてもほとんどわかっていなかったのだから、アリストテレスによるこの自由落下の説明は理にかなっていると思われたに違いない。しかし考えなおしてみると、やはり常識に反している。イエズス会修道士で天文学者でもあったジョヴァンニ・リッチョーリが指摘したとおり、アイスキュロスの頭にカメを落として殺した神話上のワシでさえ、高いところから落とすほど衝撃は強くなり、物体は落下するにつれて速さが増すことを直感的に知っていた。[30] このような考察が示されたことで、この問題をめぐっては長年にわたって人々の見解が揺れ動き、何百年にもわたってさまざまな学者がアリストテレスの理論に疑念を示していた。

ガリレオはこのような批判をたびたび聞いていて、自分でこの問題を調べたくなった。しかし、自分が作った水時計の精度があまり高くなく、落下する物体の実験をおこなうには不十分だとわかっていたため、もっとゆっくりと進行しながらも同じ物理原理を証明できるプロセスを探さなければならなかった。そうして最終的に、さまざまな角度に傾けた滑らかな板の上を、磨き上げた青銅の球が転がり落ちるのにかかる時間を測定することにした。

球が斜面を転がり落ちる時間を測定することで自由落下の様子を研究するというのは、インターネットの画像を見て服を買うようなもので、美しいモデルが着たときと実際のあなたが着たときとで違うふうに見える可能性はつねにある。確かにそのような危険性はあるが、このような論法は現代物理学者の考え方の中核をなしている。優れた実験を計画するこつは、問題のどの側面が重要で、どの側面を無視してかまわないかを見抜くこと、そして、実験結果をどのように解釈するかにかかっている。

自由落下に関してガリレオが賢かったのは、二つの基準を念頭に置いて球の落下実験を計画したことである。第一に、運動をゆっくりにして測定できるようにしなければならなかった。そして同じく重要な点として、空気抵抗や摩擦の影響を最小限に抑えようとした。摩擦や空気抵抗は日々経験しているものだが、ガリレオは、それらは自然を支配する基本法則の単純さを見えにくくするものだと考えた。確かに現実世界では、石は羽根よりも速く落ちるかもしれない。しかしその根底にある法則によれば、真空では互いに同じ速さで落下するはずだと、ガリレオはにらんだ。そして次のように書き記した。「こうした邪魔者から自由にならなければならない。そうして、抵抗のない場合における定理を発見して証明したら、……経験が教えてくれる制約を踏まえた上で、それを用いて［現実世界に］当てはめなければならない[31]」

ガリレオの実験では、傾斜を緩やかにすることで球はかなりゆっくりと転がり、データを比較的簡単に測定することができた。そうしてガリレオは、角度が小さい場合、球の移動距離は必ず、かかった時間の二乗に比例することに気づいた。数学的に考えるとわかるように、これは、球が一定の割合で速さを増している、つまり一定の加速を受けていることを意味する。さらにガリレオは、球の落下する速さがその重さによらないことにも気づいた。

注目すべきは、斜面の傾斜をどんどん急にしていっても同じ性質が成り立つことだった。傾斜角がどれだけであっても、球の移動距離は重さとは無関係で、転がるのにかかる時間の二乗に比例したのだ。しかし、傾斜角が四〇度、五〇度、六〇度、さらには七〇度や八〇度でもそれが成り立つとしたら、九〇度でも成り立つのではないか？　ここでガリレオは、きわめて現代的に思える論証をおこなった。斜面上を転がり落ちる球の観察によって明らかとなった事実は、斜面を九〇度傾けた「極限的な場合」に相当する自由落下でも成り立つはずだ、と。要するに、斜面を垂直になるまで傾けていって、球が転がるのでなく落下するようにしたとしても、球の速さは一定の割合で増していき、傾斜面で観察された法則は自由落下にも当てはまるという仮説を立てたのだ。

こうしてガリレオは、アリストテレスの自由落下の法則を自らの法則に置き換えた。アリストテレスは、物体はその重さに比例する速さで落下すると論じたが、ガリレオは、基本法則があらわになるような理想的な世界を仮定して、アリストテレスとは異なる結論に至った。その結論とは、空気などの媒質による抵抗がなければ、すべての物体は同じ一定の加速度で落下するというものだ。

ガリレオの運動の科学

ガリレオは数学のセンスがあっただけでなくて、抽象的に考える能力も高く、ときには頭の中だけで場面の展開を観察しようとした。科学者でない人はそれを空想と呼ぶが、科学者は、少なくとも物理学に関しては思考実験と呼ぶ。純粋に頭の中だけで実験をおこなうことの利点は、実際に作動する装置を組み立てるという面倒な問題を避けながら、あるアイデアの論理的帰結を調べられることである。そこでガリレオは、傾斜面を使った実際の実験によってアリストテレスの自由落下の理論を打ち崩しただけでなく、思考実験を使って、アリストテレスの物理学に対するもう一つの重大な批判である、投射体の運動に関する批判をめぐる論争に首を突っ込んだ。

投射体が発射されるときに最初の力が加えられて以降、その投射体を前方へ動かしつづけるのは何だろうか？　アリストテレスは、空気の粒子が投射体の後方に押し寄せて投射体を押しつづけるのだろうと推測したが、前に述べたように自分でさえこの説明には疑念を抱いていた。

ガリレオはこの問題に挑むために、海に浮かんだ船の船室の中で、二人の男がキャッチボールをし、チョウチョが飛び回り、テーブルに固定した鉢の中で魚が泳ぎ、瓶から水がしたたり落ちているという場面をイメージした。そしてそれらの様子はすべて、船が一様運動をしていても静止しているときとまったく同じになることに「気づいた」。そうして、船に乗っているものはすべて船と一緒に動いているのだから、船の運動がそれらの物体にも「押しつけられる」はずで、そのため船が運動していると、その運動が船に乗っているすべての物体のいわば基準になると結論づけた。それと同じように、投射体の運動もその投射体に押しつけられるのではないか？　それによって砲弾は進みつづけるのではないか？

ガリレオはこのような考察によってもっとも深遠な結論にたどり着き、アリストテレスの物理学を再び根本的に打ち崩した。アリストテレスは、投射体が運動するには何らかの理由、すなわち力が必要だと主張したが、ガリレオはそれを否定した。静止している物体に静止しつづける傾向があるのと同じく、一様運動をしている物体はすべてその運動をしつづける傾向を持っていることを示したのだ。

ガリレオのいう「一様運動」とは、直線上における一定の速さの運動のことである。すると「静止」状態とは、速さがたまたまゼロである一様運動にほかならない。ガリレオのこの結論は、「慣性の法則」と呼ばれるようになる。のちにニュートンは、それを採り入れて「運動の第一法則」とした。そしてその法則を説明した数ページ後に、それを発見したのはガリレオであると記している。ニュートンがほかの人の功績を認めた珍しい例である。[32]

慣性の法則によって、アリストテレス学派の人々を悩ませていた投射体の問題に説明がついた。ガリレオによれば、ひとたび発射された投射体は、それを止める何らかの力が作用しない限り運動を続ける。自由落下の法則と同じく、この法則もアリストテレスからの完全な決別となった。ガリレオは、投射体は絶えず力を与えられていなくても運動を続けると断定したが、アリストテレスの物理学では、力、つまり「原因」がなくても運動を続けるというのは想像もつかないことだったのだ。

このガリレオの話を私の父に聞かせたところ、重要な人物を片っ端からユダヤの歴史上の人物にたとえたがる父は、ガリレオを科学のモーセと呼んだ。科学をアリストテレスの砂漠から約束の地へ導いたというのだ。このたとえはかなり的を射ている。というのも、ガリレオもモーセと同じく、自分自身は約束の地へたどり着かなかったからだ。ガリレオは、重力を力とみなすことも、その数学的な形式を解き明かすこともなかった――それはニュートンまで待たなければならなかった。また、アリストテレスのいくつかの考え方にはこだわりつづけた。たとえばある種の「自然な運動」は、一様でないのにもかかわらず、何らかの力によって引き起こされるのではないと考えた。その運動とは、地球を中心とした円運動である。その種の自然な運動のおかげで、地球上の物体は地球の自転について動いているのだと考えたらしい。

このようなアリストテレス体系の最後の名残が排除されない限り、運動の真の科学が生まれることはなかった。このような理由から、ある歴史家はガリレオによる自然の概念を、「どちらか量りかねる相矛盾した世界観から生まれた両立しない要素を、ありえない形で混ぜ合わせたもの」と形容した。[33]

教会との対立

ガリレオは物理学に真に革新的な貢献を果たした。しかしガリレオに関して今日もっともよく知られているのは、カトリック教会との衝突である。その衝突の原因は、アリストテレス（およびプトレマイオス）の見方に反して地球は宇宙の中心ではなく、太陽の周りを回るほかの天体と同じ単なる惑星だと主張したことだった。太陽中心説は紀元前三世紀のアリスタルコスの頃から存在していたが、現代的な説はコペルニクス（一四七三—一五四三）に帰することができる。[34]

コペルニクスは革命家としてはどっちつかずで、その目標は当時の形而上学に異議を唱えることではなく、単に古代ギリシャの天文学を手直しすることだった。地球を中心とする宇宙モデルを正しく通用させるには、場当たり的で複雑な幾何学的作図を何度も繰り返さなければならないことに、コペルニクスは苛立っていた。それに対してコペルニクスのモデルはもっとずっと正確かつ単純で、芸術的でさえあった。ルネサンスの気風の中でコペルニクスは、科学的に妥当かどうかだけでなく、その美的な姿も意識したのだ。「莫大な数の球体を仮定することで地球を宇宙の中心に保ち、事態を混乱させるよりも、これを信じるほうが簡単だと思う」と書いている。[35]

コペルニクスは一五一四年にそのモデルを内密に書き記し、それから何十年もかけて天体観測によってモデルを裏づけていった。しかしそれから何百年ものちのダーウィンと同じく、大衆や教会にはねつけられることを恐れて、自分の考えを広める際には慎重を期し、心から信用できる友人たちにしか伝えなかった。しかし危険を感じながらも、うまく政治工作をすれば教会の反発も和らげられるだろうと考え、最終的に著書を出版する際には、教皇に対する献辞を記すとともに、自らの考えが異端でない理由を長々と説明した。

だが結局、そのような工作も意味がなかった。著書が出版されたのは一五四三年のことだったが、すでにコペルニクスは死の間際にあったのだ。一説によると、最終印刷版を目にしたのは亡くなる当日だったという。皮肉なことに、出版直後はほとんど反響がなく、ガリレオなどのちの科学者が採り入れることでようやく評判が広まったのだった。

ガリレオは、地球が宇宙の中心ではないという説を考え出した人物ではないが、それと同じくらい重要な貢献を果たした。少し前に発明された初歩的な望遠鏡をもとにしてもっとずっと高性能の望遠鏡を即席で作り、それを使って、太陽中心説に対する説得力のある驚きの証拠を見つけたのだ。

すべては偶然から始まった。ガリレオは一五九七年に、パドヴァ大学でプトレマイオスの体系について執筆と講義をおこなっているが、その体系の有効性に対して疑念を持っていた兆しはほとんど見られない。* 同じ頃にオランダで、科学では正しい場所（ヨーロッパ）と正しい時代（コペルニクスからわずか数十年後）が重要であることを思い出させてくれるある出来事が起こった。のちにガリレオの考え方を変えることとなるその出来事とは、ハンス・リッペルスハイという無名の眼鏡職人の工房で遊んでいた二人の子供が、二枚のレンズを組み合わせ、それを通して遠くの教会のてっぺんにある風見を見たことだった。それによって風見の姿が拡大されたのだ。のちにガリレオが記しているところによれば、リッペルスハイは「凸レンズと凹レンズを通して見たところ、……予想外のことに気づいた。そうしてこの道具は［発明された］」のだという。[36] こうして望遠鏡《スパイグラス》が誕生した。

我々は往々にして、科学は一連の発見によって進歩するものであって、並外れた明晰な洞察力を持った孤独な知の巨人の取り組みによって発見から発見へとつながっていくのだと考えがちだ。しかし、学問の歴史における偉大な発見者の洞察は、明晰というよりも混乱していることのほうが多く、彼らの功績は、言い伝えや発見者本人の主張に反して、友人や同業者、そして幸運によるところが大きい。いまの例でいうと、リッペルスハイの望遠鏡は倍率がわずか二倍から三倍で、その数年後の一六〇九年にその望遠鏡のことをはじめて聞いたガリレオも、とくに感銘は受けなかった。興味を持つようになったのは、友人のパオロ・サルピ（歴史家のJ・L・ハイルブロンいわく「ユダヤ人を激しく忌み嫌う博学の修道士」）がその道具に可能性を感じ取ったためだった。サルピは、もしこの発明品を改良できればヴェネツィアにとって重要な軍事技術になるだろうと考えた。ヴェネツィアは城壁に囲まれておらず、迫り来る敵の攻撃をいち早く察知できるかどうかが町の存亡の鍵を握っていた。

サルピが手助けを求めた相手が、収入を補うさまざまな副業の一つとして科学機器の製作を手がけていたガリレオだった。サルピもガリレオも光学の理論に詳しくなかったが、試行錯誤の末にガリレオは数か月で倍率九倍の望遠鏡を開発した。そしてそれを畏怖の念に打たれたヴェネツィア行政府に謹呈して、それと引き替えに役職を終身延長してもらい、また給金をそれまでの二倍の一〇〇〇スクードに上げてもらった。最終的にガリレオは望遠鏡の倍率を、その形式（平凹の接眼レンズと平凸の対物レンズの組み合わせ）の現実的な限界である三〇倍にまで引き上げた。

一六〇九年一二月頃、すでに倍率二〇倍の望遠鏡を開発していたガリレオは、それを空へ向け、夜空でもっとも大きい天体である月を狙った。その月の観測、およびそれに続いておこなったいくつかの観測に

＊しかし、コペルニクスの考えに基づいてドイツ人天文学者（および占星術師）のヨハネス・ケプラーが編み出した説はある程度支持していた。それはおもに、潮汐に関する自らの説（潮汐は太陽の作用によるとする誤った説）を裏づけていたためだった。しかしケプラーに、支持していることを公表してほしいと迫られても、ガリレオは拒否した。

よって、宇宙における地球の位置に関するコペルニクスの説が正しいことを物語る、それまでで最高の証拠が得られたのだった。

アリストテレスは、天界は地上とは別の世界であって、異なる物質でできていて異なる法則に従い、すべての天体は地球の周りを円運動していると主張していた。しかしガリレオが見た月は、「平坦でなくでこぼこで、穴や突起が無数にあり、山脈や深い谷によって変化に富んだ地球の表面に似ていなくもなかった」[37]。要するに、地上と別の「世界」には見えなかったのだ。またガリレオは、木星にも独自の月があるのを見た。それらの月が地球でなく木星の周りを回っているという事実は、アリストテレスの宇宙論に反する一方、地球は宇宙の中心でなく多数の惑星の一つでしかないという考え方を裏づけていた。

ここで言っておかなければならないが、ガリレオが何かを「見た」といっても、単に望遠鏡を覗き込んで、望遠鏡をどこかへ向け、まるでプラネタリウムのショーを見ているかのように革新的で新たな映像を楽しんだという意味ではない。それとはまったく逆で、観測のためには長時間にわたってこつこつと困難な努力を重ねなければならなかった。というのも、（今日の基準からすると）不完全で据えつけも不十分なレンズを通して何時間も目をこらし、見えるものを何とかして理解する必要があったからだ。たとえば月の観測の場合、山を「見る」ためには、それが落とす影の動きを何週間にもわたって丹念に記録して解釈しなければならなかった。さらに、いっぺんに見えるのは月の表面の一〇〇分の一にすぎなかったため、全体の合成地図を作るには、綿密に計画した観測を何度も繰り返さなければならなかった。

このような困難からわかるとおり、望遠鏡に関してガリレオが発揮した才能は、道具を完璧に仕上げることよりも、それをいかに使いこなすかにあった。たとえば月の山らしきものが見えても、単純にその見た目を信用することはせずに、その光と影を観察し、ピタゴラスの定理を使って山の高さを算出した。木星の月を観測したときには、最初はそれらは単なる星だと考えた。慎重で入念な観測を繰り返し、木星の既知の運動を考慮した計算をおこなった末にようやく、木星に対するそれらの「星」の位置が変化していることに気づいて、その様子からそれらの星は公転しているらしいことを理解したのだ。

これらの発見をおこなったガリレオは、神学をめぐる戦いの場に足を踏み入れたくなどなかったものの、どうしても自らの発見を認めてもらいたいと考えるようになった。そこでかなりの精力を傾けて、自分の観測結果を広く公表し、人々に受け入れられていたアリストテレスの宇宙論をコペルニクスの太陽中心体系に置き換える運動を展開しはじめた。その集大成として一六一〇年三月、自分が目にした数々の驚きの事実を説明した小論文、『星界の報告（*Sidereus Nuncius*）』を出版した。この本はすぐにベストセラーとなり、（現代の体裁で）長さわずか六〇ページほどでありながら、それまで誰も見たことのない月や惑星の驚くべき細部を解説していたことで、学界を仰天させた。すぐにガリレオの評判はヨーロッパ中に広がり、誰もが望遠鏡を覗きたいと思うようになった。

同じ年の九月、ガリレオはフィレンツェへ移り、「ピサ大学の主任数学者兼大公つき哲学者」という名誉ある地位に就いた。給料はそれまでと変わらなかったが、学生を教える義務も、ピサの町に住む義務もなかった。大公とはトスカーナ大公コジモ二世デ・メディチのことで、ガリレオが任命されたのは、大きな業績によるものだけでなく、メディチ家にごまをする活動の賜物でもあった。新たに発見した木星の月に、「メディチ家の惑星」という名前をつけたくらいだった。

着任してすぐにガリレオはひどい病にかかり、何か月も寝たきりになった。皮肉なことに、ヴェネツィアの売春婦に夢中になったことで、「フランス病」つまり梅毒にかかったらしい。しかし床の中でもガリレオは、影響力のある思索家たちに自分の発見の正しさを納得させる取り組みを続けた。そして健康を取り戻した翌年には運勢が大きく好転し、ローマに招かれて自分の研究に関する講演をおこなった。

ローマでガリレオは枢機卿マッフェオ・バルベリーニと出会い、ヴァチカンで教皇パウロ五世に拝謁することを認められた。あらゆる面で大成功の旅で、ガリレオはいかなる問題も起こさないよう、教会の公式の教義との食い違いを何とかしてごまかしたらしい。講演内容の大部分は望遠鏡での観測結果に絞り、それが意味する事柄についてはほとんど触れなかったようだ。

しかしその後の政治工作では、どうしてもヴァチカンと衝突することになる。というのも、教会が是認していた聖トマス・アクィナスによるアリストテレス体系が、ガリレオの観測結果や説明とは相容れなかったからだ。さらにガリレオは、抜け目のない先人コペルニクスとは違い、教会の教義に関して神学者に助言を求めるときでさえこの上なく尊大になることがあった。そうして一六一六年、ガリレオはローマに召喚され、教会の何人もの高級官吏の前で弁明するよう求められた。

その召喚は引き分けに終わったようで、ガリレオは有罪にもならず、著書も発禁にならず、教皇パウロ五世に再び謁見までしたが、当局はガリレオに、地球でなく太陽が宇宙の中心であって、地球が太陽の周りを回っているのだと教えることを禁じた。[38] 最終的にこの出来事がガリレオに大きな問題をもたらすことになる。というのも、一七年後に開かれた異端審問でガリレオに対して不利に使われた証拠の大部分は、教会当局がガリレオにコペルニクス体系を教えることを明確に禁じたこの会合に基づいていたからだ。

だがしばらくのあいだは、とくに一六二三年、ガリレオの友人バルベリーニ枢機卿が教皇ウルバヌス八世となってからは、緊張が和らいだ。ウルバヌス八世はパウロ五世と違って概して科学に肯定的で、在任当初にはガリレオの拝謁を歓迎したのだった。

ウルバヌス八世の就任による友好的な雰囲気に勇気づけられたガリレオは、新たな著書の執筆に取りかかり、一六三二年、六八歳のときに書き上げた。そうして完成した本には、『天文対話（二大世界体系についての対話、*Dialogo Sopra I Due Massimi Sistemi del Mondo*）』というタイトルがつけられた。しかしこの「対話」はきわめて一方的なものだったため、教会は当然ながら、まるでこの本のタイトルが『なぜ教会の教義は間違っていて、教皇ウルバヌス八世はバカなのか』であるかのような反応を示した。

ガリレオの『天文対話』は、アリストテレスの熱心な信奉者であるシンプリチオと、中立的な知識人サグレド、そしてコペルニクス的宇宙観を説得力を持って論じるサルヴィアティという、三人の友人のあいだで交わされる会話という体裁を取っている。ガリレオがこの本を書いても問題ないと感じたのは、ウルバヌス八世にそのことを話して承諾を得たと思い込んでいたからだった。しかしガリレオは教皇に、この本を書く目的を、ヴァチカンは無知だから太陽中心説を禁じたのだという世間の批判から、教会とイタリアの科学を守るためだと言い切っていた。そしてウルバヌス八世は、両方の主張を提示するだけで判断は下さないという条件つきで承諾していた。もしガリレオが本当にその条件に合うよう努めたのだとしたら、無残に失敗したということになる。伝記作家のJ・L・ハイルブロンによれば、ガリレオの『天文対話』は、「地球不動説を論じる哲学者を人間以下で滑稽で狭量で間抜けでバカだとして斬り捨て、コペルニクス説の信奉者は優れた知識人と褒め讃えている」のだという[39]。

もう一つ非礼があった。ウルバヌス八世はガリレオの本に、教会の教義の有効性を支持する断り書きを加えるよう求めていた。しかしガリレオは、ウルバヌス八世の要求とは違って自らの言葉でその断り書きを述べるのでなく、ハイルブロンが「間抜け」と形容する登場人物シンプリチオに宗教を肯定させた。けっして間抜けではない教皇は、そのことに大いに腹を立てた。

混乱が収まるとガリレオは、コペルニクスの説を教えることを禁じた一六一六年の教会の命令に背いたとして有罪を宣告され、自らの考えを撤回するよう命じられた。有罪とされた理由は、ガリレオの具体的な世界観だけでなく、真理の支配権すなわち「所有権」の扱いにもあった。[*] 実は教会の知識階級も、コペルニクス的宇宙観がおそらく正しいだろうと認めていた。彼らが槍玉に挙げたのは、一人の背教者がその宇宙観を広めて教会の教義に異議を唱えていることだったのだ。[40]

一六三三年六月二二日、懺悔の白衣に身を包んだガリレオは、かつて自分を裁いた判事の前でひざまずき、聖書の権威を認めよという命令を受け入れて次のように宣誓した。「私こと、フィレンツェの故ヴィンチェンツォ・ガリレイの息子、齢七〇歳のガリレオは、……聖カトリック教会およびローマ教会が考え、説き、教えるすべての事柄を、これまでも現在も、そして神のお力によってこれからもつねに信じることを誓います[41]」

しかしガリレオは、これまでずっと教会の教義を受け入れてきたと宣誓する一方で、自分は、「太陽が世界の不動の中心で、地球は世界の中心でなく動いているという誤った見解を放棄するよう、教会から裁判によって命令されたのちも」、その禁じられたコペルニクス理論を支持していたと打ち明けた。

本当に興味深いのは、ガリレオのその告白の言い回しである。「私は自ら執筆して印刷した本の中で、この新たな教義はすでに非難されていると論じるとともに、その教義を支持する、大いに説得力のある論拠を挙げた」。つまり、教会の説く真理に忠誠を誓いながらも、自著の内容はいまだ擁護しているというのだ。

結局ガリレオは悪あがきをやめ、次のように述べた。「猊下《げいか》および信心深いすべてのキリスト教徒の心から、誠実な心と偽りのない信仰ゆえに当然ながら私に対して抱かれた強い疑念を取り除きたいがゆえ、私は前述の過ちと異端を破棄し、ののしり、憎み、……今後は、私に関する同様の疑念をもたらしかねないいかなる事柄も、口頭でも文書でもけっして語ったり主張したりしないと誓います」

ガリレオと同じく地球は太陽の周りを公転していると断言したジョルダーノ・ブルーノは、一六〇〇年にローマで異端の罪により火あぶりの刑に処されたが、ガリレオが異端審問で下された罰はそこまで厳しくはなかった。しかしこの裁判によって、教会の立場はかなり鮮明になった。

二日後にガリレオは釈放され、フィレンツェ大使の監視下に置かれた。晩年は、フィレンツェ近郊のアルチェトリにある別邸で自宅軟禁状態で過ごした。以前パドヴァに住んでいた頃に非嫡出の子供を三人もうけていた。とりわけ近しくしていた娘はドイツで疫病によって命を落とし、もう一人の娘は疎遠になっていたが、息子ヴィンチェンツォは近くに住んでいて、ガリレオを愛情を込めて世話した。ガリレオは囚われの身でありながら、客を招くことは認められており、たとえ異端者であっても数学者でない限りは訪れることができた。その中の一人が、若きイギリス人詩人のジョン・ミルトンである（のちに著書『失楽園（*Paradise Lost*）』の中でガリレオとその望遠鏡を取り上げる）。

皮肉なことに、アルチェトリで過ごしているあいだにガリレオは、運動の物理に関するもっとも詳細な考えを、ガリレオ最高の著作とされている本『新科学対話（機械学と位置運動についての二つの新しい科学に関する論議と数学的証明、*Discorsi e dimostrazioni matematiche, intorno a due nuove scienze attinenti alla mecanica ed i movimenti locali*）』にしたためた。教皇によって執筆が禁じられていたため、この本はイタリアでは出版されず、ひそかにライデンに持ち出されて一六三八年に出版された。

＊実際のところ、ガリレオはコペルニクスの説を教えることは禁じられたが、自宅軟禁中に研究を続けて望遠鏡を使うことは許された。

その頃にはガリレオの健康は損なわれはじめていた。一六三七年に視力を失い、翌年には消耗性の消化器障害にかかった。「何もかもがうんざりで、ワインは頭と目にひどく悪く、水は脇腹の痛みに悪い。……食欲はなくなり、何も欲しくなく、欲しいものがあったとしても［医者に］止められる」[42]。それでも精神は元気なままで、死の少し前にガリレオと会ったある訪問者――訪問が禁じられていた職業だったが――によると、ガリレオは二人の数学者の議論を聞いて楽しんでいたという。ニュートンが生まれた一六四二年、七七歳のガリレオは、息子ヴィンチェンツォと何人かの数学者に見守られながら息を引き取った。

ガリレオは、フィレンツェのサンタクローチェ聖堂で父親の隣に埋葬してもらうことを望んでいた。コジモ大公の後継者フェルディナンドは、ミケランジェロの墓の向かいにガリレオの大きな墓を建てる計画まで立てていた。しかし教皇ウルバヌス八世が、「［このような人物］のために霊廟を建てることは、……善良な人々を憤慨させ、神聖なる権威に関して偏見を抱かせる恐れがあるため、好ましくない」と伝えてきた[43]。そこでガリレオの親族は、教会の鐘楼の地下にある物置ほどの小部屋に遺骨を安置し、数人の友人と親族および弟子たちだけでささやかな葬式を挙げた。それでも、教会関係者を含め多くの人がガリレオの死を悼んだ。ローマで教皇ウルバヌス八世に仕える司書は、勇気を出して次のように記した。「ガリレオの死はフィレンツェだけでなく、この神聖なる人物からほかのほぼどんな平凡な哲学者よりも多くの輝きを得た、今世紀中の世界中の人々を悲しませている[44]」

第7章　機械的な宇宙

ニュートンの世界観

ガリレオは『新科学対話』の出版によって、人類の文化を新たな世界の瀬戸際にまで連れてきた。その最後の一歩を踏み出し、その過程でまったく新しい考え方の枠組みを完成させたのは、アイザック・ニュートンである。ニュートン以後、科学は、目的に基づくアリストテレス的自然観を捨て、代わりに数に基づくピタゴラス的な宇宙を受け入れるようになった。世界は観察と道理によって理解できるはずだとするイオニア人の主張は、ニュートンののちにある壮大な比喩へと姿を変えた。この世界は時計じかけのようなもので、そのメカニズムは数値的な法則に支配されており、そのため、人間のやりとりも含め自然のあらゆる側面は正確に予測できるというのだ。

遠く離れたアメリカでは、建国の父たちが神学とともにニュートン的考え方も受け入れ、独立宣言の中で、「自然の法則と自然の神が」人々に政治的自立の権利を授けると言い切った[1]。フランスでは、革命によって科学に対する敵意が広がったのちに、ピエール＝シモン・ド・ラプラスがニュートン物理学を新たな数学的レベルへ引き上げ、次のように断言した。「優れた知識人なら、ニュートンの理論を用いることで、宇宙最大の天体の運動と最小の原子の運動を同じ数式で理解できる。そこに不確実な点は何一つなく、未来は過去と同じくその眼前に存在する」

今日、我々は誰しもニュートン学説の信奉者のように思考する。ある人物の個性の力や、病気の蔓延の加速といった言葉を使う。身体的や精神的な慣性、スポーツチームの運動量といった言葉を使う。ニュートン以前には、このような言葉を使って考えることはけっしてなかっただろう。今日では、このような言葉を使わずに考えることはけっしてないだろう。ニュートンの法則について何一つ知らない人でも、精神はニュートンの考え方にどっぷりと浸かっている。ニュートンの業績を学ぶことは、我々自身のルーツを学ぶことにほかならないのだ。

ニュートンの世界観はいまや我々にとって第二の天性とも言えるので、ニュートンが生み出した事柄の驚くべき素晴らしさを堪能するには努力が必要だ。私は高校ではじめて「ニュートンの法則」を教わったとき、こんなに単純に見えるのにどうして大騒ぎするのかと不思議に思った。一五歳の自分がわずか数回の講義で学べる事柄を、科学史上もっとも聡明な人物の一人が何年もかけて作り出さなければならなかったことに、奇妙さを感じたのだ。私がこれほど簡単に身につけられる概念が、どうして数百年前にはこれほど理解しづらかったのだろうか?

父にはその理由がわかっていたらしい。私は子供たちにポストイットのような発明の話をするが、父はいつも私に祖国の話をしてくれた。父いわく、数百年前の世界を見ると、今日感じられるのとはまったく違う現実が見えてくる。ポーランドでのこと、一〇代だった父が友人たちと一緒に一匹のヤギにシートをかぶせると、そのヤギは厩舎に向かって駆けていった。すると大人たちはみな、幽霊が現れたと思った。確かにその晩はユダヤの祝日プリム祭で、大人たちはかなり酔っ払っていたのだが、父は大人たちの反応を酒のせいとして片づけることはなかった。大人たちは幽霊の概念が身に染みついていて、自分が見たものを信念に当てはめて解釈しただけなのだという。父いわく、私にはそれは無知に思えるかもしれないが、大人たちの考える幽霊が私にとって奇妙に思えるのと同じように、宇宙の数学的法則に関するニュートンの話は、当時の人にとっては奇妙に思えただろう。そのとおりだ。今日では、物理学の講義を受けたことがない人でさえ、アイザック・ニュートンの精神の一端を内に秘めている。しかしもしニュートン的な文化の中で育てられていなければ、いまではこれほど自明な法則も、ほとんどの人にとっては理解不可能だったはずだ。[2]

人間嫌いの天才科学者

ニュートンは亡くなる少し前に生涯を振り返り、自らの貢献について次のように語った。「世間にどう見られているかはわからないが、自分自身としては海岸で遊んでいる少年にすぎず、時折、ふつうより滑らかな小石やきれいな貝殻を見つけては楽しんでいながら、目の前には広大な真理の大洋が未知のまま広がっている」[3]

ニュートンが拾った小石のどれ一つをとっても、そこまで聡明でも多産でもない学者にとっては不朽の偉業だったはずだ。ニュートンは重力と運動に関する研究に加え、長年をかけて光学と光の秘密を解き明かし、今日我々が知る物理学と微積分を作り出した。私が学ぶまでニュートンについて聞いたことのなかった父にそのことを話すと、父は顔をしかめて「そんなふうになるな。一つの分野にこだわるんだ！」と言ってきた。最初は私は、若気の至りから偉そうに反発した。しかし実のところ、父はよい点を突いていたのかもしれない。ニュートンは一歩間違えれば、多くのことに手を出しすぎて何一つ完成させられなかったかもしれない。しかしこれから見ていくように、幸いにも運命のいたずらで、いまではニュートンは人々の考え方を革命的に変えた人物として認められている。

ニュートンは実際には海岸で遊んだことは一度もなかった。イギリスやヨーロッパ大陸の科学者と、たいていは郵便でしばしば交流して大きな糧にしていたが、故郷のウールスソープと大学のあるケンブリッジ、そして首都のロンドンを結ぶ小さな三角形の周囲から離れることはけっしてなかった。また、ほとんどの人が思い浮かべるような意味で「遊ぶ」こともなかった。生涯、近しいと感じる友人や家族は少なく、愛した人は一人もいなかった。少なくとも晩年まで、ニュートンと打ち解けることは、猫を集めてスクラブル〔文字の書かれた駒を並べて単語を作るボードゲーム〕をやるようなものだったからだ。それをおそらくもっともよく表しているのが、遠い親戚のハンフリー・ニュートンの言葉だろう。ハンフリーはニュートンの助手を五年間務めたが、ニュートンが笑ったのは、誰かに「どうして人はエウクレイデスの理論を学びたがるのか」と聞かれたときのたった一度きりだったという。

ニュートンは何か裏心があって世界の理解に取り組んだわけでもないし、人類に資するために理論を発展させたいという思いもなかった。存命中にかなりの名声を得たが、それを分かち合う人は誰もいなかった。学問的には大成功を収めたが、愛はけっして手に入れられなかった。最高の称賛と栄誉を得たが、ほとんどの時間は学問上のいざこざに費やした。この知の巨人は感じのよい共感できる人物だったと言えればよかったのだろうが、たとえそのような一面を持っていたとしても、見事にそれを抑え込んで、人間嫌いの傲慢な人間だという印象を与えていた。今日の空は灰色だと誰かが言うと、「いや、実際には空は青い」と言い返すような人間だった。さらに厄介なことに、ニュートンはそれを証明できる人物だった。物理学者のリチャード・ファインマン（一九一八―一九八八）は、自分のことだけに没頭している大勢の科学者の気持ちを、『他人がどう考えているかなんて気にするか』（*What Do You Care What Other People*

Think?、邦題『困ります、ファインマンさん』〔大貫昌子訳、岩波書店、二〇〇一年〕という著書のタイトルで代弁している。ニュートンは回想録は一篇も書いていないが、もし書いたとしたら、『頼むからどこかへ行ってくれ』とか『邪魔するな、ばか者』といったタイトルをつけていたかもしれない。

あるときスティーヴン・ホーキングが、「ある意味、身体が不自由なことに感謝しているよ。おかげで自分の研究にもっとずっと集中できるからね」、と話してくれたことがある。思うにニュートンも同じ理由で、「誰かと時間を共有して無駄にするよりも、自分だけの世界に生きているほうがずっと好都合だ」と言ったのではないだろうか。最近の研究によると、数学に秀でた学生のうち、会話能力が低い人のほうが科学の道に進む傾向が強いという。[4] 私もかなり前から、社交性の低さと科学の世界での成功とのあいだには相関があるのではないかと思っている。もちろん、あまりにも変人で一流の研究大学以外では雇ってくれそうもない優れた科学者なら大勢知っている。仲間のある大学院生は、毎日同じズボンと白いTシャツを着ていたが、噂によると二枚ずつ持っていてときどき洗濯していたという。やはり研究仲間のある有名な教授はとても内気で、話しかけるとたいてい目を逸らし、とても小さい声で話し、相手が一二〇センチ以内に立っているのに気づくと後ずさりした。セミナー後の雑談では、後の二つの癖が困りものだった。何を言っているかわからなかったのだ。大学院生だった私はその教授とはじめて会ったとき、うっかり近づきすぎて、しかも後ずさりする教授を無邪気にも追いかけていったせいで、教授は危うく椅子から転げ落ちそうになってしまった。

科学はこの上なく美しい学問だ。しかし科学を発展させるにはアイデアのやりとりが必要で、それはほかの創造的な人物との交流でしか得られないが、それと同時に長時間孤独になる必要もある。それが、他人と交わりたくない、あるいは一人きりで生きたい人にとっては大きな利点なのかもしれない。アルベルト・アインシュタインは次のように書いている。「人が芸術や科学へ向かう最大の動機の一つは、ひどくがさつでどうしようもないほど憂鬱な日常生活から逃れることだ。……一人一人がこの宇宙とその構造を自分の感情の中心に据えることで、混沌とした狭い個人的経験では得られない安心と安全を見つけるのだ」[5]

ニュートンは日常の世界の営みを軽視することで、ほとんど気を逸らさずに自分の興味を追究するだけでなく、研究結果のほとんどを隠して著作の大部分を発表しないことを選んだ。しかし幸いにも文書を捨てることはなかった。ニュートンはリアリティー番組で取り上げられそうな収集癖のある人物だったが、けっしてペットの死骸や古い雑誌や七歳当時の靴を溜め込んだわけではない。ニュートンが「収集」したのは、数学や物理や錬金術、宗教や哲学に関する文書から、使った一ペニーごとの明細や、両親に対する気持ちを書き記したものまで、ありとあらゆる走り書きである。

ニュートンは、とっさに計算をした紙や学校の古いノートなど、書いたものをほぼすべて保管しており、それを調べていけば、ニュートンの科学的思考の発展をかつてないところまで理解できる。ニュートンの科学文書のほとんどは最終的に、研究活動の本拠地だったケンブリッジ大学に寄贈された。しかし、計数百万語に及ぶ残りの文書はサザビーズでオークションにかけられ、錬金術に関する文書の大部分は、入札した経済学者のジョン・メイナード・ケインズに買い取られた。

ニュートンの伝記を書いたリチャード・ウェストフォールは、二〇年かけてその生涯を研究し、ニュートンは「我々が仲間の人間として理解できるような基準には結局当てはまらない」と結論づけた。[6] しかしもしニュートンがエイリアンだったとしたら、少なくとも日記を書き残すエイリアンだったことになる。

ニュートンの不幸な少年時代

世界を理解しようというニュートンの取り組みは、並外れた好奇心に基づいていた。発見を目指すその強い衝動は、私の父がパンと引き替えに数学の問題の答を教えてもらった衝動と同じく、完全に内面からにじみ出ていたように思える。しかしニュートンの場合、その衝動を後押しするものがほかにあった。ニュートンは科学的合理性の模範的人物として尊敬されているが、宇宙の性質に対するその問いかけは、はるか昔のギョベクリ・テペの人々と同じく精神性や宗教と密接に結びついていた。というのもニュートンは、神は言葉と業の両方を通じて自らの存在を示すのだから、宇宙の法則を研究することは神を研究することにほかならず、科学に対する熱意は宗教的熱意の一つにすぎないと信じていたからだ。[7]

ニュートンが孤独と長時間の研究を好んだことは、少なくとも学問上の業績の点から見れば大きな強みとなった。しかしニュートンが精神世界に引きこもったことは、科学には恩恵をもたらした一方で、本人にとっては大きな代償が伴った。それは子供時代の孤独と心の痛みに関係があったようだ。

私は小学生の頃、人気のない子供を気の毒に思っていた。自分がそうだったからだ。しかしニュートンはもっとかわいそうだった。自分の母親にさえ嫌われていたのだ。ニュートンは、一六四二年一二月二五日、まるで希望と違うクリスマスプレゼントのようにして生を受けた。父親は数か月前に亡くなっており、母親のハンナは、アイザックは迷惑だがすぐに死ぬと思ったに違いない。見たところ未熟児で、生き延びられそうになかったからだ。それから八〇年以上のちにニュートン自身が姪の夫に語ったところによれば、生まれたときには一クオート〔約一・一四リットル〕のポットにすっぽり入ってしまうくらいに身体が小さくて、またあまりに身体が弱く、頭が倒れないように首にクッションを巻いていたという。小さな首振り人形のようなひどい状況で、数キロ離れた場所までおつかいに出かけた二人の女性は、自分たちが帰るまでに子供は死んでいるだろうと決めつけてのんびりと戻ってきたくらいだった。しかしそんなことはなかった。首のクッションというテクノロジーだけで赤ん坊は生き延びたのだ。

ニュートンが人生で誰かと一緒にいることの利点に気づかなかったとしたら、それはおそらく、自分の母親が自分の利点にほとんど気づかなかったからだろう。ニュートンが三歳のときに母親は、裕福な教区牧師のバーナバス・スミス師と再婚した。ハンナの二倍以上の歳のスミスは、若い妻は欲しがったが幼い継子は欲しがらなかった。

それで家庭がどんな雰囲気になったかはっきりとはわからないが、緊張が高まっていたと考えて差し支えないだろう。というのも、アイザックは何年ものちに自分の子供時代について書いた文章の中で、「両親のスミスに火をつけて家を焼くぞと脅した」と振り返っているからだ。[8] 両親がその脅しにどう対処したかは語られていないが、記録によれば、まもなく家から追い出されて祖母に預けられたという。祖母とはうまくやったが、それは多くを望んではいなかったからだ。明らかに親しいとはいえず、アイザックが残したどんな文書や走り書きの中にも、祖母に対する愛情を回想したものはない。その一方で、祖母に火をつけて家を焼きたかったと振り返っているものもない。

アイザックが一〇歳のときにスミス師が亡くなると、アイザックはしばらく自宅へ戻って、母親が再婚でもうけた三人の幼い子供のいる家庭へ加わった。スミスの死から二年後、ハンナはアイザックを、ウールスソープから一二キロあまり離れたグランサムの清教徒学校へ追いやった。アイザックはこの学校で勉強するあいだ、薬剤師で化学者のウィリアム・クラークの家に下宿した。クラークはアイザックの創造力と好奇心に感心し、さらに伸ばしてあげた。若きアイザックは、乳鉢で化学薬品をすりつぶす方法を学んだり、嵐の強さを測るために風上と風下に向かって飛び上がって飛んだ距離を比較したりした。また、踏み車の中で走るネズミを動力とする小さい風車や、自分が中に座ってクランクを回す力で走る四輪車を作ったりした。さらに、火を灯したランタンを尻尾に取りつけた凧を夜中に飛ばして、近所の人を驚かせたりもした。

アイザックはクラークとはうまくやったが、同級生とはそうはいかなかった。変わっていて明らかに賢いアイザックは、学校では現代と同じような扱われ方をした。他の子供に嫌われたのだ。少年時代に孤独だがきわめて創造的な月日を送ったことが、成人時代のほとんどを通じた、必ずしも幸せとはいえない、創造的だが苦しい孤独な人生の予行演習となったのだ。

アイザックが一七歳に近づくと、母親は息子を退学させ、自宅へ呼び戻して地所の管理をさせようとした。しかしアイザックは農作業が得意でなく、惑星の軌道を計算できる天才でも牧草を育てるのはてんで苦手な場合があることを証明した。しかもアイザックはそれを気にしていなかった。塀が壊れてブタが麦畑に入ってきても、小川で水車を作ったり本を読んだりしていた。ウェストフォールによると、アイザックは「ヒツジの番をして糞を集める」人生が受け入れられなかったという。[9] 私が知っているほとんどの物理学者もそうだろう。

幸いにも、アイザックの叔父と、かつてグランサムの学校でアイザックを教えていた教師が、物申してくれた。アイザックの天才ぶりに気づいていた二人は、一六六一年六月にアイザックをケンブリッジ大学トリニティーカレッジへ入学させたのだ。大学でアイザックは当時の科学の考え方に触れることになる――やがて反旗をひるがえして転覆させることになるが。家の使用人はアイザックとの別れを喜んだ。祝ったからではなく、いつもアイザックにこき使われていたからだ。あの性格では大学しか馴染める場所はない、と言ってのけたという。

「無用の書」に書かれたアイデア

ニュートンが三五年以上にわたって所属していたケンブリッジ大学は、その間にニュートンが口火を切った思考革命の中心地となった。その革命は一連のひらめきに基づくものとして描かれることが多いが、宇宙の秘密を解き明かすニュートンの苦闘は実際には塹壕戦のようなものだった。厳しい知的戦いが次々と繰り広げられ、その中でエネルギーと時間を費やしながら徐々に勝利へ近づいていった。ここまでの天才でなかったら、あるいはここまで熱狂的に没頭していなかったら、その戦いには勝てなかっただろう。

はじめのうちは生活状況までもが戦いの原因となった。ニュートンがケンブリッジへ発ったとき、母親は年に七〇〇ポンド以上も収入があったのに、息子には一〇ポンドしか渡さなかった。そのためニュートンは、ケンブリッジ大学の社会構造の最底辺に置かれることとなる。

ケンブリッジの厳格な階級制度では、貧しい学生は給費生《サイザー》として食費や学費を免除されてわずかな給金をもらう代わりに、裕福な学生に仕えて、髪を整えたり靴磨きをしたり、パンやビールを運んできたり、便の始末をしたりした。ニュートンにとって給費生になることは昇進を意味していた。ニュートンはサブサイザーと呼ばれる身分で、雑用は給費生と変わらないが、食費と学費は自分で支払わなければならなかった。グランサムの学校でいつも自分をいじめていたのと同じたぐいの少年に仕えるのは、ニュートンにとって耐えがたいことだったに違いない。ケンブリッジでニュートンは、「下り階段」のような人生を経験することとなる。

一六六一年には、ガリレオの『新科学対話』は出版されてから二〇年あまりしか経っておらず、ガリレオのほかの著作と同じくケンブリッジのカリキュラムにはまだほとんど影響を与えていなかった。そのためニュートンは、奉仕や学費と引き替えに、この世界について学者が知っているあらゆる事柄を教える講義を受けるしかなかった。その学者とはアリストテレスのことだった。アリストテレスの宇宙論、アリストテレスの倫理学、アリストテレスの論理学、アリストテレスの哲学、アリストテレスの修辞学……。ニュートンはアリストテレスの原本を読み、アリストテレスに関する教科書を学び、確立されたカリキュラムに含まれている書物にすべて目を通した。しかしガリレオと同じようにアリストテレスの主張に納得できず、一つも会得することはなかった。

それでもニュートンは、アリストテレスの著作によってはじめて、知識に対する高度な探究に触れた。否定はしながらもそこから、自然の多様な問題に取り組み、組織立った一貫した方法で驚くほど専念して考える方法を学んだ。独り身で娯楽にもめったに手を出さなかったニュートンは、一日一八時間週七日働くという私の知人よりもさらに勉学に精を出した。その習慣は何十年も崩さなかった。

ケンブリッジのカリキュラムの基礎となっていたアリストテレスの学問をことごとく否定したニュートンは、一六六四年、新たな思考への長い旅路を歩みはじめた。本人の記録によれば、独自の学習計画を立てて、ケプラーやガリレオやデカルトなど同時代の偉大なヨーロッパ人思索家の著作を読んでは吸収したという。学生としてはさほど優秀ではなかったが、それでも一六六五年に何とか卒業し、学者の肩書きと、さらなる勉学のために四年間の経済的支援を得た。

すると一六六五年夏、恐ろしい疫病がケンブリッジを襲って大学は閉鎖され、一六六七年春まで再開されなかった。大学閉鎖中、ニュートンはウールスソープの母親の家に逃れて一人勉学を続けた。歴史書の中には、一六六六年をニュートンの驚異の年と呼んでいるものもある。言い伝えによると、ニュートンは自宅の農場に腰を下ろして、微積分を発明し、運動の法則を導き、落ちるリンゴを見て万有引力の法則を発見したという。

確かに悪い年ではなかっただろう。しかし実際の顚末はそのようなものではなかった。万有引力の法則は、一度のひらめきによって浮かぶアイデアのような単純な代物ではなく、まったく新しい科学の伝統の基礎となるいくつもの研究成果の集合体だった。[10] さらに、物語に描かれているニュートンとリンゴのイメージには問題がある。まるで、誰かが頭を打って天気を予測できるようになったかのように、物理学者は突然大きなひらめきを得て前進するものだと思われてしまう。実際にはニュートンでさえ、前進するには何度も頭をぶつけ、何年もかけてアイデアを練り上げ、その可能性を真に理解しなければならなかった。我々科学者が頭をぶつけた痛みに耐えられるのは、フットボール選手のように、痛みを嫌うのにも増して自分たちのスポーツを愛しているからだ。

奇跡的なひらめきのストーリーに対してほとんどの歴史家が疑念を示している理由の一つが、疫病の流行中にニュートンは物理学に関する洞察をすべていっぺんに得たのではなく、一六六四年から一六六六年という三年間にわたって徐々に得たことだ。さらに、その三年間が終わってもニュートン的な革命はまだ起こっていなかった。一六六六年には、ニュートン本人もまだニュートン信奉者ではなかったのだ。いまだに、一様運動はその運動する物体に内在する何かによって生じていると考えていたし、「重力」という言葉は、地球が及ぼす外力ではなく、物体を形作る物質から生じる何らかの内在的特性を意味するために使っていた。当時浮かんだアイデアはまだ端緒にすぎず、力や重力や運動など多くの事柄に関して、当惑してはもがき苦しんでいた。それらの基本的な概念がのちに、ニュートンの偉大な著作『プリンキピア』のテーマとなる。

ニュートンはウールスソープの農場で考えた事柄を、習慣どおり、スミス師から相続したほとんどまっさらな大判のノートにすべて書き込んでいた。そのため、ニュートンがどんなことを考えていたかはかなりよくわかっている。そのノートと、のちに何百万語もの文章や数式を記録するだけの十分な紙を手にしたことは、ニュートンにとっては幸運だった。

前に大学の誕生や数式の利用といった革新について触れたが、科学革命には我々が当たり前と思っている知られざる立役者がほかにもいくつかあり、その中でも飛び抜けて重要だったのが紙の利用の拡大である。ニュートンにとって幸いなことに、イングランドではじめて商業的に成功した製紙工場は一五八八年に設立された。それと同じく重要な進歩として、一六三五年に王立郵政公社の事業が一般に開放され、非社交的なニュートンでも遠く離れた場所のほかの科学者と文通できるようになった。しかし当時は紙はまだ高価で、ニュートンはノートを「無用の本」と名づけて大切にした。そのノートには運動の物理に対するニュートンの取り組みが詳細に記されており、聡明な人物がアイデアを膨らませる過程を垣間見られる貴重な資料となっている。

たとえば一六六五年一月二〇日、ニュートンは「無用の本」に、運動に関する哲学的でなく数学的な長い考察を書き込みはじめた。その考察に欠かせなかったのが、変化を解析するための新たなたぐいの数学、微積分の発明である。

ニュートンはオレームに倣って、変化を曲線の傾きとしてとらえた。たとえば、ある物体の移動距離を縦軸に、時刻を横軸にとってグラフを書くと、その傾きは物体の速さを表す。水平線は位置が変化していないことを表し、傾斜が急な直線や曲線は、物体の位置が急激に変化している、つまり大きな速さで運動していることを表す。

しかしオレームらは、今日の我々よりも定性的な形でグラフを解釈していた。たとえば移動距離と時刻との関係を表したグラフは、横軸の座標で示される時刻の各点における移動距離を表しているとは解釈さ

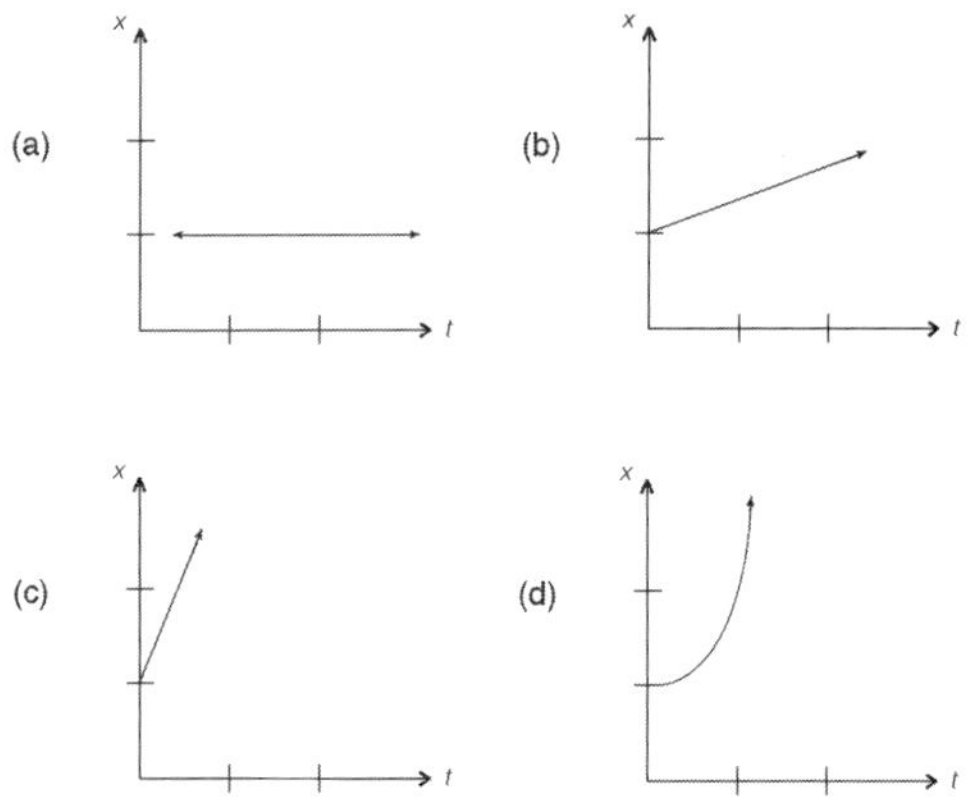

グラフ(a)から(c)は一様運動を表している。(a)は速さ0(静止)、(b)は小さい速さ、(c)は大きい速さ。グラフ(d)は加速運動を表している

れなかった。またグラフの傾きも、各瞬間における物体の速さを表しているとは解釈されなかった。ニュートン以前の物理学者にとって、速さとは平均の速さのことであって、全移動距離をそれにかかった時間で割ったものでしかなかった。それはかなりおおざっぱな計算で、計算に用いられた時間間隔はふつう、数時間や数日、さらには数週間だった。短い時間を精確に計れるようになったのは、一六七〇年にイギリスの時計職人ウィリアム・クレメントが振り子式の大時計を発明してからで、それによってようやく一秒に近い時間を測定できるようになったのだ。

平均値からグラフの各点における値や傾きへと目のつけ所を変えたことが、ニュートンの解析の新たな特徴だった。ニュートンはそれまで誰も考えたことのない問題を考えた。物体の瞬間的な速さ、つまり各瞬間における速さはどう定義されるのか？　経過時間が一瞬の場合、移動距離をそれにかかった時間で割るにはどうしたらいいのか？　その計算には意味があるのだろうか？　ニュートンは「無用の本」の中でこの問題に挑んだ。

ガリレオは、斜面をどんどん傾けていって垂直に近づけるといった、「極限的な場合」についてたびたび考察したが、ニュートンはそのアイデアをまったく新しい形で突き詰めた。ある時刻における瞬間の速

さを定義するには、まず、その時刻を含むある時間間隔の中で、従来の方法によって平均の速さを計算する。そして、新しい抽象的な操作をイメージする。その時間間隔をどんどん縮めていって、最終的に極限的な場合としてその長さをゼロに近づけるのだ。

　要するに、時間間隔をきわめて短くしていって、どんな有限の数よりも小さいけれどゼロよりは大きい長さにすればいいということだ。今日ではそのような長さを「無限小」と呼んでいる。ある時間間隔における平均の速さを計算して、その時間間隔を無限小にまで短くすると、ある瞬間におけるその物体の速さ、つまり瞬間の速さを計算できるのだ。

　ある時刻における瞬間の速さ、あるいはもっと一般的に、ある点における曲線の傾きを求めるための数学的規則が、微積分の基礎をなしている。*化学物質を形作る不可分な存在が原子だとしたら、無限小はいわば空間と時間を形作る不可分な存在といえる。

　ニュートンは微積分によって、変化を記述する数学を作り出した。とくに運動に関しては、等間隔に結び目を作って端に丸太を結わいたロープを船の船尾から投げ、一定時間内に繰り出される結び目の個数を数えるという、速さを測定する史上初の方法を編み出したばかりの文化に、瞬間の速度に関する高度な理解をもたらした。そうしてはじめて、任意の瞬間における物体の速さ、あるいは何らかの変化を、道理の通った形で語ることができるようになった。

　今日では微積分は、飛行機の翼の上を流れる空気、人口の増加や気象の変化、株価の上下、化学反応の進行など、あらゆるたぐいの変化を記述するのに使われている。現代科学のどんな分野でも、ある量をグ

＊正確にいうと微分である。その逆のプロセスを積分という。「微積分」というとふつうは両方を含む。

ラフに表す場合には決まって微積分が重要な道具となるのだ*。

微積分を用いることでニュートンは、任意の時刻に物体にかかる力と、その瞬間における速度の変化とを関連づけることになる。さらに、その速度の無限小の変化をすべて足し合わせることで、物体の軌道を時間の関数として導く方法を示すことになる。しかしそれらの法則や方法が得られるのは、何十年も先のことである。

ニュートンの「無用の本」は、数学と同じく物理学に関しても、それまで考えられてきた事柄よりはるかに先を見通していた。ニュートン以前には、たとえば物体どうしの衝突は、ちょうど筋骨隆々の二人のプロレスラーが互いに相手をリングから突き落とそうとするように、二つの物体の内部的性質どうしのいわば競争としてとらえられていた。しかしニュートンの考え方では、それぞれの物体はそれに作用する外部的原因、つまり力のみに基づいて解析される。

このように考えを進め、この問題に関係した一〇〇以上の公理を「無用の本」に書き込んだニュートンだったが、「力」というものは欠陥のある複雑な形でしかとらえることができなかった。とくに、地球の引力や物体の「運動の変化」を引き起こす力などをどのように定量化すればいいかについては、何の手がかりも示していない。ウールスソープで過ごした期間にニュートンが描きはじめた全体像は、それから二〇年近くにわたって完成することはなく、しかもニュートン革命に必要な輝きにはほど遠かったのだ。

光の科学、神学、錬金術

物理学者のジェレミー・バーンシュタインは、一九五八年にオーストリア人物理学者のヴォルフガング・パウリがアメリカを訪問した際のことを語っている。パウリはコロンビア大学である理論について講演していたが、聴衆の一人ニールス・ボーアはどうやらその理論に疑問を抱いたらしい。パウリは、一見したところ少々ばかげた理論に見えるかもしれないと断りを入れたが、それに対してボーアは、「いや、十分にばかげていないのが問題だ」と茶々を入れた。するとパウリはボーアのほうを向いて、「いいや、この理論は十分にばかげている！」と食ってかかった。ボーアも負けじと「いや、君の理論は十分にばかげていない！」と言い張った。[11] 二人の有名な物理学者は、部屋の前方を歩き回りながら、小学五年生のように怒鳴ったりまくし立てたりしつづけたという。

この話を紹介したのは、どんな物理学者や革新者でも正しいアイデアより間違ったアイデアのほうが多いものだし、きわめて優れた成果を収める人はばかげたアイデアも持っているものであって、そのようなアイデアこそがもっとも優れている——もちろん正しければの話だが——ということを指摘したかったからだ。間違ったアイデアの中から正しいアイデアを選り分けるのは容易なことではなく、かなりの時間と努力を要する。だから、突拍子もないアイデアを持っている人には少々同情すべきだ。ニュートンもそのような一人で、疫病の流行中にあれほど幸先の良いスタートを切ったというのに、人生の次の段階のほとんどは間違ったアイデアを追究することに費やしたため、ニュートンの成果を研究したのちの学者の多くはそれをばかげていると考えたのだった。

出だしはとてもよかった。ケンブリッジ大学が再開されて間もない一六六七年春、ニュートンはトリニティーカレッジへ戻ってきた。その秋、カレッジでは選挙がおこなわれた。誰しもときには、将来を大き

＊専門的にいうと、人口増加や株価は連続的でなく離散的な量なので微積分の対象ではないが、連続的なものとして近似されることが多い。

く左右する場面に遭遇するものだ。たとえば、個人的な苦難や、人生を変えかねない就職面接、あるいはのちの職業に大きな影響を与えるかもしれない大学や職業学校の入学試験などといったものだ。ニュートンにとってトリニティーカレッジの選挙はこれらをすべてひとまとめにしたようなもので、その結果如何で二四歳の若者は、「特別研究員《フェロー》」[12]というより高い地位で大学に残れるか、あるいはヒツジの世話をして糞を集める生活に戻るかが決まる。ニュートンが選ばれる見通しは高くなかった。というのも、トリニティーカレッジでは三年間選挙がおこなわれておらず、定員はわずか九人なのに候補者はもっとずっと大勢いて、その多くが政治的なコネを持っていたからだ。選挙を命じた王の署名入りの手紙を持っている候補者もいた。しかしニュートンは見事に選ばれた。

農家としての人生から永遠に縁が切れたニュートンは、「無用の本」に書き込んだ微積分や運動に関する考えをニュートンの法則へ変える取り組みを精力的に進めたと思われるかもしれない。しかしそうではなかった。ニュートンはそれから数年間、まったく異なる二つの分野で優れた研究をおこなった。それは光学と、数学、とくに代数学である。代数学についてはかなりの功を奏し、ケンブリッジの小さな数学者集団の中ですぐに天才として一目置かれるようになった。そのおかげで、影響力のあるアイザック・バローがルーカス記念数学教授――数百年のちにスティーヴン・ホーキングが着任するポスト――の職を辞すると、バローはニュートンがその座を継ぐよう陰で取りはからった。[13]給料は当時の基準としては莫大で、母親から持たされた額の一〇倍、年間一〇〇ポンドが大学から支給されることになった。

それに比べて、光学に関するニュートンの取り組みはあまり成果を上げなかった。まだ学生の頃にニュートンは、オックスフォード大学の科学者ロバート・ボイル（一六二七―一六九一）と、ロバート・フック（一六三五―一七〇三）が少し前に書いた、光学と光に関する著作を読んでいた。ボイルは化学の先駆けの一人、フックはボイルの助手で、優れた理論家だが実験家としても秀でていることをその研究で示した「腰の曲がった青白い」男である。この二人の書いた本にニュートンはひそかに奮い立ったが、そのことはけっして認めようとしなかった。しかしすぐに、計算だけでなく実験もおこない、レンズを磨いて望遠鏡を改良しはじめる。

ニュートンは光の科学にあらゆる方向から迫った。[14] 自分の目に編み針を突き立てて押すと、白と色つきの円が見えた。その光は圧力によって生じたのだろうか？　また、耐えられなくなるまで太陽を凝視しつづけると——長く見すぎて元に戻るのに何日もかかった——違う場所を見たときに色が変わることに気づいた。その光は現実のものなのか、それとも想像の産物なのか？

ニュートンは実験室で色を研究するために、部屋に一つだけある窓のシャッターに穴を開けて太陽光線が差し込んでくるようにした。哲学者たちの考えによると、太陽の白色光はもっとも純粋で、完全に色のない光とされていた。フックは、白色光をプリズムに通すと色のついた光が出てくることに気づいた。そして、プリズムのような透明な物質が色を生み出すのだと結論づけていた。しかしニュートンも同じように光をプリズムに通して、異なる結論に達した。プリズムは白色光をいくつもの光に分けるが、色のついた光をプリズムに通しても色は変わらないことに気づいたのだ。結局ニュートンは、ガラスは色を生み出しているのではなく、光線を色ごとにそれぞれ異なる角度だけ曲げることで、白色光を、それを構成するさまざまな色に分解しているのだと結論づけた。白色光は純粋ではなく混ぜ物であると、ニュートンは断言したのだ。

このような観察結果に基づいてニュートンは、一六六六年から一六七〇年にかけて色と光の理論を編み出した。そうして導かれたのは、光は原子のような小さい「微粒子」からできているという結論だった。

フックにそれを単なる仮説呼ばわりされると、ニュートンは激怒した。確かに、光の微粒子という考え方は数百年後にアインシュタインによって復活し、いまではそれは光子と呼ばれている。しかしアインシュタインのいう光の微粒子は量子であって、ニュートンの理論には従わない。

ニュートンは望遠鏡の研究で名声を上げたが、光の微粒子の考え方は、アインシュタインの場合と同じく強い疑念を持って受け止められた。光は波からできているとする理論を示していたロバート・フックは、その考え方に激しく反発し、ニュートンは自分が以前におこなった実験に手を加えただけなのに、自分が考え出したと偽っていると訴えた。

何年にもわたり寝食も忘れて光学の研究を進めた末に、ニュートンは学問上の戦いに巻き込まれ、その戦いはあっという間に激しく非道なものになっていった。さらに悪いことに、フックはせっかちで衝動的に行動するたちで、ニュートンへの反論をわずか数時間でよこしたが、ニュートンはあらゆることに慎重で気を使うたちで、反論とともに膨大な研究結果を示さなければと感じた。それには何か月もかかることもあった。

個人的な憎しみはともかく、ニュートンはここで、新たな科学的方法の社会的な側面である、アイデアをおおっぴらに議論するというやり方を導入した。しかし性に合わなかった。もとから孤独を好むニュートンは、論争から引き下がってしまったのだ。

一六七〇年代中盤、三〇代半ばだがすでに白髪交じりで櫛もほとんど通さなかったニュートンは、数学に飽き、自らの光学理論に対する批判にも腹を立てて、科学界全体との交流をほぼ完全に絶った。そしてそれから一〇年はその状態が続く。

このように再びほぼ完全に孤独になった原因は、対立を嫌ったことだけではなかった。それまでの何年かにわたってニュートンは、数学と光学の研究に取り組む一方で、週一〇〇時間の研究時間を、誰にも話したくない二つの新たな興味に振り向けはじめていたのだ。それは「ばかげた」研究計画で、以来今日までたびたび批判されてきた。確かに主流から外れた研究だったことは間違いない。それは、聖書の数学的および逐語的解析と、錬金術である。

ニュートンが神学と錬金術の研究に没頭したことは、のちの学者にとっては不可解に思われることが多く、それはまるで、『ネイチャー』に論文を投稿するのをあきらめてサイエントロジスト〔アメリカの新興宗教の信者〕のための小冊子を書くほうを選んだかのようだった。しかしそのような評価は、この取り組みが本当はどのような範囲を対象としていたかを考慮していない。というのも、物理学と神学と錬金術に対するニュートンの取り組みは、この世界に関する真理を解き明かすという、一つの共通した目的によって結びついていたからだ。これらの取り組みについてしばし考えてみるとおもしろい。それが正しいと証明されたからでもなければ、ニュートンがいっとき精神を病んでいたからでもない。科学的探究が実りをもたらすかどうかはしばしば紙一重であるということを、浮き彫りにしてくれるからだ。

ニュートンは、聖書によれば真理は敬虔な人々に対して明かされるが、その真理の一部は単に聖書の文言を読んだだけではわからないかもしれないと考えていた。また、スイス人医師パラケルススのような偉大な錬金術師を含め、過去の敬虔な人々は、たとえ重要な洞察を得ても、不信心者からそれを隠すために暗号で書き記したと信じていた。重力の法則を導いたニュートンは、モーセやピタゴラスやプラトンもすでにその法則を知っていたとまで確信するようになる。[15]

ニュートンが自身の信念に基づいて聖書の数学的解析を始めたことも、その才能を考えれば理解できる。ニュートンはその研究によって、天地創造やノアの方舟など、聖書に記されている数々の出来事の正確な日付とするものを導いた。また、聖書に基づいて世界の終わりを予測し、その計算結果を何度も改良した[16]。最終的な予測の一つが、この世界は二〇六〇年から二三四四年のあいだに終わるというものだった（正しいかどうかはわからないが、奇妙なことに地球温暖化のいくつかのシナリオと完全に合致している）。

さらにニュートンは聖書の数多くの節の信憑性に疑問を抱き、キリストは神であるとする偶像崇拝的な考え方を裏づける狙いの度重なる書き換えによって、初期の教会の伝統が崩されてしまっているのだと確信した。要するに三位一体《トリニティー》説を信じていなかったのだが、トリニティーカレッジの教授だったことを考えるとそれは皮肉なことだ。またそれは危険なことで、ほぼ間違いなくいまの地位を失うし、もしまずい人に知れたらそれどころでは済まないかもしれなかった。しかしニュートンは、キリスト教の再解釈に携わりながらも、その研究が公にならないよう慎重に慎重を期していた。それでもニュートンがもっとも重要視していたのは、科学における革新的な研究ではなく、宗教に関する研究だったのだ。

当時ニュートンがもう一つ情熱を傾けていた錬金術にも、膨大な時間と労力が費やされ、その研究は物理学に投じた時間よりもはるかに長い三〇年にわたって続けられた。また錬金術の実験室を作って蔵書も集めたため、費用もかかった。この点でも、ニュートンのこの取り組みは非科学的だとして無視するのは間違いだろう。というのも、錬金術の研究もほかの取り組みと同じく入念に進められ、また心の底にある信念を考えれば道理にかなっていたからだ。そしてやはり、その論法は我々にはまったく馴染みのない大きな枠組みの中に含まれていて、我々には理解しがたい結論に至った。

今日の我々は錬金術師のことを、ローブを着てあごひげを生やし、ナツメグを金に変えようとして呪文を唱える人物としてイメージする。確かに、紀元前二〇〇年頃に活躍した、知られている最古の錬金術師であるメンデスのボロスという名のエジプト人は、「実験」を終えるたびに、「一つの本性がもう一つの本性を喜び、一つの本性がもう一つの本性を壊し、一つの本性がもう一つの本性を司る」という呪文を唱えた。[17]まるで、男女が結婚したときに起こる出来事を列挙したように聞こえる。しかしボロスのいう本性とは化学物質のことで、ボロスは確かに化学反応をある程度理解していた。ニュートンは、遠い過去にボロスのような学者が深遠な真理を発見していて、それ以来それは失われていたが、錬金術の方法を暗号で表したギリシャ神話を解析することでそれを甦らせられると信じていた。

ニュートンは錬金術の研究でも入念な科学的方法論を使いつづけ、慎重な実験を何度もおこなっては膨大な記録を取った。そうして、科学史上最高の本と呼ばれることの多い『プリンキピア』の未来の著者は、何年もかけてノートに次のような観察結果をぎっしりと書き込んでいった。「揮発性の緑色の獅子を金星の中心塩に溶かして蒸留する。その蒸留分は金星の緑色の獅子の血、毒であらゆるものを殺すが、水星の絆であるディアーナの鳩に鎮められたバビロニアの竜である」[18]

私は科学の道を歩みはじめたとき、ニュートンやアインシュタインに相当する歴史上の人物や、ファインマンなど同時代の天才たちといった、お決まりの英雄たちを偶像視していた。彼ら偉人を生み出した分野に足を踏み入れるのは、若い科学者にとってはかなりのプレッシャーかもしれない。私がプレッシャーを感じたのは、カリフォルニア工科大学で最初の教職に就いたときだった。[19]それはまるで、中学校入学の前の晩に、体育の授業に出席すること、とくにみんなと一緒にシャワーを浴びることが心配だったときと同じような感覚だった。というのも、理論物理学では身体でなく頭を素っ裸にし、ほかの人たちに見てもらって判断してもらうからだ。

そのような不安が実際に語られることはめったにないが、それでも誰もが感じる。どんな物理学者でもそのプレッシャーに対処する自分なりの方法を見つけなければならないが、成功したいなら、間違うことを恐れるのは誰しも避けなければならない。トーマス・エディソンはよく、「一つ優れたアイデアを思いつくには、たくさん考え出せ」とアドバイスしたという。確かにどんな革新者でも、輝かしい道よりも袋小路を進んでしまうことが多いのだから、間違った角で曲がることを恐れていてはけっしておもしろい場所にはたどり着けない。そこで私は、研究者になりたての頃、ニュートンの間違ったアイデアや無駄にした年月のことを片っ端から知りたいと思ったのだった。

輝かしい成功を収めた人物でもときに間違いを犯したことを知って、私は気が楽になった。そんな私のような人間が、ニュートンほどの天才でさえ道を踏み外しかねなかったことを知ったら、ますます勇気づけられるというものだ。ニュートンは、熱はすべての物質を構成する微粒子の運動によって生じることに気づいていたかもしれないのに、自分が結核にかかったと思ったときには、テレピン油とバラ水、蜜蠟とオリーブオイルからなる「薬」を飲んだ（その薬は胸の痛みや狂犬に嚙まれたときにも効くとされていた）。確かにニュートンは微積分を発明したが、それとともに、エルサレムにあったソロモン王の失われた寺院の間取り図には世界の終わりに関する数学的な手がかりが込められていたとも考えたのだ。

なぜニュートンはこれほど大きく道を踏み外したのか？　当時の状況を見ていくと一つの要因が浮かび上がってくる。孤立だ。中世のアラブ世界は学問的に孤立していたせいで悪い科学を大量に生んだが、それと同じことがニュートンの手足を縛ったらしい。ただしニュートンの場合には自ら孤立したのであって、宗教や錬金術に関する考え方は、学問上の論争にさらされて嘲笑されたり非難されたりしないよう秘密にしていた。オックスフォード大学の哲学者W・H・ニュートン＝スミスは、「よいニュートン」も「悪いニュートン」も、つまり理性的なニュートンも理性を失ったニュートンもいなかったという。[20] ニュートンは、自分の考えを「公の場で」議論して異議を唱えてもらうという、「科学の世界でもっとも重要な慣例」

の一つを怠ったために、道を踏み外したのだ。

批判に対して神経過敏だったニュートンは、疫病の年におこなった運動の物理に関する革新的な研究についても、同じく人に話そうとはしなかった。ルーカス記念教授となって一五年経っても、それは未発表で未完成のままだった。そのため、とてつもなく勤勉なかつての神童は、一六八四年、四一歳になってもなお、錬金術や宗教に関するまとまりのない大量の短信や小論文、未完成の数学論文が散在した研究、そしていまだに混乱していて不完全な運動の理論しか生み出していなかった。ニュートンはさまざまな分野で詳細な研究をおこなったが、確実な結論に達したものは一つもなく、数学や物理学に関する数々のアイデアを残しただけだった。それはまるで塩の過飽和溶液のように、濃密ではあるがいまだ結晶化していなかったのだ。

当時のニュートンはそんな状況だった。歴史家のウェストフォールは次のように言っている。「もしニュートンが一六八四年に文書を遺して世を去っていたとしても、その文書から我々は、一人の天才が生きていたことを知っただろう。しかし、現代の知性を作り上げた人物として称賛するのではなく、せいぜい数パラグラフで短く取り上げて、成功できなかったことを嘆くくらいだっただろう[21]」

ニュートンがそのような運命をたどらなかったのは、本人が自分の研究を仕上げて公表しようと決意を固めたからではない。一六八四年、ほぼ偶然のある出会いが科学史の道筋を変えたのだ。ある同業者とのやりとりが、ニュートンが必要としていた考え方と刺激をもたらしたのだった。もしその出会いがなかったら、科学の歴史と今日の世界はいまとはまったく違っていて、ここまでよくはなっていなかっただろう。

ハレーとの出会い

史上最大の科学的進歩へと生長するその種《たね》が芽吹いたのは、晩夏の暑さの中、たまたまケンブリッジに立ち寄った一人の同業者とニュートンが出会ったのちのことだった。

その運命の年の一月、彗星で有名な天文学者のエドモンド・ハレーは、科学に特化した影響力のある学術団体である王立ロンドン協会の会合で、当時物議を醸していた問題について二人の同業者と議論していた。さかのぼること数十年前にヨハネス・ケプラーは、デンマーク人貴族のティコ・ブラーエ（一五四六―一六〇一）が収集したかつてなく精確な惑星のデータを用いて、惑星の運動を記述していると思われる三つの法則を発見した。惑星の軌道は太陽を焦点の一つとした楕円であると断言し、その軌道が従う法則を特定したのだ。たとえば、惑星が軌道を一周するのにかかる時間の二乗は、太陽からの平均距離の三乗に比例する。ケプラーの法則は、ある意味では宇宙空間内での惑星の運動を美しく簡潔に記述していたが、別の意味では単なる観測結果にすぎず、なぜそのような軌道をたどるのかについては何一つ教えてくれない場当たり的な主張でしかなかった。

ハレーと二人の同業者は、ケプラーの法則は何かもっと深遠な真理を反映しているのではないかとにらんだ。とくに、もし太陽がそれぞれの惑星を引き寄せていて、その力は惑星までの距離の二乗に比例して弱くなる――「逆二乗則」と呼ばれる数式に従う――と仮定すれば、ケプラーの法則はすべて導かれるのではないかと推測していた。

太陽のように離れたところにある物体から全方向へ広がる力が、その物体からの距離の二乗に比例して弱くなっていくというのは、幾何学によって裏づけることができる。とてつもなく巨大な球があって、その中心に点のような太陽があるとイメージしてみよう。その球の表面上の点はすべて太陽から同じ距離にあるので、ほかに何か理由がない限り、太陽の物理的な影響、いわゆる「力の場」は、球の表面全体に均等に広がっているはずだ。

次に、たとえばその二倍の大きさの球を思い浮かべてみよう。幾何学の法則によれば、球の半径が二倍になると表面積は四倍になるので、太陽の引力は先ほどの四倍の面積に広がることになる。したがって、この大きいほうの球の表面上のどの点でも、太陽の引力は先ほどの四分の一になると考えるのが理にかなっている。遠ざかるにつれて力が距離の二乗に比例して弱くなるという逆二乗則は、このようにして成り立つのだ。

ハレーと同業者たちは、ケプラーの法則の根底には逆二乗則が存在しているのではないかと考えていたが、はたして彼らにそれを証明することはできたのか？　同業者の一人ロバート・フックは、証明できると言った。もう一人、今日では建築家としての業績が知られているが有名な天文学者でもあったクリストファー・レンは、証明を教えてくれたら賞金を出そうと申し出た。しかしフックは断った。フックは意固地な性格で知られていたが、証明を教えない理由として示したものは何とも怪しげだった。証明を公表しないのは、この問題を解けなかったほかの人にその難しさをわかってもらうためだというのだ。もしかしたらフックは本当にこの問題を解決していたのかもしれない。そして、金星へ飛んでいけるような飛行船まで設計していたのかもしれない。いずれにしても、フックはけっして証明を発表しなかった。

それから七か月経ち、たまたまケンブリッジにやって来たハレーは、孤独なニュートン教授を訪ねることにした。するとニュートンもフックと同じく、自分はハレーの予想を証明できる研究を完成させているという。そしてフックと同じく、すぐにはそれを思い出せなかった。ニュートンは紙の束をあさったが、証明を見つけられず、あとで探して送ると約束した。しかし何か月経ってもなしのつぶてだった。ハレーがどう感じていたか、ぜひ知りたいところだ。才気あふれる二人の人物にある問題を解けるかと聞いたら、一人は「答は知っているが教えたくない！」と言い、もう一人は要するに「犬が宿題を食べちゃった」と答えたのだ。レンも賞金を贈ることはなかった。

ニュートンは探していた証明を見つけたが、再度調べてみると間違っていた。しかしニュートンはあきらめず、再びアイデアを練りなおして最終的に証明に成功した。そしてその年の一一月、ケプラーの法則は確かに引力の逆二乗則から数学的に導かれることを証明した、全九ページの論文をハレーに送った。その短い小論文には、『軌道上の天体の運動について（*De Motu Corporum in Gyrum*）』というタイトルがつけられた。

ハレーは感激した。そしてニュートンの論法は革新的だと考え、王立協会で発表したいと思った。しかしニュートンは乗り気でなかった。「いまちょうどこの問題に取り組んでいるところなので、論文を発表する前に根本的なところをぜひ明らかにしたい」というのだ。[22] はたしてニュートンは本当に「ぜひ明らかにしたかった」のだろうか？　この先すさまじい努力によって、おそらくそれまででもっとも重要な学問上の発見につながることになるのだから、この言葉は史上もっとも控えめな表現だったといえる。やがてニュートンは、惑星軌道の問題の根底に、天界も地上も含めすべての物体に当てはまる運動と力の普遍的な法則があることを証明して、「根本的なところ」を理解することとなる。

それから一八か月のあいだニュートンは、のちに『プリンキピア』となるその論文を拡充することに没頭した。まるで物理マシンだった。それまでも、何か問題に取り組んでいるときには寝食も忘れるのが常だった。ある話によれば、飼っていた猫が、ニュートンが手をつけなかった食事を食べて丸々と太ってしまったという。大学時代のルームメイトは、前の晩に部屋を出たときに見かけたのとまったく同じ場所で、翌朝もまだニュートンが同じ問題に取り組んでいることがよくあったという。しかし今度はもっと極端だった。人とのつながりをほぼ完全に絶ったのだ。めったに部屋を出ず、たまに外に出たときもたいていは、大学の食堂へ行って立ったままで食べ物を一口二口かじり、すぐに部屋へ戻った。

ついにニュートンは、錬金術の実験室の扉を閉め、神学の研究も中断した。職務として講義は続けたが、どうもわかりにくくて誰もついていけなかった。その理由はのちに明らかとなる。教壇に立つたびに、『プリンキピア』の草稿を読んでいただけだったのだ。

自由落下と軌道運動

確かにニュートンは、トリニティーカレッジの特別研究員に選出されてからの数十年間、力と運動に関する研究をさほど進めていなかったかもしれない。しかし一六八〇年代には、疫病が流行した一六六〇年代当時よりもはるかに知性が高くなっていた。数学の能力もはるかに上がっていたし、錬金術の研究によって科学の経験も増えていた。歴史家の中には、ニュートンが運動の科学における最後のブレークスルーを果たして『プリンキピア』を書き上げられるようになったのは、何年も錬金術を研究してきたおかげだったと考えている人もいる。

皮肉なことに、ニュートンのブレークスルーのきっかけの一つが、五年前にロバート・フックから送られた一通の手紙だった。フックは、軌道運動は二つの異なる傾向の組み合わせとして理解できると提案していた。ある天体（たとえば惑星）が、引力を及ぼす別の天体（たとえば太陽）の周りを円運動しているとしよう。また軌道運動しているその天体は、直線上を進みつづける傾向を持っているとしよう。つまり、雨の中でカーブを曲がりきれなかった車のように、曲線の軌道から外れてまっすぐに進んでいくということ

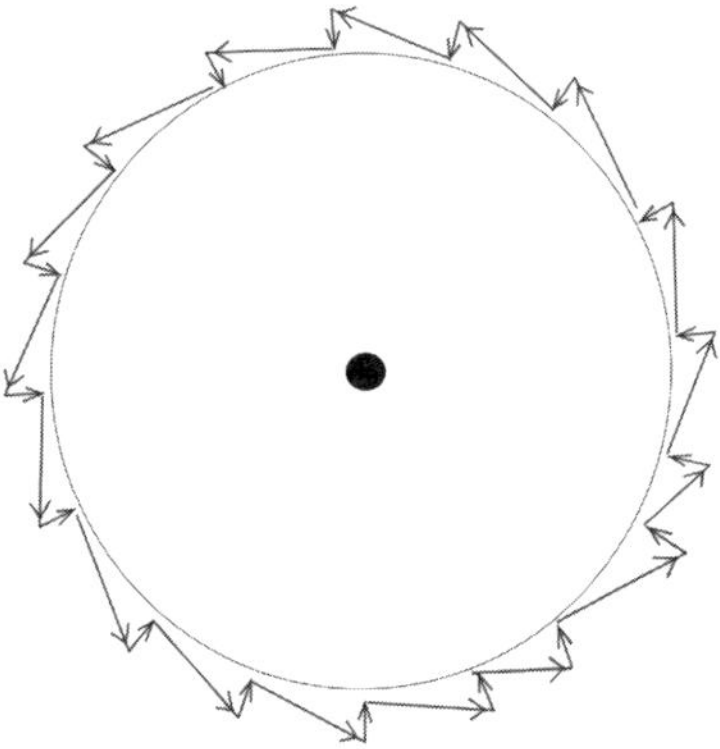

接線方向の運動と半径方向の運動の組み合わせとして円運動をとらえる

とだ。数学者はそれを「接線方向の運動」と呼ぶ。

　さらにこの天体は第二の傾向として、軌道の中心に向かって引き寄せられるとしよう。数学者はその方向の運動を、「半径方向の運動」と呼ぶ。フックは、半径方向の運動の傾向が接線方向の運動の傾向によって相殺され、この二つが組み合わさることで軌道運動が実現するのだと論じていた。

　この考え方にニュートンが共鳴したのは明らかだ。前に述べたように、ニュートンは「無用の本」の中でガリレオの慣性の法則を発展させ、すべての物体は、外部の原因、すなわち力が作用しない限り直線上を運動しつづける傾向があると提唱していた。軌道運動をする物体の場合、軌道を外れて直線上を進むという第一の傾向は、この法則から自然と導かれる。そこに軌道の中心へ引き寄せる力を加えれば、それが、フックが示した第二の不可欠な要素である半径方向の運動の原因となることに、ニュートンは気づいた。

　しかし、それを数学的に記述するにはどうしたらいいのか？　とくに、逆二乗則という数学的な形式と、ケプラーが発見した軌道の数学的性質とを、どのように結びつければいいのか？

　時間を微小な間隔に分割するとしよう。それぞれの時間間隔内では、軌道運動をする天体は接線方向に少しだけ運動すると同時に、半径方向にも少しだけ運動すると考えることができる。この二つの運動が組み合わさると、天体は軌道上に戻るが、軌道円上を出発点から少しだけ進んでいる。それが何度も繰り返されると、前ページの図のような円に似たぎざぎざの軌道が描かれる。

このような軌道において時間間隔を十分に短くすれば、その経路を好きなだけ円に近づけることができる。ここで微積分に関するニュートンの研究が役立つ。もし時間間隔が無限小であれば、この経路は事実上、円そのものになるのだ。

これが、ニュートンの新たな数学によって可能となった軌道の記述である。接線方向の運動と半径方向に「落下」する運動とを組み合わせてぎざぎざの経路を作り、その極限的なケースとして、ぎざぎざの直線部分が無視できるくらい小さくなるようにする。そうすれば、のこぎりの歯のようなぎざぎざの経路が事実上滑らかになって円になるのだ。

このような見方をすると、軌道運動は単に、ある中心に向かって引っ張る力の作用によって接線方向の経路から絶えず逸れていくという運動にほかならない。ニュートンにとってその証明はいともたやすかった。自ら編み出した軌道の数学において、向心力を逆二乗則で記述することで、ハレーの要求どおりケプラーの三つの法則を導いたのだ。

自由落下も軌道運動も互いに同じ力と運動の法則の実例であると証明されたことで、天界と地上は異なる世界であるというアリストテレスの主張は否定され、それがニュートン最大の勝利の一つとなった。ガリレオの天文観測では、ほかの惑星も地球とほぼ同じ特徴を持っていることが明らかとなったのに対し、ニュートンの研究は、自然法則でさえほかの惑星にも通用し、地球という惑星に特有のものではないことを証明したのだ。

しかし一六八四年になっても、重力と運動に関するニュートンの洞察は、落ちるリンゴの物語に描かれているような突然のひらめきといったものではなかった。重力は普遍であるという重要な考え方は、『プリンキピア』の草稿を手直しする中で徐々に浮かび上がってきたらしいのだ[23]。

それまでの科学者は、たとえ惑星が重力を及ぼしているとしても、その重力はその惑星の衛星だけに作用してほかの惑星には作用せず、まるで各惑星はそれぞれ独自の法則を持った独自の世界であるかのように考えていた。確かにニュートンもはじめは、物体を地上に落下させる要因に基づいて地球が月に及ぼす引力も説明できないだろうかということしか考えておらず、太陽が惑星に及ぼす引力は考慮していなかった。

結局この従来の考え方に疑問を抱いたことは、ニュートンの創造性、すなわち独創的に考える能力の証しである。ニュートンはあるイギリス人天文学者に、一六八〇年から一六八四年までの彗星に関するデータや、木星と土星が互いに接近した際のそれぞれの軌道速度のデータを提供してほしい旨の手紙を書いた。そしてそのきわめて精確なデータに基づいていくつか面倒な計算をおこない、それらの結果を比較することで、同じ重力の法則がどんな場所でも、すなわち地上でもどんな天体のあいだでも成り立つと確信するようになった。そうしてそれを反映させるべく、『プリンキピア』の文章を手直しした。

ニュートンの法則の強みは、その革新的な概念的内容だけではない。この法則によって、かつてなく精確な予測をおこない、それを実験結果と比較できるようになったのだ。たとえば、月までの距離と地球の半径のデータを用い、太陽の引力による月の軌道の歪みや地球の自転による遠心力、あるいは地球の形の完全な球からのずれといった細かい事柄を考慮することで、パリの緯度では、静止状態から落下する物体は最初の一秒間で四・五八メートル落ちるはずだと結論づけた。つねに細かいことにこだわるニュートンは、この値は実験値と三〇〇〇分の一以上の精度で一致すると報告した[24]。さらに、金や銀や鉛、ガラスや砂や塩、水や木材や小麦など、さまざまな物質を使って丹念に実験を繰り返した。そして、組成にかかわらず、また地上にあるか天界にあるかにかかわらず、すべての物体はほかのすべての物体を引き寄せ、その引力はすべて同じ法則に従うと結論づけた。

ニュートンの法則

ニュートンが「根本的なところ」を完成させた頃には、『軌道上の天体の運動について』は長さ九ページの論文から、全三巻の『プリンキピア』、フルタイトル『自然哲学の数学的諸原理』へと膨らんでいた。『プリンキピア』の中でニュートンは、もはや軌道上の天体の運動を扱うだけに留まらず、力と運動の一般的な理論そのものを詳述した。その中核をなすのが、力と運動量（ニュートンは「運動の量」と呼んだ）と質量という三つの量どうしの相互関係だった。

ここまでは、ニュートンが苦労してその法則を導いた経緯を見てきた。そこで次に、その三つの法則が何を意味しているかを見ていこう。第一の法則はガリレオの慣性の法則を改良したもので、ガリレオの法則に、力が変化の原因であるという重要な考え方がつけ加えられている。

> 第一法則——すべての物体は、与えられる力によってその状態を変化させられない限り、静止状態または直線上の一様運動の状態を維持する。

ニュートンはガリレオと同じく、直線上を一定の速さで進む運動が物体の自然な状態であるとみなした。今日の我々はそもそもニュートン的に考えるものなので、この考え方がどれほど直感に反しているかを理解するのは難しい。しかし、この世界で観察される運動のほとんどは、ニュートンが示したようには進まない。落下するにつれて速くなるし、空気にぶつかれば遅くなるし、地面に向かって落ちながら曲線を描く。ニュートンは、これらの運動はすべてある意味、逸脱した運動であって、重力や摩擦力など見えない力の結果であると主張した。物体が単独で存在すればそれは一様に運動するはずで、経路が曲がったり速さが変化したりするのは、その物体に力が作用しているからだというのだ。

単独で存在する物体がその運動状態を維持するという性質のおかげで、我々は宇宙探査をすることができる。たとえば地上から離れられないフェラーリは、四秒もかからずに速さゼロから時速一〇〇キロまで加速できるが、空気抵抗や摩擦のために、その速さを維持するにはせっせとエンジンを吹かさなければならない。一方、外宇宙に浮かぶ宇宙船はおよそ一〇万キロごとに一個程度の分子とぶつかるだけなので、摩擦や抵抗を気にする必要はない。そのため、ひとたび宇宙船が動きだしたら、フェラーリと違って減速することなく、直線上を一定の速さで進みつづける。エンジンを吹かしつづければ、摩擦によってエネルギーを失うことなしに加速しつづけることができる。たとえばフェラーリと同じ加速性能を持った宇宙船を、一秒間でなく一年間加速させつづければ、光の速さの半分を超えられるはずだ。

もちろん現実的にはいくつか問題がある。たとえば搭載する燃料の重さとか、のちほど説明する相対論効果といった問題だ。また、ある星にたどり着くには、うまく狙いを定めなければならない。恒星系はあまりにまばらにしか存在しないので、宇宙船をランダムな方向へ向けると、平均的には別の恒星系に遭遇する前に、ビッグバン以来光が進んできた距離を超えてしまうことになる。

ニュートンはほかの惑星への訪問については想像していなかったが、力が加速を引き起こすという主張に基づいて、第二の法則として力と質量と加速度のあいだの関係を定量化した（現代の用語では「運動の変化」は、運動量の変化、すなわち質量と加速度との積を意味する）。

第二法則――運動の変化は、加えられる原動力に比例し、その力が加えられる直線に沿って起こる。

赤ん坊を乗せた乳母車を押したとしよう。摩擦を無視できると仮定した上で、この法則によれば次のようになる。赤ん坊が乗った重さ三〇キロの乳母車を一秒間押したところ時速八キロになったとすると、代わりに一〇代の少年が乗った重さ六〇キロの乳母車を同じ速さで動かすには、二倍の力で押すか、または二倍長く押しつづけなければならない。（やはり摩擦を無視したとして）重さ三四〇トンのジャンボジェット機をその一万倍の力で押して時速八キロまで加速させるのは難しいが、幸いにも一万倍長く押すのは忍耐さえあればできる。一万秒、つまり二時間四七分だけその力を維持できるなら、満員のジャンボジェット機を乳母車のように動かすことができるのだ。

今日ではニュートンの第二法則は$F = ma$（「力は質量と加速度との積に等しい」）と書かれるが、方程式の形で表されるようになったのは、ニュートンの死後かなり経ってから、つまりニュートンがこの法則を示してから一〇〇年近くのちのことだった。

第三の法則は、宇宙全体での運動量の合計は変化しないというものである。運動量は物体のあいだで移動することはありうるが、増えたり減ったりすることはありえない。今日存在する運動量の合計は、宇宙が誕生したときと同じだし、宇宙が存在しつづける限り変化しないのだ。

重要な点としてニュートンの説明によれば、ある方向の運動量と、それと大きさが等しく反対方向の運動量を足すと、合計の運動量はゼロになる。したがって、ある物体がニュートンの第三法則を破らずに静止状態から運動状態へ変わるには、別の物体がその反対方向に運動を変化させて相殺させなければならない。ニュートンは次のように表現している。

第三法則——どんな作用に対しても、それと大きさが等しく反対方向の反作用が存在する。

何ということのないように聞こえるこの文は、銃弾が前方に発射されれば銃は後方へ動くことを表している。スケート選手がスケートで氷を後ろに押し出すと、自分は前へ進む。くしゃみをして口から空気を前へ吐き出せば、頭は後ろへ動く（学術雑誌『Spine（脊柱）』に掲載されたある論文によれば、その加速度の平均は地球の重力加速度の三倍になるという）[25]。そして、宇宙船が後方のロケットから高温のガスを噴射すれば、真空中に吐き出したその高温のガスと大きさが等しく反対方向の運動量で宇宙船は前方へ加速する。

『プリンキピア』でニュートンが示したこれらの法則は、単なる抽象的な概念には留まらなかった。その少数の数学的原理を使って現実世界の無数の現象を説明できるという事実を、ニュートンは説得力のある形で証明したのだ。その応用法の例としてニュートンは、観測されている月の運動の不規則性が重力によってどのように生じているかを示し、海の潮汐を説明し、空気中での音速を計算した。また、春秋分点の歳差運動が、月が地球の赤道の膨らみに及ぼす重力の効果であることを証明した。

驚きの偉業で、世界中がまさに仰天した。しかしある意味もっと印象的なのは、この法則に実用上の有効性の限界があることをニュートンが理解していたことである。たとえば、この運動の法則は身の回りで起こる現象をおおむね見事に近似しているが、絶対的な意味で成り立つのは空気抵抗も摩擦もない理想的な世界だけであることを、ニュートンは認識していた。

ニュートンの天才たるゆえんは、ガリレオと同じく、現実世界に存在する無数の複雑な要因を見抜いてそれを削ぎ落とし、もっと基本的なレベルで作用する簡潔な法則を白日のもとにさらしたことにあったのだ。

自由落下について考えてみよう。落下する物体はニュートンの法則が示すとおりに加速するが、それは最初のうちだけである。真空中で落とさない限り、やがて媒質が作用して加速しなくなる。なぜなら、媒質中を物体が速く落下すればするほど、一秒あたりに衝突する媒質分子の数が増え、また衝突も激しくなるため、そのぶん受ける抵抗が大きくなるからだ。落下する物体が速さを増すと、やがて重力と媒質による抵抗との釣り合いがとれ、それ以上は速くならない。

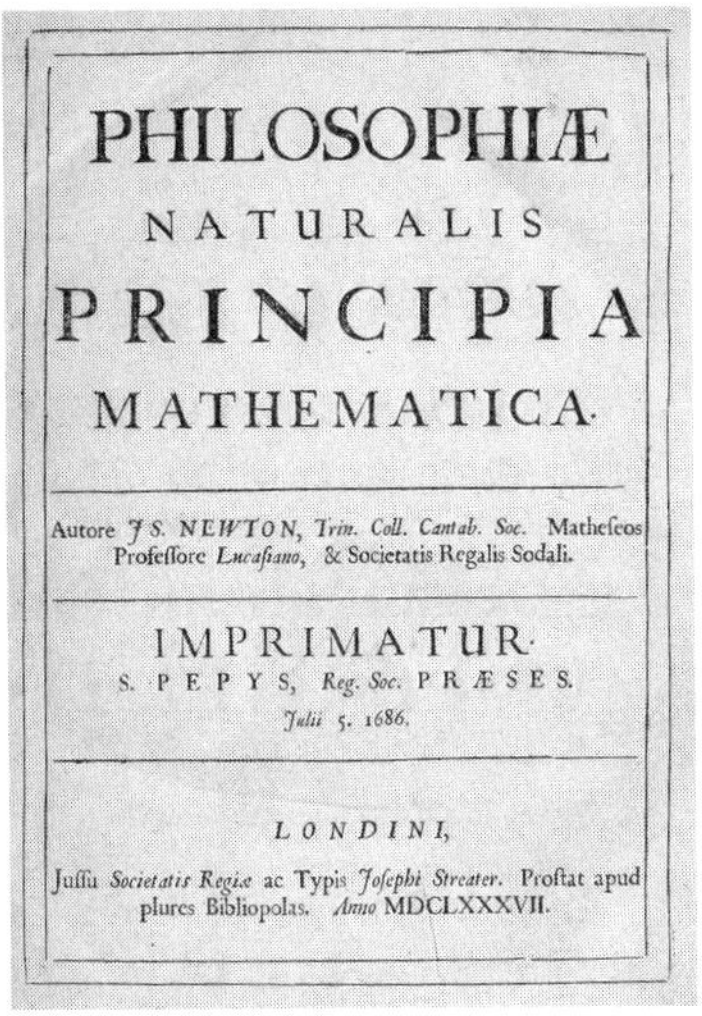

PHILOSOPHIÆ
NATURALIS
PRINCIPIA
MATHEMATICA.

Autore *JS. NEWTON*, *Trin. Coll. Cantab. Soc.* Matheſeos Profeſſore *Lucaſiano*, & Societatis Regalis Sodali.

IMPRIMATUR.
S. PEPYS, *Reg. Soc.* PRÆSES.
Julii 5. 1686.

LONDINI,
Juſſu *Societatis Regiæ* ac Typis *Joſephi Streater*. Proſtat apud plures Bibliopolas. *Anno* MDCLXXXVII.

ニュートンの『プリンキピア』

その最高スピードを終端速度という。終端速度の大きさと、終端速度に達するまでにかかる時間は、物体の形と重さ、および媒質の特性によって変わってくる。真空中で物体を落とすと一秒ごとに時速三五キロずつ速さが増していくが、空気中を落下する雨粒は時速約二四キロに達したところでそれ以上速くならない。ピンポン球の場合にはその速さは時速三二キロ、ゴルフボールでは一四五キロ、ボウリングの球では五六〇キロだ。

人間の終端速度は、手足を広げれば時速約二〇〇キロ、身体を小さく丸めれば時速三二〇キロ。空気の薄い超高高度から飛び降りれば、音速である時速一二二五キロを超えることができる。二〇一二年、ある恐れ知らずのオーストリア人がまさにそれを成し遂げた。高度三万九〇〇〇メートルの気球から飛び降りて、時速一三五八キロを達成したのだ（二〇一四年にアメリカ人のアラン・ユースタスがさらに高い地点から飛び降りたが、同じ速さには到達できなかった）。ニュートンは空気の性質に関する知識が十分でなく、このような終端速度を導くことはできなかったが、『プリンキピア』の第二巻では、いま述べたような自由落下の様子を理論的に説明している。

ニュートンが生まれる少し前、哲学者で科学者のフランシス・ベーコンが、「自然の研究は……ほとんど成功していない」と書いた。[26] ニュートンの死から数十年後、物理学者で聖職者のルジェル・ボスコヴィッチは、それとは対照的に次のように書いている。「力の法則がわかっていて、ある瞬間におけるすべての点の位置と速度と方向がわかれば、そこから必然的に起こるすべての現象を予測できる」。[27] この二つの時代のあいだで人々の見解を大きく変えたのが、ニュートンの力強い精神である。ニュートンは、科学に関する当時のいくつもの重大な謎に正確で深遠な答を与えることで、一〇〇年間のうちに、自身が携わらなかった分野でも新たな前進を可能にしたのだ。

『プリンキピア』の出版

一六八六年五月一九日に王立協会は、ハレーが印刷費用を負担するという条件で『プリンキピア』の出版を許可した。ハレーはその条件を呑むしかなかった。王立協会は出版には携わっていなかった。一六八五年に出版業に参入して『魚の歴史（*The History of Fishes*）』という本を出したが、その刺激的なタイトルをよそにあまり売れず、大損を出していたのだ。財政が厳しくなった王立協会は、ハレーに書記としての年五〇ポンドの給料を支払うこともできず、代わりに『魚の歴史』を何冊も現物支給するくらいだった。

そのためハレーは協会の条件を受け入れ、『プリンキピア』は翌年に出版されることとなった。
出版費用を負担したハレーは、事実上ニュートンの出版者だった。また、『プリンキピア』の非公式の編集者で販売者でもあった。ハレーは『プリンキピア』を当時のあらゆる代表的な哲学者や科学者に送り、イギリスでこの本は爆発的な人気を博した。すぐにその噂は、ヨーロッパ中のカフェや知識人のあいだにも広まった。まもなく、ニュートンは人類の考え方を一変させる本、科学史上もっとも影響力のある本を書いたことが明らかとなった。

これほどの適応範囲と奥深さを持った著作は、誰一人予想だにしていなかった。ヨーロッパ大陸を代表する論評誌のうち三誌が書評で『プリンキピア』を称賛し、うち一誌は「想像できるもっとも完璧な力学」が記されていると評した。[28] 啓蒙運動の偉大な哲学者だが数学者ではないジョン・ロックでさえ、「この本を理解しようと決心した」。ニュートンはアリストテレスの定性的な物理学という古くからの帝国をついに転覆させ、いまやニュートンの研究が科学の進め方の模範になったと、誰もが認めるようになったのだ。

『プリンキピア』に対する否定的な反応があったとしたら、それはおもに、この本の中核をなす考え方がすべてニュートン一人によるものではないと訴える人たちからのものだった。ドイツ人哲学者で数学者のゴットフリート・ヴィルヘルム・ライプニッツは、独自にだがニュートンよりわずかに遅れて微積分を発明し、ニュートンは手柄を独り占めしようとしていると主張した。実際にニュートンはそのつもりだった。辛辣なニュートンは、どんな時代にも神の知識を解読する者は地球上に一人しかいないはずで、いまの時代にはそれは自分だと信じていたのだ。[29] またロバート・フックは『プリンキピア』を「世界創造以来、自然におけるもっとも重要な発見」と呼んだ上で、ニュートンは自分から逆二乗則の重要なアイデアを盗んだと厳しく批判した。逆二乗則の数学を導いたのはニュートンだが、基本的なアイデアは自分のものであるというフックの主張も、ある程度は正しかった。

さらに、ニュートンは超自然的な「オカルト的パワー」を世間に広めようとしていると批判する人もいた。なぜなら、ニュートンのいう重力は離れた場所に作用し、質量を持つ物体は真空中を一見何の伝達手段もなしに遠く離れた物体に影響を及ぼすからだというのだ。この最後のポイント、とくにニュートンのいう重力の影響が瞬時に伝わるという事実には、アインシュタインも頭を抱えた。ニュートン理論のこの側面は、何ものも光より速くは伝わらないとするアインシュタインの特殊相対論と矛盾していた。アインシュタインは批判するだけでなく実際に手を動かし、この問題を解決してニュートンの重力理論に取って代わる独自の重力理論、いわゆる一般相対論を作り出した。しかしニュートンの時代、重力が離れた場所に作用するという考え方を批判する人はその代わりとなる理論など持っておらず、ニュートンの偉業の科学的パワーを認めるしかなかった。

この批判に対するニュートンの反応は、一六七〇年代前半の、自らの光学の研究に対する敵意への反応とはまったく違っていた。[30]当時はフックらの脅しに屈し、世間から身を隠して人とのつながりをほとんど断ち切るしかなかった。しかし今度は、最後まで研究を完成させて自分の成し遂げたことの重要性を完全に理解していたため、論争に真正面から立ち向かった。批判する者に対しては執拗で手厳しい反撃を加え、手柄をめぐる論争については、フックやライプニッツが世を去るまで、さらにはその後まで攻撃を続けた。オカルト呼ばわりされたことに関しては、次のような言葉で否定した。「私はこれらの原理を、オカルト的な特性ではなく、……自然の一般的法則、……いまだ発見されていない原因を介して現象として姿を現す真理であると考えている」[31]

『プリンキピア』によってニュートンの人生が変わったのは、学問の歴史上大きな転換点として認められたからだけではなく、衆目にさらされてふさわしい名声を獲得したからでもあった。ニュートンは以前より社交的になり、また過激な神学研究にはそれから二〇年間ほぼ手をつけなかった。錬金術の研究も、辞めはしなかったものの慎んだ。

このようにニュートンが変わりはじめたのは、一六八七年三月、偉大な著作を書き上げて間もない頃だった。かつてなく大胆になったニュートンは、ケンブリッジ大学と国王ジェイムズ二世との政争に加わった。イングランドをローマカトリックへ改宗させようとしていた王は、ケンブリッジ大学に圧力をかけ、ベネディクト会のある修道士に通常の試験やイングランド教会への宣誓なしに学位を与えさせようとした。しかし大学は拒否し、それがニュートンにとって転機となる。この論争に加わったニュートンは、ケンブリッジ大学の中で傑出した政治的人物となり、一六八九年には大学評議会で国会議員の一人に選出されたのだ。

どんな記録から見ても、ニュートンは国会のことにはほとんど関心がなく、冷たい隙間風に不満を訴えただけだった。しかし徐々にロンドンが好きになり、知り合った有力な知識人や資本家の多くから称賛を浴びるようになった。そして一六九六年、ケンブリッジで三五年間過ごした末に、学者としての生活を捨てて転身した。

その転身によってニュートンは、名声のある地位から、造幣局理事という、ロンドンの比較的下位の官僚職へ移った。しかしロンドンの魅力に取りつかれていたし、五〇歳をとうに過ぎて自分の知力が衰えはじめていると感じてもいた。さらに、大学の給料にはうんざりしていた。以前は高給だと思っていたかもしれないが、造幣局理事になれば四〇〇ポンドに上がるのだ。またイングランドを代表する知識人らしく、うまく政治工作をすれば、より高位の造幣局長官が空席になったときにその地位に就けると思ったようで、実際に一七〇〇年に造幣局長官となった。その新たな職の収入は平均一六五〇ポンド、一般的な職人の給料の七五倍で、ケンブリッジでのかつての給料がかなりみすぼらしく思えるほどの報酬だった。結局ニュートンは、それから二七年間にわたってロンドン社会でのよりよい生活スタイルを喜んで続けることとなる。

ニュートンはまた、かつて自分の大作を出版した組織の頂点にも登りつめた。一七〇三年、フックの死を受けて王立協会会長に選出されたのだ。しかし、年齢と成功を重ねても人柄がまるくなることはなかった。王立協会を強権的に支配し、「無思慮や不作法」の気配を少しでも見せた会員を会合から追い出したりもした[32]。また、発見の手柄を他人と共有することもますます嫌うようになり、立場を使って意地悪いさまざまな策略を講じて自らの優越性を主張した。

ニュートンの先見性

一七二六年三月二三日、王立協会の日誌には次のような記録が書き込まれた。「アイザック・ニュートン卿の死去によって会長職が空席となり、本日は会合は開かれなかった[33]」。その数日前、ニュートンは八四歳で世を去っていた。

ニュートンは重い慢性の肺の炎症を患っていて、しばらく前から死を予期していた。ほかにもさまざまな病気を患っていたが、それらは錬金術師特有のものだった。何百年ものちに頭髪を分析したところ、鉛やヒ素やアンチモンの濃度は正常の四倍、水銀は一五倍だった[34]。しかし死の間際の診断は膀胱結石だった。激しい痛みだった。

若い頃と中年時代のアイザック・ニュートン

ニュートンの運命はガリレオとはまったく対照的である。ニュートン流の科学が成功を収めたことで、科学の新しい考え方に対する教会の抵抗は何年かのあいだに弱まり、イタリアのカトリック教徒の天文学者でさえ、コペルニクスの説を教えるだけでなくさらに発展させられるようになった。ただし、カンザス州の学校教師が進化論について教える際に求められているのと同じく、「これは一説にすぎない」と繰り返し明言しなければならなかった。[35]一方でイングランドでは、科学が産業を支えて人々の生活をよくする可能性を秘めていることが明らかとなっていった。科学は実験と計算に基づく首尾一貫した文化へと発展し、少なくとも社会の上流階級ではきわめて立派な営みへ成長した。さらに、ニュートンの晩年にはヨーロッパの文化も、アリストテレスやプトレマイオスといった古代の大家の考え方であれ、あるいは宗教や君主の権力であれ、権威に反対することを重んじる時代に入りつつあった。

　ガリレオとニュートンに対する評価の違いをこの上なく物語っているのが、二人の葬儀の違いである。ガリレオは慎ましい密葬しか認められず、埋葬を希望した教会の目につきにくい隅に葬られたが、ニュートンの遺体はウエストミンスター寺院に正装安置され、埋葬後には巨大な記念碑が建てられて、台座の上に置かれた石棺に遺体が収められた。石棺には、ニュートンの数々の大発見を象徴する道具を持った何人かの少年が浅浮き彫りで彫り込まれ、墓碑には次のような言葉が刻まれた。

ここに眠る勲爵士アイザック・ニュートンは、神に近い精神力と独自の数学原理をもって、惑星の軌道と姿、彗星の経路、海の潮汐、光線の違い、およびそれまでほかの学者が想像もしなかった、生み出された色の特性を探究した。勤勉で聡明で誠実な彼は、自然と古代と聖書の説明の中で、自らの哲学に基づいて神の権威は強大かつ善なることを証明し、福音書の純粋性を独自の形で表現した。これほど偉大な人物が存在したことを、人々は喜んでいる！ 彼は一六四二年一二月二五日に生まれ、一七二六年三月二〇日に世を去った。[36]〔ユリウス暦による日付。グレゴリオ暦では一六四三年一月四日生、一七二七年三月三一日没となる〕

ニュートンの生涯とガリレオの生涯をつなぎ合わせると、一六〇〇年を超える。二人はいわゆる科学革命の大半を目撃し、多くの点でそれを推し進めた。

ニュートンは長い研究人生の中で、自らの運動の法則と自ら発見したたった一つの力の法則——重力を記述する法則——を用いて、地球と太陽系に関するさまざまなことを教えてくれた。しかしニュートンの野心は、そのような知識をはるかに超えるところにまで及んでいた。化学反応から鏡による光の反射まで、自然のすべての変化は、究極的に力によって起こると信じていた。さらに、物質を構成する微小な「粒子」——古代からの原子の概念をニュートンなりに解釈したもの——どうしに作用する短距離の引力や反発力をいつか理解できるようになれば、自分が導いた運動の法則だけで、宇宙に観察されるあらゆる事柄を説明できるようになると自信を持っていた。

今日では、ニュートンに先見の明があったことは明らかだ。原子どうしの力を理解するという言葉で表現されたニュートンの先見性は、きわめて的を射ていた。しかしその理解は二五〇年後まで成し遂げられない。それが理解されると、原子を支配する法則はニュートンが作り上げた物理学の枠組みには当てはまらないことがわかった。それらの法則が明らかにしたのは、我々の感覚による経験を超えた新たな世界、人間が想像するしかできない新たな現実だった。その現実はあまりに風変わりな構造をしており、ニュートンの有名な法則を丸ごと捨てて、ニュートンにとってはアリストテレスの物理学よりさらに異質に見えたはずの新たな一連の法則に置き換えなければならなかったのだ。

第8章　物質は何でできているのか

物理学と化学の違い

私は一〇代になった頃、宇宙の秘密に迫るための二通りのまったく異なる科学的方法論に興味を持った。物理学者がどんなことをやっているのかや、自分が同時に二か所に存在できるとする量子物理学の法則の発見について、奇妙な噂をたびたび聞いていた。そのような主張が実生活で成り立つかどうかは疑問を持っていたし、そもそも自分が存在したい場所などそう多くはなかった。だがそれと同時に、化学者が追究するもっと地に足の着いたたぐいの秘密についても耳にしていた。それは凶暴で危険な秘密で、宇宙の秘密を解く鍵とはほとんど関係がなさそうだったが、冒険心に訴えてくるし、子供にはふつう持てないたぐいの力を与えてくれるはずだった。すぐに私は、アンモニアとヨードチンキ、過塩素酸カリウムと砂糖、亜鉛末と硝酸アンモニウムと塩化アンモニウムを混ぜて爆発させるようになった。アルキメデスは、十分に長いてこがあれば地球を動かせると言った。私は、家庭用の適当な化学薬品で地球を爆発させられるはずだと信じた。それこそが、身の回りの物質を理解しようとする原動力だ。

史上はじめて科学について思索した人たちは、この二つの道筋で物理世界のしくみを探究していった。何が変化を引き起こすのかと問いかけるとともに、ものが何でできていて、その組成によってどのように性質が決まるのかを調べた。やがてアリストテレスは両方の道筋を示したが、それらの道は行き止まりだった。

ニュートンとその先人たちは、変化の問題を理解するための長い道のりを進んだ。ニュートンは物質の科学も理解しようとしたが、化学者としては物理学者ほど偉大なところには到達しなかった。その原因は、ニュートンの知力が足りなかったことでもなければ、錬金術の長く行き止まりの道を進んでいったことでもない。ニュートンの足枷となったのは、物質の科学である化学が、変化の科学である物理学とともに進歩しながら、それとはまったく異なる性格を持っていることである。化学はもっと乱雑で複雑であり、それを変化の探究と同じくらい徹底的に探っていくには、ニュートンの時代にはまだ開発されていなかったさまざまな革新的技術が必要だったのだ。そのためニュートンは挫折し、一人の偉大な人物が化学を（そして本人を）大きく飛躍させることはなかった。その代わりに化学は、まとめてスポットライトを浴びる何人かの開拓者によって徐々に発展することとなる。

化学は私が最初にはまった学問なので、ものが何でできているかを人類がどのようにして明らかにしたか、その物語にはいつも関心を持っている。私が育ったシカゴの小さなメゾネットアパートは狭くてごみごみしていたが、地下室は広く、そこに私はさまざまな道具を持ち込んで自分だけのディズニーランドを作った。棚という棚に、ガラス器具や色とりどりの粉末、きわめて強力な酸やアルカリの瓶を並べた、手の込んだ実験室だ。

一部の化学薬品を手に入れるには、違法な方法で、あるいは親をだまして買ってもらうしかなかった（「塩酸一ガロンさえあれば、猫がコンクリートにおしっこをしないようにできるのになぁ」）。悪い方法に頼らなければならなかったものの、化学を学ぶことで私は、この世界に関する内なる好奇心を満たすとともに、きれいな花火を作る方法も身につけた。そしておそらくニュートンのように、社会生活を送るよりもずっと役に立つと気づいた。化学薬品は友人よりも手に入れやすかったし、化学薬品と遊ぼうとしても、いまからシャワーを浴びるから家にいると断られたり、あるいはもっとぶしつけに、変人とはつき合いたくないと言われたりすることはなかった。しかしやがて、最初に興味を持ったほかの事柄と同じく、私は化学から徐々に離れていった。物理学という新たな学問に手を出しはじめたのだ。それは、科学は分野ごとにそれぞれ異なる疑問に焦点を当てるだけでなく、それぞれ異なる文化を持っていることを知ったときのことだった。

物理学と化学との違いをもっとも鮮明に教えてくれたのは、私が犯したさまざまな間違いだった。たとえば、物理学の計算をして最終的に「4＝28」という数式に行き着いたからといって、自分はそれまで知られていなかった深遠な真理を解き明かしたのではなく、どこかで間違えたのだということがわかるようになった。しかしその間違いに害はなく、紙の上だけの話だ。物理学では、このような失敗はいらいらするし数学的に意味が通らないが、たいてい害はない。しかし化学は違う。化学で間違いを犯すと、大量の煙や火が出たり、酸でやけどを負って何十年も傷が残ったりするのだ。

父は物理学と化学の違いを、自分の知人の中でそれぞれの研究にもっとも近いことをしていた二人の人物に当てはめた。その「物理学者」——実際には数学者だが——は、強制収容所の中でパンと引き替えに数学の問題の解法を教えた。父が「化学者」と呼ぶ男は、ブーヘンヴァルドへ連行される前の父がユダヤ人の地下組織で出会った。[*1]

父は、自分が住むチェンストホヴァを走る鉄道を破壊する計画を立てるグループの一員だった。化学者は、線路上に爆薬をうまく置けば列車を脱線させられると提案した。そして、いくつかの原料を調達するにはユダヤ人強制居住区域から抜け出さなければならないが、賄賂を使ったり盗んだりすれば手に入れられると言い張った。男は何度か調達に行ったが、最後の任務に出ていったきり二度と戻らず、消息は途絶えた。

父いわく、例の物理学者は上品で物静かな男で、収容所の恐怖から逃れる最善の方法を取った。それは、頭の中の世界に逃れるという方法だった。それに対して例の化学者は、目をぎらぎらと輝かせるカウボーイのような夢想家で、身を投じて混沌とした世界に真正面から立ち向かった。これが化学と物理学の違いなのだと、父は言い切った。

確かにそのとおりで、初期の化学者は物理学者と違って、ある程度の身体的な度胸がなければ務まらなかった。というのも、実験中に偶然爆発する危険もあったし、また物質を同定するためによく味を見たことから、中毒になる恐れもあったからだ。初期の実験家の中でおそらくもっとも有名なのは、スウェーデン人薬剤師で化学者のカール・シェーレだろう。シェーレは、きわめて腐食性が高く有毒な気体である塩素をはじめて合成しても無事だったし、きわめて有毒な気体であるシアン化水素の味を精確に記録しても、奇跡的にも命を落とすことはなかった。しかし一七八六年、四三歳のときに、急性水銀中毒と思われる病気で世を去った。[2]

もっと個人的な話だが、あるとき私は、化学者と物理学者との違いが父と自分との違いに似ていることに気づいて驚いた。例の化学者が行方不明になると、父と四人の仲間は爆薬でなく、手持ち工具——父い

＊父が地下組織に属していたことは父から聞かされたのではなく、大学図書館でそのテーマに関する本に父の名前を見つけたときにはじめて知った。父にその経験のことを聞きはじめたのはその後だった。

わく「ありとあらゆるドライバー」――だけを使って線路のボルトを緩める計画を進めた。[3] しかし、工作員の一人がパニックを起こして近くにいたヒトラー親衛隊に気づかれたため、計画は失敗に終わった。父ともう一人の工作員だけは、通過する長い貨物列車の下に伏せて何とか無事に逃げてきたのだった。それとは対照的に、私が何か重大な行動をとるのは外の世界ではごく稀で、数式と紙を使って物事の帰結を計算するときだけだ。

物理学と化学のこのような隔たりは、この二つの分野の成り立ちと文化の両方を反映している。物理学はタレスやピタゴラスやアリストテレスが頭の中で理論を立てることから始まったが、化学は商人の秘密の部屋や錬金術師の暗い部屋で生まれた。どちらの分野の専門家も純粋な知識欲にかき立てられたが、化学は、人々の生活をよくしたいという願望や個人的な欲望といった、現実的な欲求にも根ざしていた。化学には物質を理解して支配したいという崇高な一面もあったが、それと同時に、つねに大きな利益をもたらす可能性も秘めていたのだ。

真の化学の誕生

ニュートンが明らかにした運動の三法則は、摩擦や空気抵抗に邪魔されるせいで、また重力が人間の目には見えないせいで、ふつうの人の視界からは隠されていたものの、ある意味では単純だった。しかし化学は、ニュートンによる普遍的な運動の三法則に相当するような法則には支配されていない。化学はもっとずっと複雑だ。この世界には驚くほど多様な物質が存在しており、化学はそれをすべて少しずつ解き明かしていかなければならなかった。

最初に明らかとなったのは、いくつかの物質――元素――は基本的な存在であって、それ以外の物質はその元素のさまざまな組み合わせでできていることだった。ギリシャ人もそのことを直感的に認識していた。たとえばアリストテレスは、「元素はほかの物体が分解したものであり、それ自体はほかの物体へ分割することはできない」と説いた。[4] そして、土、気、水、火という四つの元素を命名した。

もちろん多くの物質はほかの物質からできている。塩を真水に溶かすと塩水ができる。水の中に鉄を入れておくと錆ができる。ウォッカとベルモットを混ぜるとマティーニができる。逆に多くの物質は、おもに加熱などすると構成要素に分解させることができる。たとえば石灰石を加熱すると、石灰と気体の二酸化炭素に変わる。砂糖は炭素と水になる。しかしこのような単純な観察では、現象を普遍的に通用する形で記述したことにはならず、あまり先まで考察を進めることはできない。たとえば水を加熱すると気体に変わるが、その気体は化学的には元の液体と同じもので、物理的に異なる形を取っただけだ。水銀を加熱しても構成要素に分解することはなく、逆に空気中の目に見えない酸素と結合してカルクス（金属灰）と呼ばれる物質を作る。

また燃焼という現象もある。木材が燃えるのを考えてみよう。木材が燃えると火と灰になるが、木材が火と灰からできていると結論づけるのは間違っている。さらに、アリストテレスの説と違って火は物質ではなく、ほかの物質が化学反応を起こす際に発せられる光と熱にほかならない。木材が燃えるときに実際に放出されるのは、二酸化炭素と水蒸気とほかに一〇〇種類以上の物質を含む目に見えない気体で、古代にはそれを捕集する技術も、ましてや分離して特定する技術もなかった。[5]

このような問題のために、どの物質が二つ以上の物質からできていてどの物質が基本的であるかを見分けるのは困難だった。こうした混乱のせいで、アリストテレスなど古代の多くの人々は、水や火などを基本的な元素と見誤り、また身近だった七種類の金属——水銀、銅、鉄、鉛、錫、金、銀——を元素として認識することはできなかった。

物理学の誕生が新たな数学的発明に基づいていたのと同じように、真の化学の誕生もいくつかの技術革新を待たなければならなかった。その技術革新とは、物質の重さを精確に量ったり、反応で放出または吸収される熱を測定したり、物質が酸性かアルカリ性かを判断したり、気体を捕集したり排気したり取り扱ったり、温度や圧力を測定したりする道具の発明である。一七世紀から一八世紀のこのような進歩によってようやく化学者は、からみ合った知識を解きほぐして化学反応に関する実りある考え方を編み出しはじめた。しかし人間の根気強さを証明するように、このような技術的進歩より以前からすでに、古代の都市で興った商売に携わっていた人々は、染色や香水の調合、ガラス製造や冶金、死体防腐処理といったさまざまな分野で大量の知識を集めていた。

古代エジプト人の実用的な取り組み

最初は死体防腐処理だった。この分野における化学的探究の始まりは、チャタル・ヒュユクにまでさかのぼることができる。まだ死体が防腐処理されることはなかったが、死の文化が生まれて死体を丁重に扱う特別な方法が編み出されたのだ。古代エジプトの時代になると、死者の運命に対する懸念が高まったことで、ミイラ化の技術が発明された。それが幸せな死後の鍵になると信じられていたし、もちろん甦ってきて不満を垂れる人などいなかった。そうして、死体防腐処理のための薬剤の需要が高まった。新たな産業が生まれ、デュポン社の言葉をもじれば、「化学を通じてよりよい死後のためのよりよい製品」が求められるようになった。

いつの世にも必ず、夢を見る人たちと、その中から幸運にも夢を叶えた人、あるいは少なくともその夢の追求で生計を立てる人がいる。あとの二つに属する人たちは、必ずしも並外れた才能や知識の持ち主ではないが、その熱心さは必ず際立っている。エジプト人の事業家や革新者にとっての夢は、完璧な死体防腐処理の方法を編み出して金持ちになることだったに違いない。彼らはそれを目指して何時間も努力を重ねた。やがてさまざまな試行錯誤の末に、ナトリウム塩や樹脂や没薬などの防腐剤を組み合わせれば死体の腐敗を防げることを見つけた。すべて、化学反応や人体の腐敗の原因に関する知識が何一つない中での発見だった。

死体防腐処理は科学でなく商売だったため、その発見はいわば古代のアインシュタインの理論としてではなく、まるでアインシュタイン・ベーグルのレシピのように扱われた。つまり厳重に秘密にされた。また死体防腐処理は死者や死後の世界と関係していたため、この技術を実践する人たちは魔術師や妖術師と考えられるようになった。やがてほかにもいくつか秘密の商売が生まれ、鉱物や油、花や豆や根の抽出物、ガラスや金属に関する知識が蓄積された。商人によるこの原始的な化学が、錬金術の謎めいた神秘的な文化のもととなったのだ。

これらの分野に携わる人々は、特化しているが一貫性のない膨大な知識を積み上げた。その多様な技術的ノウハウが統一された学問分野としてようやくまとまりはじめたのは、紀元前三三一年、ギリシャのアレクサンドロス大王がナイル川の河口にエジプトの首都アレクサンドリアを築いたときだった。

アレクサンドリアは豪奢な都市で、壮麗な建物が建ち並び、通りの幅は数十メートルもあった。都市の建設から数十年後、ギリシャ人のエジプト王プトレマイオス二世によって、文化的な至宝であるムセイオン（博物館）が拡充された。ムセイオンは現代の博物館と違って人工物を展示していたのではなく、一〇〇人以上の科学者や学者を擁して、彼らに給料を支給し、無料で住宅を与え、調理場から食事を提供していた。また、五〇万巻の書物を収めた大きな図書館、天文台、解剖実験室、庭園、動物園など、研究のための施設も併設されていた。知識探求のための壮麗な中心地、人間の探究心を象徴する生きた記念碑だった。世界初の研究機関としてのちのヨーロッパにおける大学と似た役割を果たしたが、残念ながら紀元三世紀の火災によって破壊されてしまった。[6]

アレクサンドリアはまもなく文化の中心地となり、二〇〇年もしないで世界最大最高の都市となった。この地で、物質と変化に関するギリシャのさまざまな理論が、化学に関するエジプトの知識と出合った。そしてその出合いがすべてを変えた。

ギリシャの進出以前、物質の性質に関するエジプトの知識は何千年にもわたって純粋に実用的なものだった。しかしそこにギリシャの物理学がやってきて、知識の背景となる理論的枠組みをエジプト人に提供した。とくにアリストテレスの物質の理論は、物質の変化と相互作用のしかたを説明するものだった。もちろんアリストテレスの理論は間違っていたが、物質の科学に関するより統一的な方法論のきっかけとなった。

アリストテレスの理論の中でもとくに影響力の大きかったのが、物質の変換に関する考え方である。たとえば沸騰のプロセスを取り上げよう。アリストテレスの考え方によれば、水という元素は「濡れている」と「冷たい」という二つの基本的な性質を持つ。それに対して気という元素は、濡れていて熱い。沸騰とは、火という元素が水の冷たさを熱さに変えることで、水が気に変換するプロセスである。エジプト人はこの考え方に金儲けのチャンスを嗅ぎ取り、可能性を限界まで追求した。水が気へ変換するとしたら、卑しい物質を金《きん》に変換することもできるのではないか？　私の娘オリヴィアは、抜けた歯を枕の下に入れておくと歯の妖精が一ドルくれるという話を耳にして、即座に、「切った爪ならいくらくれるの？」と聞き返してきた。それにちょっと似ている。

エジプト人は、金にもアリストテレスの言う基本元素のように、いくつか基本的な性質があるらしいことに気づいた。金は、金属質で、柔らかく、黄色だ。これらの性質をすべて持ち合わせているのは金だけだが、それらの性質のさまざまな組み合わせは多くの物質に見られる。そこで、物質から物質へ性質を移動させる方法を見つけられないだろうか？　とくに、沸騰というプロセスでは火を使うことで水の物理的性質を変えて気に変換させることができるのだから、それと似たようなプロセスを使えば、金属質で柔らかくて黄色である物質の組み合わせを金へと変えることができるかもしれない。

このような考察によって紀元前二〇〇年頃までに、真に化学的な考え方の片鱗がギリシャ哲学と混じり合い、死体防腐処理術や冶金術などの実用的な取り組みにおける古くからの原始的な化学に基づいて、化学的変化を探る統一的な方法論が生まれた。こうして、金や、永遠の若さを与えてくれる「生命の霊薬」を作ることを中心的な目標とした、錬金術の分野が誕生した。

化学という学問が正確にいつ芽生えたといえるかに関して歴史家は議論を繰り広げているが、化学は牧草のようなものではなく、芽生えた年代は正確な事実というよりも主観の問題である。しかし、錬金術が実用的な目的に使われていたという点には、誰も異論を示さない。化学は、どの時代に現代的な形に至ったにせよ、この古代の技術や神秘主義から発展した学問なのだ。

パラケルススの錬金術革命

錬金術の魔術を科学の方法論へとはじめて方向転換させたのは、思想史上かなり風変わりな人物の一人だった。現在のスイスにあった小さな村で生まれたテオフラストゥス・ボンバストゥス・フォン・ホーエンハイム（一四九三―一五四一）は、父親の命令で二一歳のときに冶金術と錬金術を学びはじめたが、のちに医学の学位を取得したと主張して医者になった。そしてまだ二〇代前半で、紀元一世紀のローマ人医師ケルススより「偉大である」という意味の、パラケルススという名前に改名した。一六世紀にはケルススの功績はとてもよく知られていたため、この改名によってパラケルススは、こけおどし《ボンバスト》の名前の人物から、名が才能を語る人物へと変身した。しかしこの改名は単なるこけおどしではなかった。パラケルススは、当時支配的だった医学の方法論を声高にこき下ろしはじめたのだ。その軽蔑の姿勢を象徴的に示すために、ある夏、伝統のかがり火を焚く学生に加わって、尊敬を集めるギリシャ人医師ガレノスの医学書を一握りの硫黄と一緒に火の中に放り込んだのだった。

　パラケルススがガレノスに不満を抱いたのは、ガリレオやニュートンがアリストテレスに異論を唱えたのと同じく、のちの人々の観察や経験によってその著作の説得力が失われていたためだった。パラケルススはとくに、謎めいた体液のバランスが崩れることで病気が起こるという従来の考え方は、時の検証に耐えられなかったと考えていた。そして、外部的な原因が病気を引き起こすのであって、適切な薬を与えればその原因を解消できると確信していた。

　その「適切な薬」を探して、パラケルススは錬金術に変革を起こそうとした。この分野は、金属塩や鉱酸やアルコールなど新たな物質の発見をはじめ数々の成果を上げていたが、パラケルススは金探しをやめ、体内に存在していて特定の病気を治す化学物質を作るという、もっと重要な目標を目指そうとした。また同じく重要な目標として、不正確でずさんな錬金術の手法を改革することを目指した。学者であると同時に宣伝もうまかったパラケルススは、改革した錬金術を指す新たな名前を考え出した。アラビア語の接頭辞 al（英語の“the”に相当する）を、ギリシャ語で「医学」を表す iatro に置き換えて、“iatrochemia”という言葉を作ったのだ。しかし長ったらしかったため、すぐに縮められて“chemia”となり、それが英語の単語“chemistry”（化学）のもととなった。

パラケルススの考え方はのちに、偉大なアイザック・ニュートンとその宿敵ライプニッツの両方に影響を与え、錬金術が化学として新たな独自性を獲得する一助となった。しかしパラケルススは、自らの新たな方法論を熱心に推し進めたものの、性格に難があってうまく人々を説得することはできなかった。とても攻撃的になることもあった。つまり、「荒れ狂う狂人のように振る舞う」という意味である。

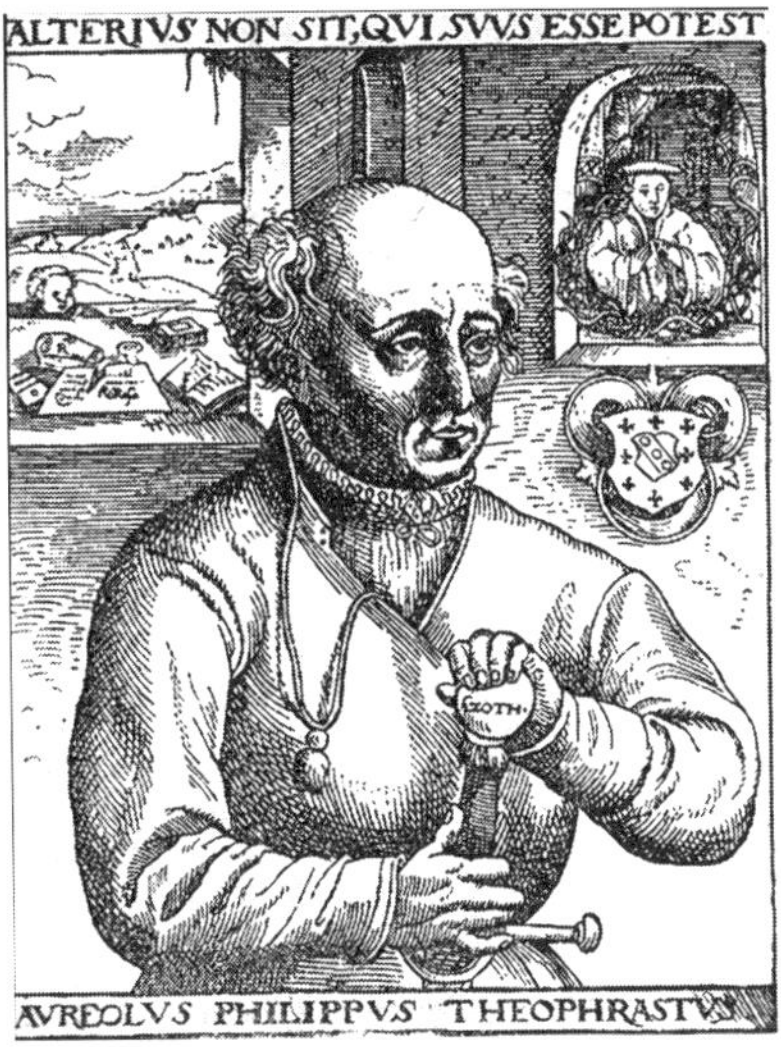

パラケルスス。フランドル人画家クエンティン・マサイス（1466-1529）作の17世紀の複写（オリジナルは失われている）

パラケルススはひげを生やしておらず女性っぽい外見で、性にはまったく興味がなかったが、もしオリンピックにどんちゃん騒ぎという種目があったら、きっと金メダルどころかプラチナメダルを取っていたことだろう。年中酒を飲んでいて、当時のある人は「ブタのような生き方だ」と形容した。自分を売り込むのが下手で、「どんな大学や年寄りの作家の才能を足しても、俺のケツにも及ばない」といった言動が多かった。[7] 権威を怒らせるのが好きだったらしく、わざと怒らせるために行動することもあった。たとえばバーゼル大学の講師となって最初の授業では、標準的な式服の代わりに革製の実験用前掛けを着けて現れ、ラテン語でなくスイスドイツ語で話し、医学最大の謎を教えようと言って容器いっぱいの大便を見せた。

このような悪ふざけは今日と同じような影響をもたらした。医師や大学の同僚からは嫌われたが、多くの学生の人気を集めたのだ。それでもその医術のいくつかは実際に有効だったため、パラケルススの話に人々は耳を傾けた。たとえばアヘン剤は水よりもアルコールによく溶けることを発見し、痛みをとても効果的に和らげるアヘンチンキという溶液を作った。

しかし、パラケルススの考え方を広める一番の原動力となったのは、おそらく経済性である。病気の新たな化学的治療法が期待されるようになったことで、薬剤師の収入と社会的地位と人気が高まり、この分野の知識が人々に求められるようになった。この分野の教科書や授業科目が次々と生まれ、錬金術の用語や手法は化学の新たな言い回しに書き換えられて、パラケルススの狙いどおりもっと正確になって標準化された。一七世紀前半には、依然として昔ながらの錬金術に携わる人も大勢いた一方で、パラケルススの新たな形の錬金術である“chemia”もすでにブームとなっていた。

パラケルススは、数学におけるマートンカレッジの学者たちと同じく、自らの分野を変革してのちの専門家の礎となる最初の基礎を築いた橋渡し的な人物だった。パラケルススが化学の古い世界と新しい世界の両方に足をかけていたことは、その生き方によく表れている。従来の錬金術を厳しく批判しておきながら、自らそれに手を出していたのだ。パラケルススは生涯を通じて金の作製を目指す実験に取り組み、あるときは、生命の霊薬を発見してそれを飲み、自分は永遠に生きつづけるとさえ主張した。

しかし一五四一年九月、オーストリアのザルツブルクにある白馬という名の宿屋に滞在していたときに、パラケルススの化けの皮が剝がれた。ある晩、暗く細い道を宿に戻ろうと歩いていると、ひどく転んだか、または敵に回した地元の医者の雇った悪党に殴られた。どちらを信じるかはあなた次第で、どちらの説も同じ結末を迎える。そのときの怪我がもとで、数日後、四七歳で命を落としたのだ。当時は、夜更かしの生活と飲み過ぎのせいで年齢よりかなり老けていたという。もしあと一年半長生きしていたら、科学革命の始まりとみなされているコペルニクスの傑作『天球の回転について（*De Revolutionibus Orbium Coelestium*）』が出版されるのを目にして、間違いなくその時代の流れを喜んでいただろう。

ロバート・ボイルによる実験と観察

パラケルススの死から一五〇〇年のあいだに、前に述べたとおり、ケプラーやガリレオやニュートンといった開拓者たちが以前の研究に基づいて、天文学や物理学に対する新たな方法論を作り上げた。歳月とともに、形而上学的原理に支配された定性的な宇宙に関する理論は、不変の法則に従う定量的で測定可能な宇宙の概念へと道を譲っていった。そして、学問上の権威や形而上学的な議論に基づいて知識を獲得する方法に代わって、自然法則は観察や実験によって解き明かし、数学の言語を使って表現すべきだという考え方が広まった。

新たな世代の化学者が直面したのは、物理学の場合と同じように、思考や実験のための厳密な方法を開発することだけでなく、過去の哲学や考え方を削ぎ落とすという難題だった。化学という新たな分野を成熟させるには、パラケルススの教訓を学ぶと同時に、アリストテレスの行き詰まった理論をその座から引きずり下ろさなければならなかった。ニュートンをはじめとした物理学者や数学者はアリストテレスによる運動の理論を追い落としたが、化学者はアリストテレスの物質の理論を葬り去らなければならなかったのだ。

パズルを解くにはそのピースの形がわかっていなければならない。物質の正体というパズルの場合、そのピースとは化学元素である。万物は土と気と火と水からできているとする説、あるいはそれに似た枠組みを信じている限り、物質の理解は伝説に基づいて進められ、役に立つ新たな化学物質の合成は試行錯誤のままで、真の理解に至る可能性は開けない。そんな状況が変わったのは、一七世紀の新たな知的環境においてだった。ガリレオやニュートンが物理学からようやくアリストテレスを追い出して、代わりに観察と実験に基づく理論を打ち立てたのと同じように、光学に関する研究でニュートンを奮い立たせた人物のうちの一人が、化学からアリストテレスを追い出そうと立ち上がったのだ。その人物はロバート・ボイル、アイルランドの町コークの初代伯爵の息子である。[8]

科学に人生を捧げるための一つの道は大学教員になることで、もう一つはとんでもなく金持ちになることだ。物理学を拓いた大学教授と違って、初期の化学を推進した人の多くは働かなくても暮らせるだけの資産を持っており、実験室がまだ珍しかった当時、お金をつぎ込んで自分の実験室を作る余裕があった。ロバート・ボイルはそれほど裕福でない伯爵の息子だったが、グレートブリテン島ではおそらく一番の金持ちだった。

ボイルの母親についてわかっているのは、一七歳で結婚して二三年間で一五人の子供を産み、肺病にかかっておそらく安らかに世を去ったということだけだ。ロバートは一四番目の子供で七男だった。伯爵は子育てよりも子作りのほうが好きだったらしく、子供が生まれるとすぐに乳母に世話を任せ、大きくなったら寄宿学校に遣《や》るか、あるいは外国で個人教師に学ばせた。

ボイルはもっとも多感な時期をジュネーヴで過ごした。一四歳のある晩、激しい雷雨で目を覚まし、もし生きて助かったら神に人生を捧げると誓った。誰しも強制的に誓いを立てさせられて、その誓いに従うか、あるいは少なくともその誓いを覚えてさえいれば、もっとよい世界を生きられるはずだが、代わりにその誓いに縛られてしまうことになる。ボイルも、雷雨が本当の原因だったかどうかはわからないが深い信仰心を持つようになり、莫大な資産を持ちながらも禁欲的な生活を送った。

人生を変えたその雷雨から一年後、ボイルがフィレンツェを訪れていた最中に、ガリレオが近郊の軟禁の地で息を引き取った。そこでボイルは、ガリレオがコペルニクス体系について書いた本、『天文対話』をどうにかして入手した。それは思想史における偶然だが注目すべき出来事で、当時一五歳だったボイルはそれで科学のとりこになった。[9]

歴史記録からはボイルがなぜ化学を選んだかは定かでないが、ボイルは改宗してからずっと、神に立派に仕える方法を探していて、それは化学であると判断した。ニュートンやパラケルススと同じく禁欲的で、やがて研究に取り憑かれるようになり、またニュートンのように、自然のおこないを必死で理解することが神の業を知る道だと信じていた。しかし化学者ボイルは物理学者ニュートンと違って、科学の重要性は人々の苦しみを和らげて生活を向上させることにもあると考えた。

ボイルは、博愛主義者という意味での科学者だった。一六五六年に二九歳でオックスフォードへ移り、大学がまだ化学の正式な教育をおこなっていない中、自費で実験室を立ち上げて研究に没頭した。その研究のすべてではないがほとんどは、化学に関するものだった。

清教徒革命のとき、オックスフォードは王党派の本拠地で、議会派が占拠するロンドンから逃れてきた大勢の人が住んでいた。ボイルはどちらの陣営にもとくに強い共感は抱いていなかったようだが、ある避難民のグループに加わって毎週のように会合を開き、科学に対する新たな実験的方法論に対する共通の興味を論じ合った。君主政が復活して間もない一六六二年、チャールズ二世から勅許を与えられたそのグループは王立協会（正式名称は「自然に関する知識の向上のためのロンドン王立協会」）となり、ニュートンの人生においてあのような重要な役割を果たすこととなる。

すぐに王立協会は、ニュートンやフックやハレーを含め当時の偉大な科学者の多くが集まって、互いの考えを議論して批判し、支援して世間に広めるよう取りはからう場となった。王立協会の標語 *Nullius in verba* とは「いかなる者の言葉も鵜呑みにするなかれ」という意味だが、とりわけ「アリストテレスの言葉を鵜呑みにするなかれ」ということを指している。会員はみな、前進するにはアリストテレスの世界観を乗り越えていくことがきわめて重要であると理解していたのだ。

ボイルも懐疑的な態度を自分のモットーとし、一六六一年の著書には『懐疑的化学者（*Sceptical Chymist*）』というタイトルをつけて、その紙幅の大部分でアリストテレスを批判した。仲間たちと同じく、自分を駆り立てる分野に科学的厳密性を導入するには過去の大部分を否定しなければならないと気づいたのだ。確かに化学は、死体防腐処理師やガラス職人、染料製造者や冶金職人や錬金術師、およびパラケルスス以降は薬剤師の実験室に端を発していたかもしれないが、ボイルは化学そのものを研究の価値がある統一した分野ととらえ、天文学や物理学と同じく自然界の基本的な理解に欠かせない、厳密な学問的方法論に値するものと考えた。

著書の中でボイルは、元素に関するアリストテレスの考え方と矛盾する化学プロセスの例を次から次へと挙げた。たとえば、木材が燃えて灰ができる過程を詳しく論じている。ボイルいわく、丸太を燃やして両端から沸騰してくる水は「けっして元素の水ではない」し、発生する煙も「けっして気ではなく」、それを蒸留すると油と塩が得られる。[10] したがって、火によって丸太が土と気と水という元素に変換するという考え方は、詳細な考察によって否定される。一方で、金や銀のようなほかの物質はさらに単純な構成要素に分けることは不可能であるように思われるため、おそらく元素とみなす**べき**だろう。

ボイル最大の業績は、気は元素であるという考え方に対する攻撃から生まれた。ボイルは自らの主張を裏づけるための実験を、オックスフォード大学の学生で熱烈な王党派である気難しい若い助手、ロバート・フックに手伝わせた。気の毒なことにフックは、のちにニュートンに侮蔑され、また多くの歴史的記述では、ボイルと一緒におこなった実験の功績をほとんど認められていないが、実際にはおそらくすべての装置を作ってほとんどの作業をこなしたと思われる。[11]

ある一連の実験では、人間の肺が、吸い込んだ空気とどのように作用し合うかを解明するために、呼吸について調べた。そして、ある重要な作用が起こっているに違いないと判断した。そもそも何も作用が起こっていないとしたら、我々がしている呼吸は膨大な時間の無駄か、または一部の人にとってたばこを吸う最中に肺を動かしつづける方法でしかないはずだ。ボイルとフックは、ネズミや鳥などの動物を使って呼吸の実験をおこなった。そして、動物を密閉容器の中に入れると、呼吸が苦しそうになってやがて息をしなくなることに気づいた。

この実験ではどんなことが証明されたのか？　真っ先にわかるのは、ペットを買っている人ならロバート・ボイルには留守番をさせたくないということだ。しかしそれだけでなく、動物が呼吸すると空気の何らかの成分が吸収されて、それが使い尽くされると死に至るか、または、動物が何らかの気体を吐き出して、それが高い濃度になると死をもたらすということを示している。あるいはその両方かもしれない。ボイルは前者だと考えたが、いずれにしてもこの実験から、空気は元素でなく複数の成分からできていることが推測された。

またボイルは、フックが大幅に改良した真空ポンプを使って、燃焼における空気の役割を調べた。そして、燃えている物体を入れた密閉容器から空気をすべて排気すると火が消えることに気づいた。そこでボイルは、燃焼が起こるには、呼吸の場合と同じく空気中にある未知の何らかの物質が必要であると結論づけた。

ボイルの研究の中心テーマは、元素の正体を探ることだった。アリストテレスやその後継者たちが間違っていることはわかっていたが、使える手段が限られていたため、アリストテレスらの考え方をもっと正確なものに置き換えようとしても最後までは歩を進められなかった。それでも、空気が複数の気体からできていることを証明できただけで、アリストテレスの理論に対する一撃としては効果的だった。その一撃は、ガリレオによる、月には山やクレーターがあって木星には月があるという観測結果に匹敵するものだった。このような研究を通じてボイルは、新たに生まれた科学を過去の因習的な知識への依存から解き放ち、それを入念な実験と観察に置き換える手助けをした。

プリーストリーによる気体の研究

空気の化学的研究には、とりわけ重要な意味がある。硝石や水銀の酸化物のことを知っても我々自身のことは何一つわからないが、空気はすべての人間に生命を与える存在だ。しかしボイル以前には、空気はけっして好んで研究される物質ではなかった。というのも、気体を研究するのは難しかったし、当時の技術ではきわめて制約が大きかったからだ。そんな状況が変わるのは、一八世紀後半、化学反応で発生した気体を捕集する気体採取用水槽などの新たな実験器具が発明されてからだった。[12]
あいにく、化学反応では目に見えない気体が吸収されたり放出されたりすることが多く、その気体状態についてはまったく理解されていなかったため、化学者は多くの重要な化学プロセス、とくに燃焼を、不完全でときに誤った形で解析していた。科学が真に中世から脱却するには、そんな状況を変えて、火の正体を明らかにしなければならなかった。

ボイルから一〇〇年後、燃焼に欠かせない気体である酸素がようやく発見された。皮肉なことに、酸素を発見した人物は、一七九一年にある怒った暴徒に自宅を燃やされた。怒りの原因は、その人物がアメリカ独立戦争とフランス革命を支持していたことだった。そのいざこざによってジョゼフ・プリーストリー（一七三三—一八〇四）は一七九四年、祖国イングランドからアメリカへ移住した。[13]

プリーストリーはユニテリアン派の信者で、宗教の自由を熱心に擁護していた。最初の経歴は聖職者だったが、一七六一年、イングランド教会に反対する人にとっての大学の役割を果たす非国教会学校で現代語の教師となった。そして、その学校で同僚の教師がおこなった、新たな電気の科学の歴史に関する講義に感銘を受けた。そのテーマに関する研究が、プリーストリーの独自の実験へつながることになる。

プリーストリーとボイルとの人生や経歴の大きな違いは、それぞれの時代の違いを反映している。ボイルが世を去ったのは、およそ一六八五年から一八一五年まで続いた西洋の思想と文化の一時代である啓蒙運動が始まった頃だった。それに対してプリーストリーは、その時代の最盛期に活躍した。

啓蒙運動の時代には、科学と社会の両方が劇的に変革した。イマニュエル・カントいわく、啓蒙運動という言葉自体は、「人類が自ら招いた未熟さからの脱却」を意味している。[14]啓蒙運動に対するカントのモットーは、「思い切って知れ」という単純なものだった。確かに啓蒙運動の特徴は、科学の進歩を認めること、古い教義に対して真剣に異議を唱えること、そして、理性は盲目的な信念を打ち負かして社会に現実的な恩恵をもたらすという原理にあった。

それと同じく重要なこととして、ボイル（およびニュートン）の時代には、科学は少数のエリート思索家の領分だった。しかし一八世紀に産業時代が始まり、中産階級が増えつづけて貴族の力が衰えていった。

その結果として一八世紀後半には、教養のある比較的大きな階層、学問によって経済的地位を向上させた中産階級を含むより多様なグループが、科学に関心を持つようになった。とくに化学は、新たに裾野が広がったプリーストリーのような研究者たちによって発展し、それとともに創意に富んだ起業家精神が生まれた。

電気に関するプリーストリーの本は一七六七年に出版されたが、同じ年にプリーストリーの関心は、物理学から化学へ、とくに気体へと移った。この鞍替えは、化学に関して何か大きなひらめきがあったからでもなければ、化学のほうが重要な学問分野だと考えるようになったからでもない。醸造所の隣に引っ越し、木の樽の中で発酵中の液体から大量の気体が激しく泡立っているのに興味をそそられたからだった。プリーストリーはその気体を大量に集めてボイルと似た実験をおこない、この気体を入れた密閉容器に燃えている木片を入れると火が消えること、またネズミを入れるとすぐに死ぬことを発見した。さらに、その気体を水に溶かすと味のよい発泡性の液体ができることにも気づいた。今日ではその気体は二酸化炭素と呼ばれている。プリーストリーは期せずして炭酸飲料の製造法を発明したのだが、残念ながら慎ましい生活を送っていたため、その発明品を商品化することはなかった。商業化はその数年後にヨハン・ヤコブ・シュウェップによっておこなわれ、その飲料メーカーはいまだに経営を続けている。

本来ならプリーストリーは、商業的副産物の魅力に惹かれて化学の世界に足を踏み入れるべきだった。というのも、一八世紀後半に産業革命が始まり、すでに科学と産業がさらに大きな成果を目指して相乗効果を及ぼし合っていたからだ。一七世紀の科学の大きな進歩が直接的に応用されることはほとんどなかったが、一八世紀後半に始まった進歩は日常生活をすっかり変えた。科学と産業が手を携えることで生まれた直接的な成果としては、蒸気機関、工場での水力利用の促進、工作機械の発達、そしてのちに、鉄道や電信電話、電力や電球の登場が挙げられる。

一七六〇年頃の始まったばかりの産業革命は、新たな科学原理の発見でなく熟練した発明家の力に頼っていたが、それでも富裕層のあいだで、科学を工業技術の進歩の手段として支援する動きが起こった。科学に関心を持ったそんな裕福な支援者の一人が、シェルバーン伯爵ウィリアム・ペティーである。ペティーは一七七三年、プリーストリーを司書かつ我が子の個人教師として雇い入れ、実験室を作らせて余暇に研究をおこなうことを認めた。

プリーストリーは器用で細心の注意を払う実験家だった。新たな実験室では、カルクス、いまで言う水銀の酸化物、またの名を金属の「錆」の実験を始めた。当時、水銀を加熱してカルクスが生成するときに、水銀が空気中から何かを吸収することは知られていたが、それが何であるかはわかっていなかった。興味深いことに、カルクスをさらに加熱すると、おそらく吸収していたものを放出して再び水銀に戻る。

プリーストリーは、カルクスから放出されるその気体が驚くべき性質を持っていることを発見した。

「この気体は高貴な性質を持っている。この気体の中では、ろうそくは驚くべき強さの炎を上げて燃えた。……この気体の優れた性質をさらに証明するために、その中にネズミを入れた。通常の空気ならおよそ一五分で死ぬような容積なのに、ネズミは丸々一時間生きつづけ、取り出してからもとても元気だった[15]」。

プリーストリーはさらに、この「高貴な」気体――もちろん酸素のことだが――を自分でも試してみた。

「肺に入った感じではふつうの空気との違いはわからなかったが、胸が妙に軽くなった気がして、その後しばらくは気分がよかった」。この謎めいた気体は有閑階級の新しい悪しき薬として評判になるだろうと、プリーストリーはにらんだ。

しかし金持ちに酸素を売り込むことまではせず、代わりにこの気体の研究を進めた。固まって黒ずんだ血液をこの気体にさらすと、明るい赤に変わった。また、黒ずんだ血液を小さな密閉容器に入れて空気からこの気体を吸収させると、血液が明るい赤色に変わったとたんに、密閉容器に一緒に入れてあった動物がすぐに窒息することにも気づいた。

プリーストリーはこれらの観察結果を、肺は空気と触れ合うことで血液に新たな活力を与えるのだと解釈した。またミントやホウレンソウを使った実験をおこない、呼吸と燃焼を助ける空気の能力を生長中の植物が回復させることを発見した。要するにプリーストリーは、いまで言う光合成の効果に気づいた最初の人物だった。

プリーストリーは酸素の効果に関してかなりの事柄を解明し、酸素の発見者と呼ばれることが多いが、燃焼のプロセスにおいて酸素がどのような意味を持っているのかは理解できなかった。ものが燃えるのは空気中の何かと反応するからではなく、「燃素《フロギストン》」と呼ばれるものを放出するからだという、当時広く信じられていた込み入った理論を受け入れたのだ。

プリーストリーはさまざまなことを明らかにしてくれるはずの実験をおこなったが、何が明らかになっているかは把握しそこねた。プリーストリーの実験結果が示す本当の意味、つまり、呼吸と燃焼は空気中から何か（酸素）を吸収するプロセスであって、空気中に「燃素」を放出するプロセスではないことを示すという課題は、アントワーヌ・ラヴォアジェ（一七四三―一七九四）という名のフランス人に託されたのだった。[16]

ラヴォアジェの化学の理論と実験

錬金術として始まった分野をニュートン物理学と同じ正確な数学的厳密さに引き上げることは、見果てぬ夢に思えるかもしれないが、一八世紀の多くの化学者は叶えられると信じていた。物質を作る原子どうしに働く引力は基本的に重力と同じものであって、それを用いれば化学的性質を説明できるのではないかとさえ考えられていた（今日ではそれは正しかったことがわかっているが、ただしその力は電磁気力である）。このような考え方のきっかけを作ったのはニュートンで、「物体の粒子［要するに原子］どうしをきわめて強い力でくっつけることのできる性質を持ったもの」が存在すると主張した。[17] このニュートンの考え方をどのようにして物理学からほかの科学へ移し替えるのかが、化学にとって悩みの種の一つとなった。

ラヴォアジェはニュートン革命から大きな影響を受けた化学者の一人だった。ラヴォアジェは、化学はそれまで研究されてきたように、「科学の論理とは無関係な……完全に別個の概念や未証明の仮定からなる……ごく少数の事実のみに基づく分野」ととらえていた。[18] それでも化学を、純粋数学の体系や理論物理学ではなく、実験物理学の厳密に定量的な方法論に近づけようと試みた。当時の知識や技術力を考えると、それは賢い選択だった。最終的に化学は理論物理学の数式によって説明できるが、それは量子論と高性能の優れたデジタルコンピュータの誕生まで待たなければならない。

ラヴォアジェが化学を選んだのは、化学と物理学の両方が好きだったからである。実際には物理学のほうが好きだったのかもしれないが、地位と特権を必死で守るパリの裕福な弁護士の息子として育てられたために、物理学はあまりに過激で異論の多い分野だとみなすようになった。家族は息子の夢を応援したが、勤勉であると同時に社会的能力も伸ばすよう期待し、また慎重さと自制心という、ラヴォアジェが本来持っていない性格を重視した。

ラヴォアジェが科学に熱中していることは、彼を知る誰の目にも明らかだったに違いない。ラヴォアジェはとんでもないアイデアをいくつも考えつき、それを実行する壮大な計画を立てた。まだ一〇代のうちに、食事が健康に及ぼす影響を調べようと、何日も牛乳だけを飲みつづけたり、あるいは暗い部屋に六週間閉じこもって、光の強さのわずかな違いを判断する能力を高めるという計画を立てたりした(ある友人に止められたらしい)。科学の大勢《おおぜい》の開拓者と同じように、科学的探究に対するこのような情熱は、知識を求めて退屈な作業に長時間取り組む能力を生涯にわたってもたらすこととなる。

ラヴォアジェは幸運にも、けっしてお金には困らなかった。まだ二〇代の頃に、今日の価値にして一〇〇〇万ドルを超える遺産を生前贈与されたのだ。そのお金で「徴税請負局《ファーマーズ》」という組織の株を買い、利益を上げた。ファーマーといってもアスパラガスを栽培していたわけではなく、君主から請け負って税金の徴収をおこなっていた。

ラヴォアジェは徴税請負局の経営に口出しし、たばこの規制を監視する役目を担わせた。その見返りに徴税請負局はラヴォアジェに、利益の一部として年間およそ二五〇万ドルに相当する配当を支払った。ラヴォアジェはそのお金で世界一見事な個人実験室を作った。伝えられるところによれば、そこにはあまりにたくさんのガラス器具が収められており、ラヴォアジェはそれを使うだけでなくビーカーのコレクションを眺めて楽しんでいたのではないかという。また、数々の人道的な取り組みにもお金を使った。

ラヴォアジェがプリーストリーの実験のことを聞いたのは、一七七四年秋、プリーストリー本人からだった。そのときプリーストリーは、シェルバーン伯爵に同行して科学ガイドとしてヨーロッパをめぐっている最中で、ちょうどパリに立ち寄ったところだった。三人はパリの高名な何人かの科学者と夕食をともにして、科学に関する情報を交換した。

プリーストリーの研究の話を聞いたラヴォアジェはすぐに、燃焼に関するその実験と自分がおこなった錆の実験にいくつか共通点があることに気づいて驚喜した。しかし同時に、プリーストリーは化学の理論的原理をほとんど理解していないし、自分の実験の意義さえわかっていないと感じた。ラヴォアジェいわく、プリーストリーの研究は「論証にほぼ遮られることなしに実験で編まれた織物である」[19]

科学の理論と実験の両方に秀でるのはもちろん難しいことで、それを誇れるような一流科学者を私はほとんど知らない。私は早いうちから売り出し中の理論家とみなされていたため、大学では物理学実験の科目を一つしか取らなかった。その実験では、一からラジオを設計して組み立てるのに丸々一学期費やした。結局そのラジオは逆さまにして揺すらないと動かず、しかも調子外れの前衛音楽ばかり流すボストンのある放送局一局しか入らなかった。だから私は、物理学が分業体制になっていて本当によかったと思っている。理論家であれ実験家であれ、私の友人のほとんどもそう思っているだろう。

ラヴォアジェは化学の理論と実験の両方を身につけていた。プリーストリーを無能と片づけて、錆の生成と燃焼との類似性を探るという可能性に夢中になったラヴォアジェは、翌朝早く、水銀とその酸化物であるカルクスを使ってプリーストリーの実験を繰り返した。すべて慎重に測定計量して、実験精度を上げた。そうしてプリーストリーの発見に対して、その本人はけっして想像できなかったような説明を与えた。水銀は燃焼すると（カルクスを作ると）自然界の基本元素である気体と結合し、測定結果によれば、その結合した気体と同量の質量を獲得するというのだ。

ラヴォアジェは慎重な測定によって、次のようなことも証明した。逆のプロセスが起こる——カルクスを加熱して水銀が生成する——と重さが軽くなり、おそらく、吸収されていたのと同じ気体が放出されて、水銀がカルクスになったときに増えたのと同じ量の質量が失われる。その吸収・放出される気体を一連の実験によって発見した功績はプリーストリーにあるが、その意味を説明し、やがてその気体に酸素という名前を与えたのはラヴォアジェである。*

のちにラヴォアジェはこの実験結果に基づいて、科学でもっとも有名な法則の一つである質量保存の法則を導く。すなわち、化学反応の生成物の合計質量は最初の反応物の合計質量と必ず等しいという法則である。これがおそらく、錬金術から現代化学へ至る最大の節目となった。化学変化は元素を組み替えることにほかならないと明らかになったのだ。

ラヴォアジェは徴税請負業に関わることで、重要な科学研究の資金を調達していた。しかし実はそれが破滅の原因にもなる。フランスの君主政を転覆させた革命家に目をつけられたのだ。時代や場所を問わず税金徴収人は、ひどい咳をする結核患者のような扱いを受けるものだ。しかし彼ら徴税請負人は、とくに貧しい人に対して重い不合理で不公平な税金を徴収する仕事に携わっていたため、とりわけ嫌われていた。どんな記録を見ても、ラヴォアジェは公正忠実に職務をこなし、徴収相手にもある程度同情していたようだが、知られているとおりフランス革命は微妙な判断をするようなものではなかった。そうしてラヴォアジェは革命派に激しく憎まれた。

革命派をもっとも怒らせたのは、ラヴォアジェが政府に、今日の価値にして数億ドルの費用をかけて建設させた、パリの街を取り囲む石造りの巨大な城壁だった。通行料徴収所を通らないと誰も出入りできなかったし、通過する商品は監視する武装衛兵がすべて測って記録を取り、それに基づいて税金を課していた。そうしてラヴォアジェは、一般大衆にとっては嘆かわしいことに、慎重に測定するという性癖を実験室から徴税請負人の仕事へ持ち込んだのだった。

一七八九年に革命が勃発すると、ラヴォアジェの城壁は最初に攻撃を受けた。一七九三年、ラヴォアジェは恐怖政治のもと、ほかの税金徴収人とともに逮捕されて死刑判決を受けた。そこで、いま進めている研究を完成させたいから処刑を遅らせてほしいと頼んだ。しかし報告によると、裁判官はラヴォアジェに

「共和国に科学者は必要ない」と言ったという。[20] もしかしたらそのとおりだったのかもしれないが、化学は間違いなく必要だった。幸いにも、ラヴォアジェは五〇年の生涯の中で、すでに化学という分野を一変させていた。

処刑されるまでにラヴォアジェは三三種類の既知の物質を元素と特定し、そのうち一〇種類を除いて正しかった。またそれまで使われていた、曖昧でめまいがするような化学用語に代わり、構成元素に基づいて化合物を命名する標準的な体系を作った。前に物理学の言語としての数学の重要性を力説したが、同じく化学でも適切な言語は欠かせない。たとえばラヴォアジェ以前、「ヒドラジルムのカルクス」と「クイックシルバーのカルクス」は同じ化合物を意味していたが、ラボアジェの命名法ではその化合物は「酸化水銀」と呼ばれるようになった。

ラヴォアジェは、酸化水銀の生成を表す $2Hg + O_2 \rightarrow 2HgO$ のような現代的な化学反応式を考案するところまではいかなかったが、そのための下地はつくった。ラヴォアジェの数々の発見によって化学に革命が起こり、産業界が強い興味を示したことで、新たな物質を研究して新たな疑問に答える将来の化学者が生まれたのだ。

一七八九年にラヴォアジェは、自らの考えをまとめた本『化学原論（*Traité Élémentaire de Chimie*）』を出版した。今日ではこの本は、初の現代的な化学の教科書とみなされている。元素は分割できない物質であるという考え方を明示し、四元素説と燃素の存在を否定し、質量保存の法則を主張し、合理的な新しい命

＊（二一九頁）oxygen（酸素）とは「酸をつくるもの」という意味で、ラヴォアジェがこの名前を選んだのは、組成が知られていたすべての酸にこの元素が含まれていたためである。

ラヴォアジェの像。頭部はコンドルセのもの

名法を説明している。一世代も経ないうちにこの本は権威ある書物となり、のちの大勢の先駆者に知識を与えて鼓舞した。しかしその頃にはラヴォアジェ本人はすでに処刑され、その遺体は共同墓所に捨てられていた。

ラヴォアジェは科学に生涯を捧げたが、同時に名声も欲しがり、自ら新元素を単離できなかったことを悔やんだ（酸素発見の功績の一部を認めてもらおうとしたが）。フランスは、科学者の必要性を否定してからおよそ一〇〇年後の一九〇〇年に、ようやくラヴォアジェの銅像をパリに建てた。除幕式で高官たちは、「ラヴォアジェは人々の尊敬に値する人類の偉大な恩人であり、化学変換を支配する基本法則を確立した」と述べた。[21] ある人は、「この銅像はラヴォアジェの力と才能の輝きを閉じ込めている」と言い切った。

ラヴォアジェが望んだとおりの評価のように聞こえるが、はたして本人がこの式典を喜んだかどうかは疑わしい。実はこの銅像の顔はラヴォアジェでなく、ラヴォアジェの晩年に科学アカデミーの書記を務めた哲学者で数学者のコンドルセ侯爵のものだった。彫刻師のルイ゠エルネ・バリア（一八四一―一九〇五）が、ほかの芸術家が作った彫刻からそのモデルを確認しないまま頭部を模倣したのだ。[22] この事実が明るみに出てもフランス人は気にしなかったようで、首をはねられて別人の頭を取りつけられた人物の記念碑としてその間違った銅像をそのままにした。* 結局その銅像は、ラヴォアジェ本人と同じくらいの期間しか生き長らえずに、同じく戦いの犠牲となった。ナチスの占領中に廃棄され、砲弾として再利用されてしまったのだ。[23] しかし少なくともラヴォアジェの考え方は生き長らえ、化学という分野を作りかえたのだった。

ドルトンの考えた原子の重さ

よく「科学の行進」という言葉が使われるが、科学がおのずから前進することはない。科学は人間が前進させるのであって、その前進は行進というよりリレー競争のようなものだ。さらにそれはかなり奇妙なリレーであって、バトンを受け取った人は、前の走者が予想もしなかったような、そして前の走者は快く思わないであろう方向へ走っていくことが多い。まさにそのようなことが、ラヴォアジェの見事な走りを引き継いだ次の偉大な科学者によっておこなわれた。

ラヴォアジェは化学反応における元素の役割を明らかにして、それを記述する定量的な方法を発展させた。今日わかっているとおり、真に化学を理解するには、とくに化学反応を定量的に理解するには、原子を理解しなければならない。しかしラヴォアジェは、原子の概念をあざ笑うだけだった。頑固で近視眼的だったわけではない。原子に基づいて考えることを否定したのは、完全に現実的な理由からだったのだ。

＊皮肉なことに一九一三年、フィラデルフィアにあったアメリカ哲学会に寄贈されたコンドルセの実寸大の大理石の胸像が、実はコンドルセでなくラヴォアジェであることが判明したと伝えられた![24]

ギリシャ時代以降、学者たちは、呼び名こそ「微粒子」や「物質の粒子」などと違ってはいたものの、原子についてあれこれ推測してきた。しかし原子はあまりに小さいため、二四〇〇年近いあいだ誰一人として、原子を現実の観察や測定の結果と関連づける方法については考えもしなかった。

原子がどれほど小さいかを感じ取るために、世界中の海を小石で埋め尽くしたと想像してみよう。そして、すべての小石を原子の大きさにまで縮めたとイメージしてほしい。どれだけの空間を占めることになるだろうか？　ティースプーン一杯より小さいのだ。そんなにちっぽけなものが及ぼす効果を、はたして観測できる可能性はあるのだろうか？

実はその可能性はかなり大きく、その奇跡的な偉業をはじめて達成したのは、クエーカー教徒の学校教師ジョン・ドルトン（一七六六―一八四四）である。[25] 歴史上の偉大な科学者の多くは派手な人物だったが、貧しい織工の息子だったドルトンはそうではなかった。科学研究だけでなくあらゆることに几帳面で、午後五時には必ずお茶を飲み、夜九時には肉とジャガイモの夕食をとっていた。

ドルトンの有名な著書『化学哲学の新体系（*A New System of Chemical Philosophy*）』は細部まで気を配って書かれた全三巻の学術書で、しかも驚くことに、ドルトンは余暇の時間だけを使って研究と執筆をおこなった。一八一〇年、ドルトンが四〇代半ばのときに出版された第一巻は、全九一六ページの大著である。その九一六ページのうち五ページにも満たないわずか一つの章で、今日ドルトンを有名にしている画期的なアイデアが説明されている。それは、実験室でおこなうことのできる測定の結果から原子の相対的な重さを計算する方法である。二〇〇〇年にわたる見当違いの理論がたった五ページで覆される、それが科学の考え方の醍醐味とパワーだ。

ドルトンは例に漏れずその考え方を遠回りで思いついた。すでに一九世紀だというのに、一七世紀半ばに生まれたある人物の影響力にかき立てられたのだ。その人物とはやはりアイザック・ニュートンである。

散歩が好きだったドルトンは、若い頃、イングランドでももっとも雨が多いカンバーランドに住んでいたときに、気象学に興味を持つようになった。また天才児でもあって、一〇代でニュートンの『プリンキピア』を学んだ。この二つの興味が驚くほど力強く組み合わさった結果、ドルトンは、カンバーランドの田舎の湿った空気のような、気体の物理的性質に関心を持った。古代ギリシャの原子の概念を力と運動の考え方に基づいて改良した、ニュートンの微粒子の理論に興味を惹かれたドルトンは、気体の種類によって溶解性が違うのは原子の大きさがそれぞれ異なるからではないかとにらみ、そこから原子の重さについて考えるようになった。

ドルトンの方法論のおおもととなった考え方は、次のようなものである。純粋な化合物だけを取り上げれば、化合物は必ず正確に同じ割合の構成要素から作られているはずだ。たとえば銅の酸化物は二種類ある。それらの酸化物を別々に調べると、一方の酸化物が生成するには一グラムの酸素が消費されるごとに四グラムの銅が使われ、もう一方の酸化物では八グラムの銅が使われることがわかる。このことから、一つ目の酸化物に比べて二つ目の酸化物では、酸素原子一個あたり二倍の個数の銅原子が結合するのだと考えられる。

ここで単純に考えるために、前者の場合には酸素原子一個と銅原子一個が結合し、後者の場合には酸素原子一個と銅原子二個が結合するとしてみよう。すると、前者では酸素一グラムあたり四グラムの銅から酸化物が作られるのだから、銅原子の重さは酸素原子の約四倍だと結論づけられる。偶然にもこの推測は正しく、ドルトンはこのような推論に基づいて既知の元素の相対的な原子の重さを計算していった。

ドルトンは相対的な重さを計算しようとしたので、何らかの出発点が必要だった。そこで、知られているもっとも軽い元素である水素に「1」という重さを割り当て、それを基準としてほかのすべての元素の重さを計算した。

残念なことに、考えられるもっとも単純な比率で元素どうしが結合するというドルトンの仮定は、つねに通用するわけではなかった。たとえばこの仮定によれば、水は HO という化学式になってしまい、今日知られているもっと複雑な H_2O にはならない。そのため、水素原子に対する酸素原子の重さを計算したところ、得られた値は実際の半分になってしまった。ドルトンはこの方法がつねに信用できるわけではないことをよくわきまえていて、水に関しては HO_2 や H_2O という可能性もありうると考えていた。もし $H_{37}O_{22}$ のような化学式だったら相対的な重さを導くのはもっとずっと難しかっただろうが、幸いにもそのようなことはなかった。

自分の計算結果があくまでも仮のものであることを自覚していたドルトンは、多くの種類の化合物のデータに基づいて矛盾点を洗い出し、仮定した化学式が間違っているかどうかを調べなければならなかった。その困難な作業に化学者たちはさらに五〇年苦しめられることになるが、細部を明らかにするのに時間がかかったからといって、この分野に及ぼす影響力が損なわれることはなかった。というのも、ドルトンの原子論は、実験室での測定結果とようやく現実的な形で関連づけられるものだったからだ。さらにドルトンは、ラヴォアジェの研究に基づいて導いたその考え方を使って、はじめて化学の定量的な言語を作り出した。それは、化学実験の結果を、分子どうしでの原子の交換という観点から理解するための新たな方法である。たとえば現代の表記では、酸素と水素から水が生成する反応は $2H_2 + O_2 \rightarrow 2H_2O$ と表される。

この新たな化学の言語は、化学反応の際に観察測定された事柄を理解して理屈づける化学者の能力を一変させ、それ以来ドルトンの考え方は化学の理論の中核をなしている。この研究によってドルトンは世界的に有名になり、強く拒絶しながらも王立協会の会員に任命されるなど、渋々ながら数々の栄誉を授かった。一八四四年に世を去ると、本人はささやかな葬儀を望んでいたものの、四万人を超える参列者が集まった。

ドルトンの業績によって、物質の素性について思索する人々は、古代の神秘的な知恵に示された理論から脱却し、人間の感覚が遠く及ばないレベルで物質を理解するようになった。しかし、各元素が原子の重さによって区別されるのだとしたら、その原子の性質は我々が観察する化学的や物理的な特徴とどのように関係しているのだろうか？　それがリレーの次の区間の課題であり、ニュートン科学から踏み出さなければ答えられない、化学に関する最後の深遠な疑問だった。そこからはさらに深い洞察が得られることになるが、そのためには物理学の量子革命を待たなければならなかった。

メンデレーエフの頑固さと情熱

わずか数年で死に至るはずの病気を患いながらも何十年も生きつづけているスティーヴン・ホーキングは、あるとき、自分の一番の取り柄は頑固さだと思うと語った。私もそのとおりだと思う。病気とつき合うのは難しいこともあるが、頑固さのおかげで自分は生きつづけているのだし、研究を続ける力ももらっているのだと、ホーキングは自覚しているのだ。

完成した科学理論は、ひとたび定式化されればほぼ自明のように見えるかもしれないが、それを構築するという戦いに勝利するにはすさまじい忍耐力が必要だ。心理学者が「気骨」と呼ぶその特性は、忍耐力や頑固さだけでなく情熱といった、ここまで見てきたほとんどの人物が持つ資質と関連づけられる。「興味と努力を長いあいだ保ちつづけて長期的な目標を追求する気質」と定義される気骨は、当然ながら、結婚から陸軍特殊作戦部隊まであらゆる成功と関係している。[26] ここまでに登場した人物の多くが頑固で横柄だったのは、そのためかもしれない。偉大な革新者はたいていそういうものである。そうでなければならないのだ。

次に登場する開拓者である、癇癪持ちで短気で（また年一回しか髪とあごひげの手入れをしなかったことで）知られるロシア人化学者ドミトリ・メンデレーエフ（一八三四—一九〇七）も、この頑固者たちの殿堂にまさにお似合いだ。[27] あまりに個性が強かったため、妻はメンデレーエフを避けて田舎の屋敷に住み、夫がやって来ると子供たちを連れて街なかの屋敷に移動していた。

メンデレーエフもホーキングと同じく、病気に屈しなかった。一〇代後半に結核で入院したが、死を免れただけでなく、近所に実験室を見つけて療養中にそこで化学の実験をした。のちに教員資格を得るが、教育省のある役人を怒らせたために、遠く離れたクリミアの高校に配属された。それは一八五五年のことで、着任したメンデレーエフは、その高校が交戦地帯の中にあるだけでなくかなり以前から閉鎖されていることを知った。しかしくじけなかったメンデレーエフは、自宅に戻って高校教師の道を捨て、サンクトペテルブルク大学の員外講師《プリヴァートドツェント》——講義をしてチップをもらう立場——の職に就いた。そしてやがて教授となった。

メンデレーエフが、化学者になるどころかそもそも教育を受けられたのは、ほかならぬ母親のおかげだった。メンデレーエフはシベリア西部の貧しい家庭に、一四人もしくは一七人兄弟（記述によって異なる）の末っ子として生まれた。学校の成績は悪かったが、間に合わせで科学の実験をおこなうことに夢中になった。母親は息子の才能を信じていて、夫が亡くなると、一五歳の息子が入れる大学を探して二人で旅に出た。

もっぱら荷馬車のヒッチハイクをして旅程は二三〇〇キロに及んだが、最終的にメンデレーエフは、亡き父親の古い友人が学長を務めるサンクトペテルブルクの中央師範学校の奨学生となった。だがまもなくして母親も亡くなった。それから三七年後、メンデレーエフは一篇の科学論文を母親の記憶に捧げ、母親の「聖なる」最期の言葉を引用した。「思い違いをしないで、言葉でなく自分のやったことにこだわりなさい。神聖な科学的真理を根気強く追い求めなさい」。かつての多くの偉大な科学者と同じく、メンデレーエフもこの言葉を心に刻んで生きていった。

ある意味、メンデレーエフは幸運なタイミングに生まれたといえる。偉大や発見や革新はほぼ例外なく、人間のひらめきと幸運な環境とが組み合わさって起こっている。アインシュタインの幸運は、現代的な電磁気理論が定式化されて間もないときに研究活動を始めたことであって、その理論が示す光の速度の一定性がアインシュタインの相対論の核となった。スティーヴ・ジョブズも幸いなことに、役に立つパソコンを開発できるレベルにまで技術が進歩した頃に経歴を歩み出した。一方、アルメニア系アメリカ人の発明家で実業家のルーサー・シミジャンは、数多くの特許を取得したが、もっとも優れたアイデアは一〇年ほど時代が早すぎた。一九六〇年に、バンコグラフという、いまで言う現金自動預け払い機（ATM）を考案したのだ。[28] ニューヨークのとある銀行に頼んで何台か設置してもらったが、人々はその機械が本当に預金を預かってくれるかどうか信用せず、機械を使ったのは窓口係と顔を合わせたくない売春婦や賭博師だけだった。それ

ドミトリ・メンデレーエフ

から一〇年後に時代が変わってATMは普及しはじめたが、それを設計したのは別の人物だった。

メンデレーエフはシミジャンと違って、当時の時代性を味方につけた。成人に達したちょうどその頃に、化学の発展の機が熟したのだ。一八六〇年代、元素はいくつかのグループに分類できるのではないかという考え方がヨーロッパ中に広がっていた。たとえば、一八四二年にスウェーデン人化学者のイェンス・ヤコブ・ベルセリウスが、フッ素、塩素、臭素をひとまとめにして「ハロゲン」と分類した。いずれもきわめて腐食性の高い気体だが、ナトリウムと結合すると塩《しお》に似た無害な結晶になる（たとえば食卓塩は塩化ナトリウムである）ため、同じグループに属しているように思える。また、ナトリウム、リチウム、カリウムといったアルカリ金属のあいだにも容易に類似性が見つかる。いずれも光沢があって柔らかく、反応性が高い。アルカリ金属は互いにきわめて似ているため、食卓塩のナトリウムをカリウムに置き換えても味は塩化ナトリウムとほとんど変わらず、塩の代替品として使われている。

カール・リンネによる生物の分類法にヒントを得た化学者は、元素どうしの関係性を説明する独自の包括的な分類体系の開発を目指した。しかし必ずしもすっきりとグループ分けできるわけではなかったし、グループどうしがどのような関係にあるかや、原子のどんな性質によってグループの類似性が生じているかもわからなかった。これらの問題にヨーロッパ中の思索家が関心を寄せた。ある製糖業者、というより製糖所専属の化学者でさえ参入してきた。しかし、答に通じる扉をノックした思索家は何人かいたものの、その扉を突き破ったのはメンデレーエフただ一人だった。

元素を分類するというアイデアが人々のあいだに広がっていたのなら、その分類に成功した人物は温かい祝福を受けたはずではあるが、必ずしもその人物がその分野で史上最高の天才の一人とみなされるとは限らない。しかしメンデレーエフはまさに史上最高の天才だった。メンデレーエフがボイルやドルトンやラヴォアジェといった巨人たちの仲間入りをできたのは、いったいなぜだろうか？

メンデレーエフが編み出した「周期表」は、鳥の野外観察図鑑のようなものではなく、ニュートンの法則の化学版、あるいは少なくとも、化学が望む神秘的な偉業にきわめて近いものだった。周期表は単に元素のグループを列挙した表ではなく、未知のものを含めあらゆる元素の性質を理解して予測できる、正真正銘の占い盤なのだ。

振り返ってみると、周期表という大発見をもたらした要因は、メンデレーエフがふさわしい時代にふさわしい疑問を考えたことと、彼の研究倫理観や情熱や頑固さ、そしてとてつもない自信だったといえる。しかし発見や革新、および多くの人の人生ではよくある話だが、メンデレーエフの知的才能と同じく重要だったのが、偶然、というより一見無関係なある境遇が、この大発見の舞台を整えたことである。この場合それは、メンデレーエフがたまたま化学の教科書を書こうと決心したことだった。

メンデレーエフが教科書を書こうと決めたのは、三二歳でサンクトペテルブルク大学の化学教授に任命されてからのちの、一八六六年のことだった。その一五〇年前にピョートル大帝によって建設されたサンクトペテルブルクは、ヨーロッパの学問の中心地としてようやく勃興しつつあった。サンクトペテルブルク大学はロシア随一の大学だったが、ロシアはヨーロッパのほかの国々より遅れており、ロシア語の化学の本に目を通していったメンデレーエフは、講義に使える最新のまともな本が一冊もないことに気づいた。そこで自分で書こうと決めたのだ。完成に何年もかかったその教科書は、主要なあらゆる言語に翻訳され、何十年ものあいださまざまな大学で使われることになる。逸話や推測や突飛な話が満載の型破りな教科書だった。執筆に心底没頭して、できる限り優れた本にしなければと考えたメンデレーエフは、のちに例の大発見へつながる問題に焦点を当てざるをえなかった。

その本を書くにあたってメンデレーエフが最初に直面した難題は、どのような構成の本にするかだった。そこでメンデレーエフは、元素と化合物を、性質によって決まるグループ、いわゆる族ごとに取り上げることにした。ハロゲンとアルカリ金属は比較的簡単だったが、次にどのグループについて書くかが問題となった。好きな順序にすればいいのか？　それとも何らかの構成原理が存在するのだろうか？

メンデレーエフはこの問題に必死で取り組み、化学の膨大な知識を深く掘り下げていって、グループどうしの関係性に関する手がかりを探した。そしてある土曜日、没頭しすぎて一睡もせずに朝を迎えたが、答は出なかった。しかし何かに取り憑かれたメンデレーエフは、紙の切れ端に、酸素や窒素やハロゲンなど合計一二種類の元素の名前を原子の重さ（原子量）の軽い順に書き出してみた。

すると突然、ある注目すべきパターンに気づいた。そのリストは、各グループでもっとも軽い元素である窒素、酸素、フッ素から始まって、次にそれぞれのグループで二番目に重い元素が続き、その先も同様に繰り返されていたのだ。つまりこのリストは、繰り返しの「周期的」パターンをなしていた。そのパターンに合わない元素は二種類だけだった。

メンデレーエフは発見したこのパターンがさらにはっきりと浮かび上がるよう、各グループの元素を横に並べ、その行を縦に積み重ねて表を作った（現在ではグループを縦に書く）。この表には本当に何か意味があるのだろうか？　一二種類の元素が本当に意味のあるパターンを作るとしたら、当時知られていた残り五一種類の元素もその枠組みに当てはまるのだろうか？

メンデレーエフは友人たちとよく、ペイシェンスというトランプゲームをしていた。トランプをある決まった順序に並べ替えるという遊びだ。のちにメンデレーエフは、その日作った一二種類の元素の表は並べたトランプにそっくりだったと振り返っている。そこでメンデレーエフは、既知のすべての元素の名前と原子量をカードに書き、「化学版ペイシェンス」をして表を作ることにした。カードを動かしては、意味のある並べ方を探したのだ。

この方法には深刻な問題があった。問題の一つとして、どのグループに属するかがはっきりしない元素がいくつかあった。性質がよくわかっていない元素もあった。さらに、何種類かの元素の原子量には異論があり、いまではわかっているとおり原子量が完全に間違っている元素もあった。おそらくもっとも深刻な問題は、未発見の元素が何種類かあったことで、そのせいでメンデレーエフの並べ方は一見したところうまくいかないように見えた。

このような問題のせいで困難な課題だったが、ほかにもっととらえがたい問題があった。当時、原子量がどんな化学的性質に反映されているのかまったくわかっていなかったため、原子量に基づく並べ方がうまくいくはずだと信じる理由は何一つなかったのだ。（今日では、原子量は原子核の中にある陽子と中性子の個数にほかならず、中性子による寄与は原子の化学的性質とは無関係であることがわかっている）。しかしここでメンデレーエフは頑固さを発揮し、自分のアイデアを追究する情熱を支えた。直観と信念のみに基づいて進みつづけたのだ。

メンデレーエフのこの取り組みは、科学研究のプロセスがパズルを解く営みであることを何よりも文字どおりに物語っている。しかしそれと同時に、パズルとの重要な違いも明らかにしている。メンデレーエフのパズルには店で買ったジグソーパズルと違って、はまらないピースが何個かあったのだ。科学だけでなくどんな革新でもときには、自分の方法が通用しないように思える問題を無視して、最終的にその回避法が見つかるか、そもそもその問題は無関係であると証明されるはずだと信じることが重要である。この場合メンデレーエフは、驚くほどの才能と飛び抜けた根気強さをもって、何個かのピースの形を変えたり完全に作り替えたりして表を完成させた。

後から振り返るのであれば、ここまでの説明のようにメンデレーエフの成し遂げたことを英雄的な視点でとらえるのは簡単だ。たとえ突拍子もなく聞こえるアイデアでも、うまくいけば英雄になれる。しかしその一方で、間違いだと証明された突飛なアイデアは時代を通じて数多くある。むしろ、うまくいったものよりもうまくいかなかったもののほうがはるかに多い。間違っていたアイデアはすぐに忘れられ、そのアイデアを信じていた人たちがつぎ込んだ歳月は最終的に無駄になる。そして支持していた人たちは、失敗した変人呼ばわりされる。しかし英雄になるにはリスクが伴うもので、正否は別として研究に関して真に英雄的と呼べるのは、我々科学者や革新者が背負うそのリスクそのものである。何時間も何日も、何か月も何年も集中して頭を働かせても、実りある結論や産物につながるかどうかはわからないのだ。

メンデレーエフも時間を費やした。そして、期待どおりに表に当てはまらない元素があっても、自分の方法が間違っていると受け止めることはなかった。一歩も譲らずに、その原子量を測定した人が間違っていたのだと結論づけた。そして大胆にもその測定値を消して、表に当てはまる値を書き込んだのだ。

さらに大胆不敵だったのは、表のところどころに、必要な性質を持つ元素が存在しない場所として空欄を残そうと判断したことだった。自分のアイデアを捨てたり、自分が考えた分類原理に手を加えようとしたりせずに、それらの空欄は未発見の元素を表しているのだという信念を崩さなかったのだ。さらにそれらの空欄の位置に基づいて、新元素の性質、すなわち原子量、物理的性質、ほかのどの元素と結合するか、どのような化合物を作るかまで予測した。

たとえばアルミニウムの次に一つ空欄があった。メンデレーエフはそこにエカアルミニウムという元素を書き込み、いずれ誰か化学者がエカアルミニウムを発見したら、それはとてもよく熱を伝える融点の低

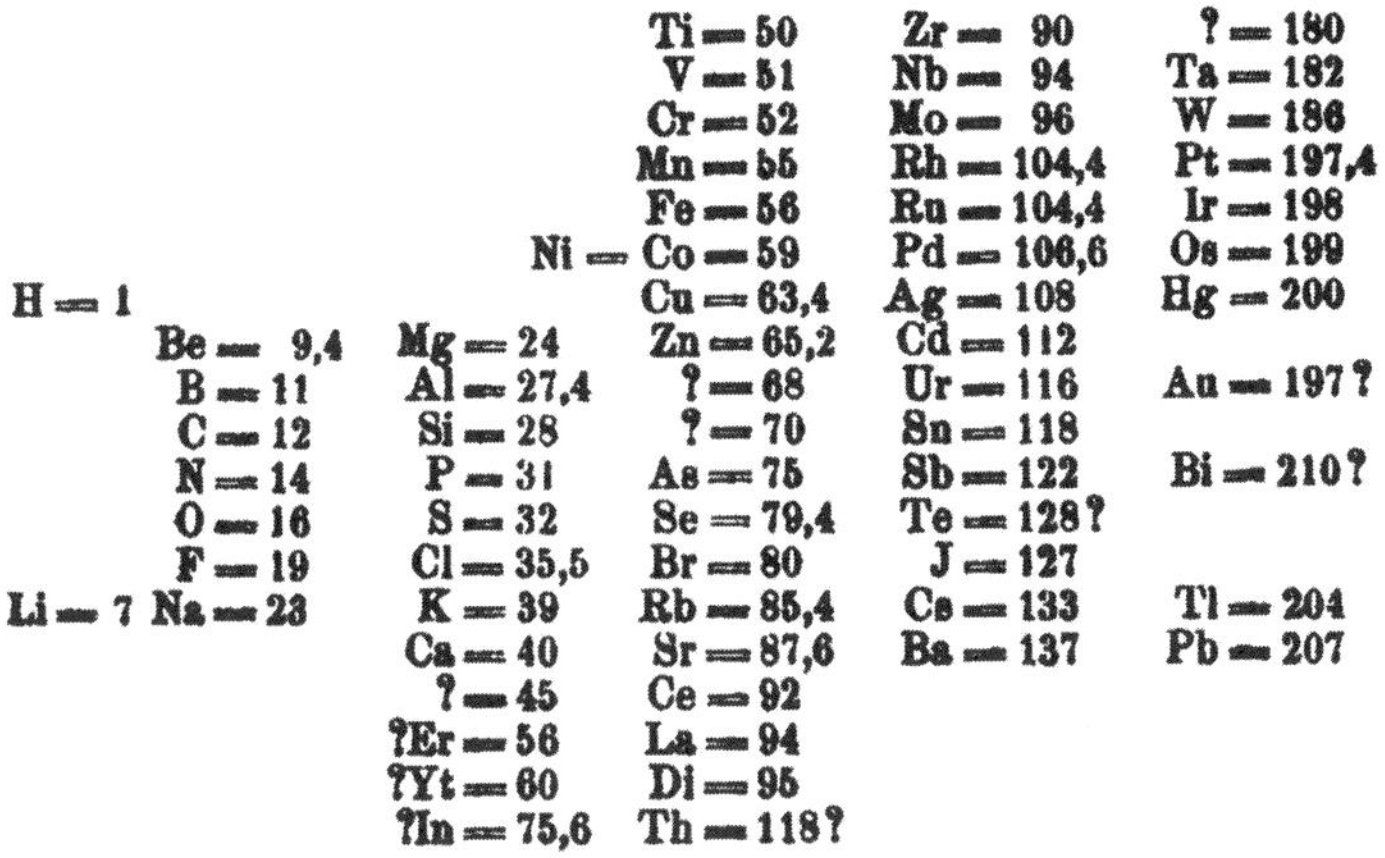

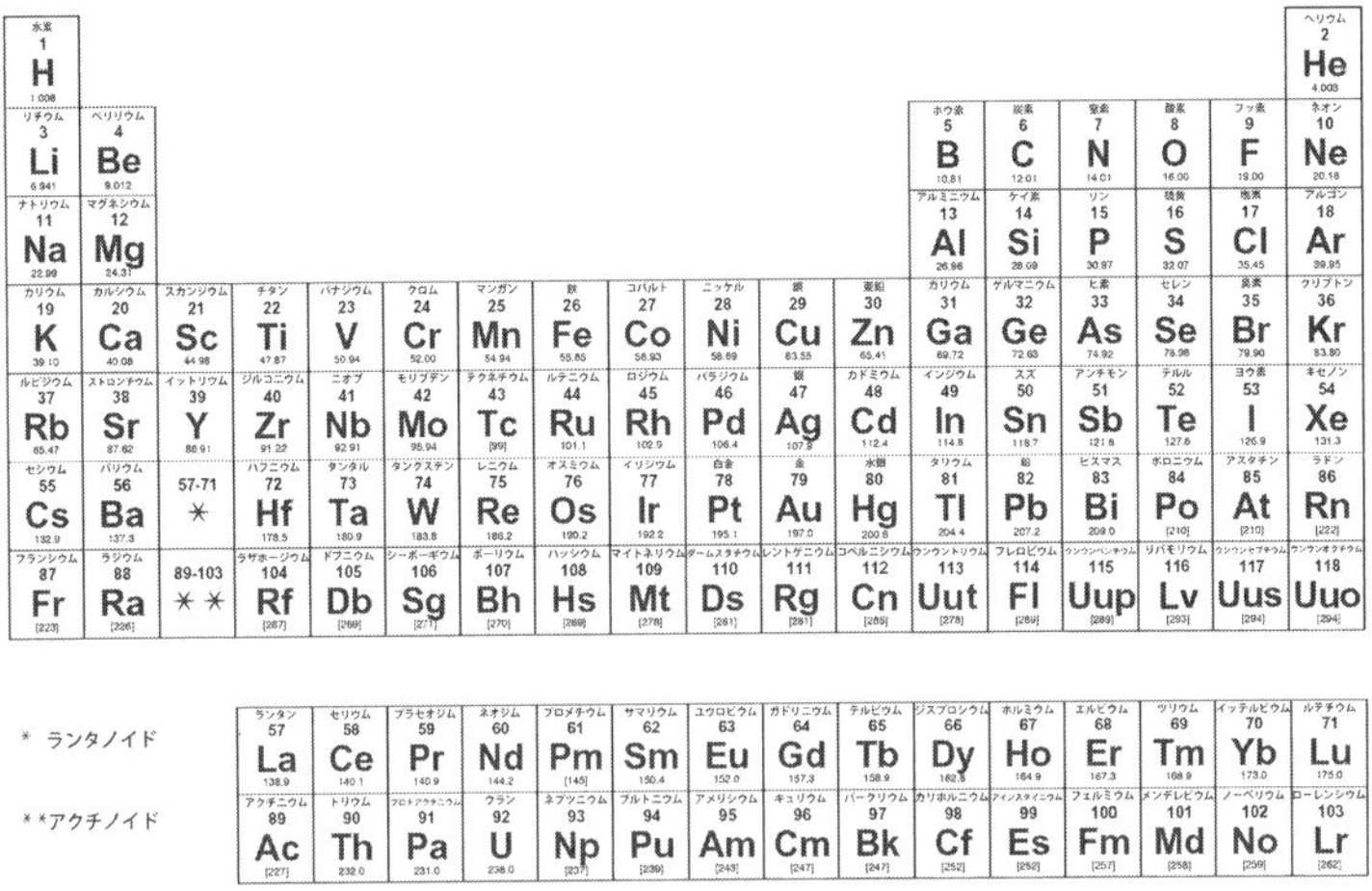

メンデレーエフによる初の周期表（1869）と現在の周期表

い光沢のある金属で、一立方センチあたりの質量は五・九グラムであるはずだと予測した。それから数年後に、ポール＝エミール・ルコック・ド・ボアボードランという名のフランス人化学者が、鉱石の中からその性質に当てはまる元素を発見した。しかし、その質量は一立方センチあたり四・七グラムだった。メンデレーエフはすぐにルコックに手紙で、サンプルに不純物が含まれているに違いないと伝えた。そこでルコックは、厳密に精製した新たなサンプルを使って解析をやり直した。するとメンデレーエフの予測どおり、その質量は一立方センチあたり五・九グラムだった。ルコックはその元素を、フランスのラテン語名ガリアにちなんでガリウムと命名した。

一八六九年にメンデレーエフはその元素周期表を、最初はロシアの無名な学術雑誌で、続いてドイツの評判の高い雑誌で、『元素の諸性質と原子量との関係について（Соотношение свойств с атомным весом элементов）』というタイトルで発表した。[29] その表には、ガリウムに加えて未発見の元素のための空欄がいくつか含まれており、今日ではそれらの元素はスカンジウム、ゲルマニウム、テクネチウムと呼ばれている。テクネチウムは放射性でしかもきわめて稀少なため、メンデレーエフが世を去ってから三〇年ほど経った一九三七年に、粒子加速器の一種であるサイクロトロンで合成されてようやく発見された。

史上初のノーベル化学賞は、メンデレーエフが亡くなる六年前の一九〇一年に授与された。メンデレーエフがノーベル賞を受賞しなかったのは、賞の歴史上もっとも重大な過ちの一つである。メンデレーエフの元素周期表は、現代化学の中核をなす組織原理、物質の科学の勝利を可能にした発見、そして、死体防腐処理師や錬金術師の実験室で始まった二〇〇〇年に及ぶ取り組みの到達点だったのだから。

しかし最終的にメンデレーエフは、もっと選ばれしグループの一員となった。一九五五年、カリフォルニア大学バークレー校の科学者がやはりサイクロトロンを使ってある新元素の原子を一〇個あまり合成し、一九六三年にメンデレーエフの大きな偉業を讃えてその元素をメンデレビウムと命名した。これまでにノーベル賞受賞者は八〇〇人を超えるが、元素に名前がつけられた科学者は一六人しかいない。メンデレーエフはその一人として、自らの周期表の中で、アインスタイニウムやコペルニシウムに近い一〇一番元素という独自の場所を与えられているのだ。

第9章　生命の世界

目に見えない生物の世界

古代から学者たちは、物質は基本的な構成部品からできていると推測していたが、生きているものもそうであると推測する者は一人もいなかった。そのため、以前にも登場したロバート・フックが一六六四年に、小型ナイフを「かみそりと同じくらいまで鋭く」研いでコルク片から一枚の薄片を削ぎ取り、自作の顕微鏡でそれを見て、のちに自身が「細胞《セル》」と名づけることになるものを人類としてはじめて目にしたときには、かなりの驚きを感じたに違いない。[1] フックがこの名前を選んだのは、修道院で修道士たちに割当てられる小さな寝室、すなわち独居房《セル》を連想させたからだった。

細胞は生物にとっての原子であると考えることができるが、原子よりはるかに複雑で、しかも最初に気づいた人にとってはますます衝撃的だったことに、それ自体が生きている。細胞は、エネルギーと原料を消費して多様な生成物を作る活発な生きた工場であり、その生成物の大部分を占めるたんぱく質は、ほぼあらゆる重要な生命活動を担っている。細胞が機能を発揮するには大量の知識が必要なため、細胞は脳こそ持っていないが物事を「知っている」。成長して活動するのに必要なたんぱく質などの物質の作り方も知っているし、おそらくもっとも重要なこととして、増殖する方法も知っている。

細胞が作り出すものの中でもっとも重要なのは、自分自身のコピーである。その能力のおかげで我々人間は、一個の細胞からスタートし、四十数回の細胞分裂を経て、最終的に約三〇兆個の細胞から作られる身体になる。その数は天の川銀河に存在する恒星の一〇〇倍だ。[2] 細胞の活動が合わさり、考える力のない存在が無数に相互作用することで、全体として我々人間ができあがっているというのは、まさに驚異である。それと同じくらい驚きなのが、まるでプログラマーが望まないのに自分自身のことを分析してしまうコンピュータのように、我々がそのしくみを解明できることだ。それが生物学の奇跡である。

その奇跡をますます印象深く見せているのは、生物の世界の大部分が我々には見えないことだ。それは、細胞が小さいことと、生命が驚くほど多様なことによる。細菌などの生物を除いて、核を持った細胞からなる生物だけを数えると、地球上にはおよそ一〇〇〇万種の生物がいて、そのうち発見され分類されているのはわずか一%ほどだと見積もられている。[3] アリだけでも二万二〇〇〇種以上いて、地球上には人間一人あたり一〇〇万匹から一〇〇〇万匹のアリが棲んでいる。

裏庭にいるさまざまな昆虫には誰しも見慣れているが、スコップ一杯の肥えた土の中には、数百匹から数千匹の無脊椎動物、数千匹の微小な線形動物、そして数万種の細菌と、数えきれないほどの種類の生物が含まれている。地球上には至るところに生物が存在しているため、我々は食べたくないような生物を絶えず飲み込んでいる。昆虫のかけらが一つも入っていないピーナッツバターを買おうとしても無理だ。政府も、昆虫がまったく入っていないピーナッツバターを生産するのは現実的でないと認めていて、規制では三一グラムあたり昆虫のかけらが最大一〇個まで入っていても許される。[4] 一盛りのブロッコリーには六〇匹のアブラムシやダニが含まれているし、シナモン粉末一瓶には四〇〇個の昆虫のかけらが含まれている。[5]

いずれも食欲をそそるものではないが、我々自身の身体にもほかの生物が棲んでいて、一人一人が一つの生態系を作っていることを覚えておくといい。たとえば、前腕の表面には四四属（種《しゅ》の一つ上の区分）の微生物が、腸の中には一六〇種以上の細菌が棲んでいる。[6] 足の指のあいだには？　四〇種の真菌類が棲んでいる。あえて足し合わせてみると、我々の身体にはヒトの細胞よりも微生物の細胞のほうがはるかに数多く存在しているのだ。

　ヒトの身体の各部位はそれぞれ異なる生息環境になっていて、あなたの腸の中や足の指のあいだに棲んでいる生物は、あなたの前腕の表面に棲んでいる生物よりも、私の身体の同じ部位に棲んでいる生物のほうと、より多く共通している。ノースカロライナ州立大学には「へその生物多様性プロジェクト」という研究拠点まであり、その暗く孤立した領域に存在している生物を研究している。皮膚の表面には忌まわしいダニも棲んでいる。それらはマダニやクモやサソリに近縁で、体長は三分の一ミリ足らず、顔の表面にある毛嚢やそれにつながる皮脂腺の中に棲んでいて、おもに鼻やまつげや眉毛の近くであなたのおいしい細胞の中身を吸っている。しかし心配しないでほしい。ふつうは何ら病気を引き起こすことはないし、あなたがもし楽天的な人なら、自分は成人のうちダニがいない半数に含まれていると思っていてほしい。

　生命の複雑さとその大きさや形や生息環境の多様性、そして、我々は自分たちが「単なる」物理法則の産物だとは考えたがらないことを踏まえると、生物学が物理学や化学に比べて科学としての進歩が遅かったのは驚くことではない。生物学が進歩するには、ほかの科学と同じく、我々は特別な存在であって神または魔法がこの世界を支配しているのだという、人間特有の自然な考え方を克服しなければならなかった。そしてほかの科学と同じく、それは、神を中心としたカトリック教会の教義や、人間を中心とするアリストテレスの理論を克服することを意味していた。

アリストテレスは生物学を熱心に研究していて、現存している文書の四分の一近くは生物学に関するものである。[7] アリストテレスの物理学は地球を宇宙の物理的中心に据えるものだったが、その生物学はもっと身近に、人間、とくに男性を賛美するものだった。

アリストテレスは、すべての生物は神の知性によって設計されており、非生物と違って、死ぬと身体から離れる、または消える特別な真髄を持っていると考えた。そして、生命の設計図の頂点に位置するのが人間であると論じた。アリストテレスはこの点を強烈に主張するあまり、生物の特徴の中で人間と異なるものを奇形とさえ表現した。同様に人間の女性は、奇形の、または傷んだ男性とみなした。

このような伝統的だが間違った考え方が衰退することによって、現代的な生物学が誕生する舞台が整った。伝統的な考え方に勝利した初期の重要な成果の一つが、生物は塵のような非生物から発生するという、自然発生と呼ばれるアリストテレス生物学の原理が否定されたことである。それと同じ頃、顕微鏡という新技術によって、単純な生物も我々と同じく器官を持っていて、我々もほかの動植物と同じく細胞からできていることが証明され、古い考え方に対して疑問が投げかけられた。しかし生物学が科学として本当に成熟を始めるには、その中心的な組織原理の発見まで待たなければならなかった。

物体の相互作用を対象とする物理学には運動の法則があり、元素や化合物の相互作用を対象とする化学には周期表がある。生物学は生物種の機能や相互作用を対象としており、それを解明するには、なぜそれぞれの生物種がこのような特徴を持っているのかを理解しなければならなかった。つまり、「神がそのように作ったからだ」という以外の説明が必要だった。最終的にその理解は、自然選択に基づくダーウィンの進化論によってもたらされる。

レディによる自然発生説の否定

生物学が誕生するよりかなり以前から、生物を観察する人たちはいた。農民や漁師、医師や哲学者はみな、海や田舎に棲む生物について学んだ。しかし生物学は、植物の目録や鳥の野外観察図鑑の詳しい記述だけに留まらない。科学とは、じっと座って世界を記述するだけでなく、飛び上がってアイデアを叫び、我々が見たものを説明してくれるものだ。しかし、説明するのは記述するより難しい。そのため科学的方法が生まれる以前の生物学は、ほかの科学と同じく、理にかなってはいるが間違った説明や考え方に満ちていた。

古代エジプトのカエルについて考えてみよう。毎年春、ナイル川が周辺の土地を水浸しにして養分豊富な泥を残していくと、すぐに農民が汗水流して国じゅうに食糧を供給していた。そのぬかるんだ土壌は、乾いた土地には存在しないもう一つの生産物ももたらしていた。カエルである。その騒々しい生き物はあまりにも突然大量に姿を現したため、泥そのものから生まれたように見えた。そして古代エジプト人は、カエルはまさにそのようにして誕生するのだと信じていた。

このエジプト人の説は、いいかげんな推理から生まれたわけではない。歴史のほとんどを通じて、根気強い観察者はみなこれと同じ結論に達したのだ。肉屋は、ウジは肉から「現れる」のだと気づき、農民は、ネズミは小麦を入れた容器の中から「現れる」ことに気づいた。一七世紀にはヤン・バプティスタ・ファン・ヘルモントという名前の化学者が、身の回りの物質からネズミを作る方法まで示している。小麦を数グラム壺に入れ、そこに汚れた下着を加えて二一日間待つというのだ。この方法はしばしばうまくいったと伝えられている。

このファン・ヘルモントの調合法の根底には、生きていない物質からひとりでに単純な生物が発生するという、自然発生説と呼ばれる理論があった。古代エジプトの時代、もしかしたらそれ以前から、すべての生物の体内には何らかの生命の力やエネルギーが存在していると信じられていた。[8]時代が下るとともに、このような考え方に基づいて、生命のエネルギーをどうにかして生きていない物質に吹き込めば、新たな生命を作ることができると信じられるようになった。そしてその信念がアリストテレスの一貫した理論と組み合わさって、特別な権威を帯びるようになった。しかし、一七世紀の重要な観察や実験によってアリストテレスの物理学が終焉を迎えたのと同様に、同じ世紀の科学の発展によって、生物学に関するアリストテレスの考え方もようやく強力な攻撃にさらされた。もっとも深刻な挑戦状を叩きつけたのが、一六六八年にイタリア人医師のフランチェスコ・レディがおこなった自然発生説の検証実験である。それは生物学にとってはじめての真に科学的な実験の一つとなった。

　レディの方法は単純である。広口瓶をいくつか調達し、その中にヘビの生肉や魚や子牛肉を入れる。うち何本かの瓶は蓋をせずに放置し、残りの瓶はガーゼのような布、または紙で蓋をする。レディは、もし本当に自然発生が起こるのなら、三種類の瓶のいずれでも肉にハエやウジが現れるはずだと考えた。しかしもしレディがにらんだとおり、ウジはハエの産んだ目に見えない小さな卵から生まれるのだとしたら、蓋をしていない瓶の肉にはウジが現れるが、紙で蓋をした瓶の中には現れないはずだ。また、三本目の瓶を覆っているガーゼは、腹を空かせたハエが肉に一番近づける場所なので、その上にもウジが現れるだろうとレディは予測した。そして実際にそのとおりになった。

　レディのこの実験は、賛否両論をもって受け止められた。一部の人にとっては、自然発生説を否定しているように思われた。ほかの人は、無視するか、またはあら探しをする道を選んだ。おそらく多くの人は、従来の考え方を信じたがって後者を選んだ。そもそもこの問題には神学的な意味合いがあって、自然発生は生命創造という神の役割の名残だと感じている人もいた。しかし、科学的にもレディの結論に対して疑念を呈する理由があった。たとえば、対象とした生物以外にこの実験結果の有効性を当てはめるのは間違っているかもしれない。レディが証明したのは、ハエには自然発生説が当てはまらないということにすぎないのかもしれない。

　レディ自身は感心にも広い心を持ちつづけた。自然発生が起こっているのではないかと疑われるケースさえ見つけたのだ。結局この問題はそれから二〇〇年ほど議論されつづけ、一九世紀後半にルイ・パスツールが入念な実験によって、微生物でさえ自然発生はしないと証明したことで、最終的に決着がついた。それでもレディの研究は、決定的ではなかったものの見事だった。とりわけ、誰にでもできたはずなのに誰もやろうとしなかったことを考えると、その見事さがますます際立ってくる。

　偉大な科学者は並外れた知性を持っていると見られることが多く、社会、とくにビジネスの世界では、他人にうまく溶け込めない人は避けられがちだ。しかし他人が気づかないことを見抜けるのは、そういう人たちにほかならない。レディは二面性を持った人物で、科学者であると同時に迷信を信じるたちで、病気を防げるからと身体に油を塗っていた。また医師で博物学者であると同時に、詩人としてトスカーナ産のワインを讃える傑作を詠んだ。自然発生説に関して既成概念にとらわれずに考えることができた変人は、レディをおいてほかにおらず、科学的推論が当たり前になる以前の時代に、レディは科学者として推論して行動した。そうして、根拠のない理論に疑問を投げかけるだけでなく、アリストテレスの急所を突き、生物学の疑問に答えるための新たな方法論を明確に指し示したのだ。

ロバート・フックとアントニ・レーウェンフックの顕微鏡

レディの実験のきっかけとなったのは、その少し前におこなわれた顕微鏡観察によって、小さな生物でさえきわめて複雑で生殖器まで持っていると明らかになったことだった。というのも、アリストテレスは自然発生説の根拠の一つとして、「下等動物」は単純すぎて繁殖できないと考えていたからだった。

実は顕微鏡はそれより何十年か前、望遠鏡と同じ頃に発明されていたが、正確にいつ誰によって発明されたかはわかっていない。ただし、はじめの頃は顕微鏡と望遠鏡の両方に *perspicillum* という同じラテン語の単語が使われており、またガリレオが自作の望遠鏡を使ってミクロの世界と地球外の世界の両方を観察していたことはわかっている。ガリレオは一六〇九年にある来客に、「この管を使ってハエを子羊のような大きさで観察した」と語っている。[9]

顕微鏡は、古代人には想像もできず、理論でも説明できなかった自然界の細部を暴き出した。そして望遠鏡と同じように、この分野に関して学者たちの心を以前とは違う考え方へ導き、のちにダーウィンをもって最高潮に達する学問の進歩の道筋をつくった。しかし望遠鏡と同じく顕微鏡も、当初は激しい反発に遭った。中世の学者は「光学的幻影」を警戒し、自分と観察対象とのあいだに挟まるどんな道具も信用していなかった。望遠鏡はガリレオという味方をつけ、ガリレオは批判をものともせずにすぐにその道具を使ったが、顕微鏡の味方が成功を収めるまでには五〇年もかかった。

最大の味方の一人が、王立協会の指示のもとで顕微鏡を用いた研究をおこない、化学や物理学と同じく生物学の基礎作りに寄与したロバート・フックだった。[10] 一六六三年に王立協会はフックに、会合のたびに新たな観察結果を一つ以上発表するよう命じた。フックは目の病気のせいで長時間レンズをのぞき込むのが苦痛だったが、その命令に応じて、自ら設計した改良型の道具を使って並外れた観察を次々におこなった。

　一六六五年、三〇歳のフックは『顕微鏡図譜（*Micrographia*）』というタイトルの本を出版した。この本はいくつもの分野におけるフックの研究結果や考え方を単に寄せ集めたものだったが、フック本人が描いた五七枚の驚愕の図版を通じて新しい奇妙なミクロの世界を明らかにしたことで大評判になった。折り込みページに描かれたものも含め、ページいっぱいに拡大されたそれらの図版は、ノミの解剖学的特徴やシラミの身体、ハエの目やハチの針を、はじめて人間の知覚のもとにさらした。単純な動物でさえ人間と同様に身体の各部位や器官を持っていたことは、拡大された昆虫を一度も見たことのない人々にとって衝撃的な新事実だっただけではない。ガリレオが月には地球と同じように山や谷があることを発見したのと同じく、それはアリストテレスの教義と真っ向から矛盾する事実だったのだ。

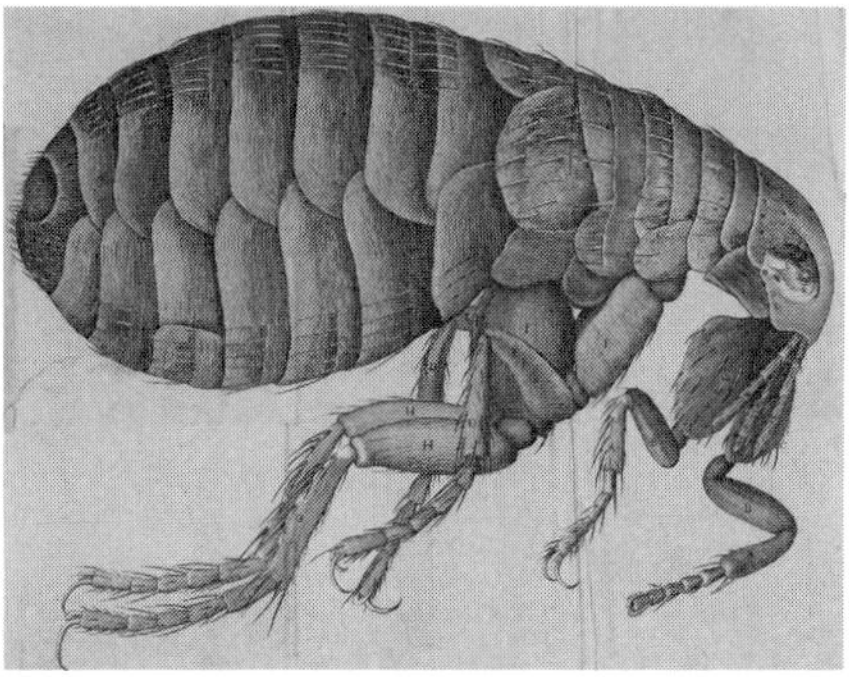
フックによる「顕微鏡図譜」の１枚

　『顕微鏡図譜』が出版された年、ロンドン市民の七人に一人が命を落とした大疫病の流行がピークに達した。翌年、ロンドンは大火に呑み込まれた。しかしそのような混乱と苦しみをよそに、フックの本は人々に読まれてベストセラーとなった。日記で有名な海軍行政官でのちに国会議員となるサミュエル・ピープスは、この本に夢中になりすぎて午前二時まで読みふけり、「生まれてこのかた読んだ中でもっとも独創的な本だ」と評した[11]。
　フックは新たな世代の学者たちを興奮させたが、それと同時に、ときに奇怪なその図版を容易には受け入れられない人たちは、自分たちが信用していない道具を使って観察がおこなわれたことを根拠にフックを嘲笑した。中でももっともひどい話として、イギリス人劇作家トーマス・シャドウェルが書いた現代科学の風刺劇を観劇していたフックは、目の前の舞台上で茶化されている実験の大部分が自分の実験であることに気づいて自尊心を傷つけられた。[12] その劇はフック渾身の著作を題材に書かれていたのだ。

フックの主張に疑念を抱かなかった一人が、アントニ・ファン・レーウェンフック（一六三二—一七二三）という名前のアマチュア科学者である。[13] レーウェンフックはオランダのデルフトで生まれ、父親は、デルフトの有名な青と白の陶器を世界中に輸送するための梱包用の籠を作っていた。母親は、やはりデルフト特産のビールを造る一家の出だった。アントニは一六歳で衣服商の会計簿記係の仕事に就き、一六五四年に布地やリボンやボタンを売る店を開いた。そしてすぐに、それとは関係のないもう一つの職業にも就いた。デルフト市議会議事堂の会計係である。

レーウェンフックは大学にも通わなかったし、科学の言語であるラテン語も知らなかった。また九〇歳を超えて長生きしたが、オランダを離れたのは、ベルギーのアントワープへ一度とイングランドへ一度の二回だけだった。しかしレーウェンフックはさまざまな本を読み、中でも心動かされた一冊がフックのベストセラーだった。その本がレーウェンフックの人生を変えたのだ。

『顕微鏡図譜』のはしがきには、単純な顕微鏡の作り方が紹介されていた。織物商人のレーウェンフックは、リネンの見本の検査に使うレンズを研磨した経験が多少はあっただろう。しかし『顕微鏡図譜』を読むと狂ったようにレンズ作りを始め、新たな顕微鏡の製作とそれを使った観察に何時間も没頭するようになる。

最初のうちは単にフックの実験を繰り返すだけだったが、すぐにそれを凌いでいった。フックの顕微鏡も当時としては技術的に優れていて、王立協会はその二〇から五〇倍という倍率に驚愕していた。そのため、一六七三年に王立協会書記のヘンリー・オルデンバーグのもとに、オランダのある無学な役人兼織物業者が「これまでよりはるかに優れた顕微鏡を作った」ことを伝える手紙が届くと、間違いなく驚きが広がったに違いない。[14] 四一歳のレーウェンフックは、フックが実現したものの一〇倍の倍率を達成しようとしていたのだ。

レーウェンフックの顕微鏡をこれほど高倍率にできたのは、優れた職人技のおかげであって、設計の巧妙さによるものではなかった。むしろ単純な道具で、ガラスのかけらか砂粒で磨き出した一枚のレンズを、自身で鉱石から抽出した金や銀で作ったプレートに固定しただけの代物だった。試料を正しい位置に合わせるのがレンズ製作と同じくらい難しかったらしく、試料は一つ一つ半永久的に固定され、観察のたびに新たな顕微鏡が作製された。理由はどうあれ、レーウェンフックはニュートンと同じく「他人からの反論や酷評」を避けるために、誰にも顕微鏡を覗かせず、手法もほとんど極秘にした。長い人生のあいだに五〇〇枚以上のレンズを作ったが、その作り方はいまだによくわかっていない。

レーウェンフックの偉業の噂が伝わってきた頃、イングランドは英蘭戦争でオランダ海軍と砲撃戦を繰り広げていたが、レーウェンフックの母国と戦っているからといってオルデンバーグが二の足を踏むことはなかった。レーウェンフックに発見した事柄を報告するよう勧め、レーウェンフックもそれに応じたのだ。最初の手紙ではかの有名な王立協会に注目されたことに恐縮し、自分の研究には不十分な点が見られるかもしれないとして、あらかじめ次のように詫びている。「これは、誰の手助けも借りずに私自身の衝動と好奇心から導かれた結果です。というのも、私の町にはこの学問を実践する哲学者が私のほかには一人もいないからです。そこで、私の文章の拙さと、私がとりとめのない見解を勝手に書き連ねていることに、気を悪くなさらないようお願い申し上げます」[15]

レーウェンフックのその「見解」とは、フックよりもさらに大きな発見にほかならなかった。フックは小さな昆虫の身体の各部位を詳しく観察したが、それに対してレーウェンフックは、小さすぎて肉眼では見えないようなあらゆる生物、すなわち、それまで誰も存在するなどとは思っていなかった、肉眼で見える最小の動物の一〇〇〇分の一ないし一万分の一ものサイズの生物からなる集合体を目撃したのだ。レーウェンフックはそれを「極微動物」と名づけた。今日では微生物と呼ばれているものだ。

ガリレオは月の地形を眺めたり土星の環を垣間見たりすることに喜びを感じたが、レーウェンフックも同じように、自作のレンズを通して小さい奇妙な生物の新世界を観察することを楽しんだ。ある手紙には、一滴の水の中に広がる世界について次のように書いている。「いま、小さいウナギか蠕虫《ぜんちゅう》が身を寄せ合って身体をくねらせているのがはっきりと見えた。……水中全体が種々雑多な極微動物で活気づいているようだ。……私としては、その何千という生き物がすべて小さな水滴の中で生きている様子よりも愉快な光景は、いままで見たことがないと言うしかない」[16]

しかしレーウェンフックは、その世界全体を神の視点から俯瞰した光景を報告する一方で、別の報告では、一匹一匹の生物を拡大していくつもの新種をきわめて詳細に記述してもいる。たとえばある生物については次のように記録している。「絶えず動く二本の小さい角が［丸い身体から］馬の耳のように突き出していて、……尻のほうまで伸びており、その尻の先端には一本の尾が生えている」[17]。レーウェンフックは五〇年以上にわたって、王立協会の会合には一度も出席しなかったものの何百通もの手紙を送っていて、その大部分はいまでも保管されている。それらの手紙はオルデンバーグによって編集されて英語またはラテン語に翻訳され、王立協会から出版された。

レーウェンフックの研究は大騒動を巻き起こした。池の水一滴一滴に生き物の宇宙が丸ごと存在し、いくつものグループの生物が我々の五感の及ぶ範囲から完全に身を隠していることを知って、世界中の人々は度肝を抜かれた。さらにレーウェンフックは、自作の顕微鏡を精子や毛細血管などヒトの組織に向け、我々自身の構造と、それがほかの生物といかに共通していてありふれたものであるかを暴き出した。

フックと同じくレーウェンフックのことも、すべてでっち上げだと疑う人たちがいた。その対抗策としてレーウェンフックは、尊敬を集める目撃者や公証人、さらにはデルフトの教会の司祭による署名つきの証明書を用意した。大部分の科学者はレーウェンフックの言葉を信じたし、フックもレーウェンフックの研究結果をいくつか再現した。噂が広まるにつれ、レーウェンフックの店にはあらゆるところから人が訪れて、ちっぽけな獣を見せてくれるよう頼むようになった。王立協会の創設者で後援者のチャールズ二世はフックに、再現したレーウェンフックの実験を見せてくれるよう頼んだし、ロシアのピョートル大帝はレーウェンフック本人のもとを訪ねた。織物店を営む人間にとってはなかなかの扱いだ。

一六八〇年にレーウェンフックは会合不参加のまま王立協会の正会員に選出され、それからおよそ四〇年間、九一歳で世を去るまで研究を続けた。レーウェンフックに匹敵する微生物ハンターが舞台に登場するのは、それから一五〇年後のことである。

死の床についたレーウェンフックが最後におこなったのは、二通の手紙をラテン語に翻訳して王立協会に送ってくれるよう友人に頼むことだった。また贈り物も用意していた。それは黒と金色の戸棚にぎっしり並んだ最高のできの顕微鏡の数々で、そのうちのいくつかは誰にも見せたことのない代物だった。今日無傷で残っているのは数えるほどで、二〇〇九年にはうち一台がオークションで三一万二〇〇〇ポンドで競り落とされた。[18]

レーウェンフックはその長い人生の中で、微生物学、発生学、昆虫学、組織学など、のちに生物学へと発展するさまざまな分野の誕生に寄与した。二〇世紀のある生物学者は、レーウェンフックの手紙の数々を「科学の学会が受け取った史上もっとも重要な文通」と呼んでいる。[19] それと同じく重要なこととしてレーウェンフックは、物理学におけるガリレオや化学におけるラヴォアジェのように、生物学という分野の科学的伝統を確立した。デルフトの新エルサレム教会の司祭は、一七二三年、王立協会にレーウェンフックの死について知らせる手紙の中で次のように書いている。「アントニ・ファン・レーウェンフックは、五感の証拠に裏づけられた実験的手法を用いて探究することによって、自然哲学における真実はもっとも実り多いものになるのだと考えていた。そのため彼は、たゆみない勤勉な作業によって自らの手できわめて優れたレンズを何枚も作製し、それを使って、いまや哲学の世界全体で有名となっている自然の多くの秘密を発見した[20]」

ダーウィンが変えた生物学

フックとレーウェンフックがいわば生物学のガリレオだとしたら、ニュートンに相当するのはチャールズ・ダーウィン（一八〇九―一八八二）である。[21] それにふさわしいことにダーウィンは、ウエストミンスター寺院のニュートンの墓からわずか数メートルの場所に葬られ、その棺を担ぐ人たちの中には、公爵が二人と伯爵が一人、および王立協会の元、現、そして未来の会長も含まれていた。ダーウィンが大修道院に埋葬されたというのは辻褄の合わない話だと思う人もいるかもしれないが、カーライル主教はダーウィン追悼の説教の中で次のように語っている。「自然の知識と神の信仰とはどうしても対立するものだ、というばかげた考え方が影響力を帯びて世間に広まるような出来事が起こったとしたら、それは不幸なことだったと言えよう」[22]。自らの主要な科学的成果が、最初はほぼ聞き流され、その後はかなりの悪意と疑念を持って受け取られた人物にとって、華々しい最期を飾る葬儀だった。

当初まったく興味を持たなかった一人が、ダーウィンの著作を出版した当人のジョン・マレーである。ダーウィンが自説を詳述した本の出版にマレーは同意したが、初版はわずか一二五〇部しか刷らなかった。慎重になるのにはれっきとした理由があった。出版前に読んだ人たちの反応が冷ややかだったからだ。ある評者は、「著者の説が不完全でかなり不十分にしか解説されていない」として、マレーに出版しないよう勧めた。そしてダーウィンには、代わりに鳩に関する本を書いて、その本の中で自説を短く紹介するよう提案した。「鳩には誰でも興味を持つから、すぐにどんな家のテーブルの上にも置かれるようになる」というのだ[23]。ダーウィンはこの忠告を伝え聞いたが、耳を貸さなかった。売れるという自信があったからではない。「人々がどう思うかなんてわかるものか」と言ってのけたのだ[24]。

心配する必要などなかった。著書『種の起源（自然選択の手段による、すなわち生きるための戦いにおける好ましい種族の維持による、種の起源について、*On the Origin of Species by Means of Natural Selection; or, the Preservation of Favoured Races in the Struggle for Life*）』は、いわば生物学における『プリンキピア』となる。一八五九年一一月二四日に出版された一二五〇部はすぐに書店のあいだで取り合いとなり、それ以来版を重ねつづけている（しかし言い伝えと違って出版当日に売り切れたわけではない）。二〇年を費やして情熱と忍耐で自説の証拠を集めつづけてきた人物にとっては、その努力を裏づける納得の結果だった。あまりに途方もない取り組みだったため、その数多い副産物の一つであるツルアシ類〔フジツボを含む節足動物の一グループ〕に関する専門書だけでも、全六八四ページにも及ぶ。

ダーウィンの先人たちも、細菌から哺乳類に至るまでさまざまな生物に関して数多くの詳細を明らかにしてきたが、生物種がどのようにしてそれぞれの特徴を持つようになったのかというもっと根本的な疑問に関しては、何も手がかりが得られなかった。ニュートン以前の物理学者や周期表以前の化学者と同じく、ダーウィン以前の生物学者は、データは集めたもののそれをどのようにして組み合わせればいいかはわからなかった。というのも、ダーウィン以前の未熟な生物学は、それぞれの生物の起源や相互関係は科学の対象外であるという信念に縛られていたからだ。その信念は、地球とすべての生物は六日間で作られ、その後は生物種は変化していないとする聖書の創世記を、文字どおりに受け取ったところから生まれたものだった。

それまでも、生物種が進化するというアイデアについてじっくり考えた思索家がいなかったわけではない。ギリシャ時代にさかのぼってもそのような思索家はいたし、ダーウィン自身の祖父エラズマス・ダーウィンもそうだった。しかしダーウィン以前の進化論は漠然としていて、科学的というよりも、のちにそれに取って代わられることとなる宗教的教義に近いものだった。そのため、ダーウィンより以前から進化の考え方について語られてはいたものの、科学者を含めほとんどの人は、人間はより原始的な生物種のピラミッドの頂点に立っていて、生物の特徴は変わるものではなく、我々にはうかがい知れない考えを持った創造主によってデザインされたのだという考え方を受け入れていた。

ダーウィンはそんな状況を変えた。ダーウィン以前に進化に関する数々の思索が林立していたとしたら、ダーウィンの説は、その木々から頭抜《ずぬ》けてそびえる入念な科学の堂々たる手本といえる。なぜなら、ダーウィンは先人たちの数百倍もの主張や証拠を示しているからだ。さらに重要な点として、ダーウィンは進化のメカニズムである自然選択を発見して、進化論を検証可能で科学的に尊重すべきものに変え、生物学を神に頼った状態から解放して、物理学や化学のように物理法則に根ざした真の科学となることを可能にした。

ビーグル号の航海

一八〇九年二月一二日にイングランドのシュルーズベリーの自宅で生まれたチャールズは、町医者のロバート・ダーウィンと、有名な陶磁器メーカーを創業した人物を父親に持つスザンナ・ウェッジウッドとのあいだにできた息子だった。ダーウィン家は裕福な名家だったが、チャールズは成績が悪くて学校嫌いだった。のちに本人が書いているところによれば、記憶力が悪くて暗記ができず、「特別な才能もなかった」という。しかしそれは謙遜しすぎというもので、自分でも気づいていたとおり、「事実とその意味するところに強い興味があり、一つの問題に長時間ぶっ通しでこつこつ取り組むことにその精神力が表れていた」[25]。この二つの特徴は科学者や革新者にとって間違いなく特別な才能で、ダーウィンにも大いに役に立つこととなる。

ダーウィンの好奇心と意志の強さをよく物語っているのが、ケンブリッジ大学の学生のとき、甲虫採集の趣味に没頭していた頃に起こったある出来事である。ダーウィンは次のように書いている。「ある日、古い木の皮を剝ぐと珍しい甲虫が二匹いたので、両手で一匹ずつ捕まえた。すると新しい種類の三匹目が出てきたので、逃がすまいとして、右手でつかんでいた一匹を口の中に放り込んだ」[26]。このような性格の少年でないと、ツルアシ類に関する全六八四ページの本を書き上げる粘り強さを持った大人にはなれないのだ（ただし書き上げる前に、「誰よりもツルアシ類が嫌いだ」とこぼしてはいるが[27]）。

チャールズは天職を見つけるまでに何年もかかった。その模索の旅路が始まったのは一八二五年の秋、一六歳のチャールズは父親の意向でケンブリッジでなくエディンバラ大学に入学し、父親や祖父と同じく医学を勉強させられた。しかし実はその選択は間違っていた。
一つの理由として、チャールズはかなりの怖がりだったが、当時の手術では麻酔を使わずにメスを入れていたため、大量の血が飛び散って患者は叫び声を上げていた。それでもチャールズは怖がりの性格を克服し、何年ものちには、自らの進化論を裏づける証拠を探してイヌやアヒルを解剖した。チャールズが医学を学ぶ上でおそらく致命的だったのは、興味も動機もなかったことだろう。本人がのちに記しているようにチャールズは、父親が「ある程度満足できる生活を送るだけの」財産を残してくれるはずだと確信するようになり、その見込みだけを頼りに「苦労して医学を学ぶことをやめた」のだという。[28] そうして一八二七年春、チャールズは学位を取らずにエディンバラ大学を去った。

二か所目の立ち寄り地はケンブリッジだった。父親がチャールズをケンブリッジ大学に入れたのは、神学を学んで聖職者の道を歩むべきだと考えたからだった。今度はチャールズは学位を取得し、一七八人の卒業生の中で一〇番目の成績だった。その順位にチャールズ本人も驚いたが、おそらくそれは、甲虫採集の趣味が物語っているように地質学と自然史に心から興味を持つようになったからだろう。それでもチャールズは、科学はせいぜい趣味に留めて、仕事のエネルギーは教会に振り向ける人生を目指していたらしい。ところが、卒業後に北ウェールズの地質学研修の徒歩ツアーから帰ってくると、それとは違う選択肢を提案する一通の手紙が届いていた。ロバート・フイッツロイを船長とする英国軍艦ビーグル号に乗って、世界中を航海するというチャンスだ。

その手紙は、ケンブリッジ大学の植物学教授ジョン・ヘンズローからのものだった。ダーウィンは成績はよかったものの、注目を集めるような学生ではなかった。しかしヘンズローはダーウィンの秘めた能力を見抜いており、「次々に質問をぶつけるなんて、ダーウィンは何て学生だ」とつぶやいたこともあった。

一見どうということのないお世辞に聞こえるが、心の中では、ダーウィンは科学者の魂を持っていると思っていた[29]。ヘンズローは好奇心の強いこの学生に理解を示し、航海に同乗する博物学者の若者を紹介してほしいと頼まれると、ダーウィンを推薦したのだった。

ヘンズローからダーウィンへの手紙は、ありえそうもない出来事が次々に重なった末に送られたものだった。すべての始まりは、ビーグル号の前の船長プリングル・ストークスが自分の頭部を撃って自殺を試み、銃弾では命を落とさなかったものの壊疽《えそ》によって世を去ったことだった。後任にはストークスの副長を務めていたフィッツロイが就いた。しかし、船員と交わることを禁じられた船長が何年にも及ぶ航海のあいだ孤独だったせいで、ストークスは鬱になったのだという事実が、フィッツロイの頭から離れなかった。数年前には叔父もかみそりで自分ののどを掻き切っており、そのおよそ四〇年後にはフィッツロイ本人も同じ運命をたどることとなる。ストークスの後任となる機会を得た二六歳のフィッツロイは、船長として死ぬのは何としても避けなければと感じたのだろう、自分には相棒が必要だと判断した。当時は船医が博物学者を兼ねるのが一般的だったが、フィッツロイは、若くて社会的地位の高い「紳士の博物学者」、要するに自分の友人として雇われる人物を探していると声を上げたのだった。

ダーウィンはフィッツロイの最初の候補ではなく、それ以前にも何人もの人が声をかけられていた。もしそのうちの誰か一人が首を縦に振っていたら、ダーウィンはきっと教会の中で静かな生活を送り、けっして進化論を編み出すことはなかっただろう。ちょうど、もしハレーがニュートンのもとに立ち寄って逆二乗則について尋ねていなかったら、ニュートンはおそらく偉大な研究を完成させて発表することはなかっただろうというのと同じように。しかしフィッツロイが提示していたのは無給の身分で、見返りは航海の途中で訪れる海岸で収集する標本の売り上げだけだった。しかも声をかけられた誰一人として、自分のお金を出してまで何年も海上で過ごすつもりなどなかったか、またはそんな余裕などなかった。そうして最終的に選ばれた二二歳のダーウィンには、冒険の機会と、地球は紀元前四〇〇四年一〇月二三日の前の晩に創造された（一七世紀に発表された聖書の分析による）と説教する人生を回避するチャンスが舞い込んだ。そしてそのチャンスを確実につかんだ。それがダーウィンの人生と科学の歴史の両方を変えることとなる。

ビーグル号は一八三一年に出航し、一八三六年まで帰還しなかった。快適な旅ではなかった。ダーウィンは、船内でももっとも揺れが激しい船尾の小さな船室に泊まってそこで仕事をした。部屋はほかに二人の船員と共用で、ダーウィンは海図台の真上にハンモックを吊ってそこで眠った。ヘンズローに宛てた手紙には、「寝返りを打つ余裕しかありません」と記されている。[30]当然のごとく船酔いに苦しめられた。フィッツロイとはある程度の友人関係を築き、船内でただ一人船長と親しくなってたいてい夕食をともにしたが、とくに、上陸時にたびたび目にした忌み嫌う奴隷制をめぐって、よくフィッツロイと口論になった。

それでもそのような航海のつらさは、訪れた地でのまたとない興奮で帳消しになった。ブラジルのカーニバルに参加し、チリのオソルノ郊外にそびえる火山の噴火を目撃し、コンセプシオンでは地震に遭遇して、破壊された街を見て回り、モンテビデオやリマでは革命を見守った。その一方で標本や化石も収集し、木枠の箱に梱包して保管のためにイングランドのヘンズローのもとに送った。

のちにダーウィンはこの航海を、自分の性格に及ぼした影響という点からいっても、自然界に対する新たな認識を与えてくれたという点からいっても、自分の人生を形作った一番の出来事だったと振り返る。しかし、ダーウィンが進化に関するあの有名な発見をおこなったのも、ましてや進化が起こっているという考えを受け入れるようになったのも、この航海中のことではなかった。[31]むしろ出発時と同じ気持ちで、聖書の道徳的権威に対して何ら疑いを抱かずに航海を終えた。

それでもダーウィンのその後の計画は変わった。航海を終えると、教会での人生を歩みはじめていたいとこに次のように書き送っている。「君の境遇が本当にうらやましい。僕は君みたいな幸せな未来像を描き出すことさえできていない。礼拝をするのが向いている人にとって、聖職者としての人生は立派で幸せなものだ」[32]。しかし、このような好意的な言葉をよそにダーウィンは、自分はそういう人生にはそぐわないと判断し、代わりにロンドンの科学界への道を進むことを選んだ。

ダーウィンのひらめき

イングランドに戻ってきたダーウィンは、ヘンズロー教授へ送った何気ない手紙に詳しく書き記した観察結果、とくに地質学に関する結果が、科学的にちょっとした注目を集めていることを知った。そしてすぐに、権威あるロンドン地質学会で「いくつかの火山現象と山脈形成との関連性および大陸隆起の影響」などのテーマに関する講演をおこなうようになった。一方で、父親からの年四〇〇ポンドの贈与のおかげで経済的には自立していた。偶然にもニュートンが造幣局に勤めはじめたときの給料と同じ額だが、イギリス公文書によれば、一八三〇年代には職人の給料の「わずか」五倍だったという（それでも馬二六頭または乳牛七五頭を買えるだけの額だったが）。この贈与のおかげでダーウィンは、ビーグル号で書いた日記を本にまとめ、収集した数多くの動植物の標本を分類するのに時間を費やすことができた。この取り組みこそが、生物の本性に関する人々の考え方を変えることとなる。

航海中には生物学に関して何もひらめかなかったダーウィンは、母国に送った標本を詳しく調べても、中身はあるが革新的な研究にはならないと予想していたのだろう。しかしすぐに、予想以上に刺激的な研究になるかもしれないという気配が見えてきた。いくつかの標本を専門家に渡して分析してもらったところ、驚きの報告が多数寄せられてきたのだ。

たとえばある一群の化石からは、南アメリカの絶滅した哺乳類が近縁のほかの種に取って代わられたとする、「継承の法則」の存在がうかがわれた。ガラパゴス諸島のマネシツグミに関する別の報告によれば、そこにはダーウィンが考えていた四種でなく三種が含まれていて、それらは同じ地に棲む大型のカメと同じく島の固有種であるということだった（ガラパゴス諸島のそれぞれの島に棲むフィンチのくちばしの違いを観察して進化論をひらめいたという逸話は、作り話である。[33] ダーウィンはフィンチの標本はいくつか持ち帰ったものの、鳥類学を学んだことがなかったため、誤ってフィンチとミソサザイと「大きなくちばしのフィンチ」とクロウタドリの仲間の寄せ集めと同定していたし、島ごとに分類してもいなかった）。

専門家の報告の中でおそらくもっとも印象的だったのは、南アメリカに棲むレアの標本に関するものだった。ダーウィンたちは、レアを料理して食べてしまった後で、その標本が重要だったかもしれないことに気づき、食べ残しを本国に送り返したのだった。その標本は実は新種であると判明した。ふつうのレアと同じく独自の生息域を持っているが、中間的な地域ではふつうのレアと競合していた。当時の一般的な知識では、すべての種は特定の生息域にもっともよく適応していて、近縁種どうしが競合するどっちつかずの地域は存在しないとされていたが、この結果はそれと矛盾していたのだ。

刺激的な研究結果が次々と伝えられるにつれて、創造主としての神の役割に関するダーウィン自身の考え方も進化していった。大きな影響を与えた一人が、ケンブリッジ大学でかつてニュートンが就いていたルーカス記念数学教授を務めていて、機械式コンピュータを発明したことでよく知られているチャールズ・バベッジである。バベッジは自由思想家が定期的に集まる夜会を主催しており、自身も、神は命令や奇蹟でなく物理法則を通じて世界を司っているのだと提唱する本を書いていた。宗教と科学が共存するための基盤としてもっとも有望なその考え方に、若きダーウィンは心動かされたのだった。

徐々にダーウィンは、生物種は神が何らかの壮大な計画に合わせてデザインした一定不変の存在ではなく、生態的地位に合わせて何らかの方法で自ら変化してきたのだと確信するようになる。そうして、ビーグル号の航海を終えてから一年後の一八三七年夏には進化の考え方に転向していたが、その具体的な理論を構築するにはまだほど遠かった。

やがてダーウィンは、ヒトは優れた存在であって、動物の中には優れたものもそうでないものもあるという考え方を否定した。そしてその代わりに、すべての生物種はみな等しく驚異的な存在であり、環境やその中における役割に対して完璧に、あるいはほぼ完璧に適応しているのだと信じるようになった。しかし神の積極的な役割を否定したわけではなく、神は繁殖を司る法則を設計し、そのおかげで生物種は必要に応じて自ら環境変化に適応できるのだと考えた。

生物種が環境に合わせて姿を変えることを可能にする繁殖の法則が、神によって作られたのだとしたら、はたしてその法則とはどのようなものだろうか？　ニュートンは、自らが導いた数学的な運動の法則を通じて、物理宇宙に関する神の計画を理解した。それと同様にダーウィンも、少なくともはじめのうちは、生物界に関する神の計画を説明できるだろうという考えで進化のメカニズムを探した。

ニュートンと同じようにダーウィンも、自分の考えやアイデアをノートに書き込みはじめた。旅で観察した生物種や化石どうしの関係性を分析したり、ロンドン動物園で類人猿やオランウータンやサルを観察して人間に似た感情を書き留めたりした。また、ハトやイヌやウマの品種改良家の仕事を調査して、「人為選択」によってどのようにして多種多様な特徴が生み出されるのかを考察したり、進化論が形而上学的な疑問や人間の心理に対してどのような影響を及ぼすかに関して、大きな枠組みの中で思い巡らせたりした。そして一八三八年九月頃、T・R・マルサスの有名な本『人口論（*An Essay on the Principle of Population*）』を読んだことがきっかけとなって、進化が起こるプロセスの発見へと至る道を歩みはじめる。

マルサスの本は愉快なものではなかった。いわく、人類の自然な最終状態は困窮である。なぜなら、人口増加によって必然的に、食糧などの資源をめぐる激しい獲得競争が起こるからだ。土地や生産量には限りがあるため、資源は「算術的に」、つまり1、2、3、4、5……という数列のようにしか増えないが、世代ごとに人口は1、2、4、8、16……という数列に従って増えていく。

一匹のイカは一シーズンで三〇〇〇個の卵を産むことが知られている。もしすべての卵がイカに成長して繁殖したら、七世代目には地球と同じ大きさの空間がイカで埋め尽くされ、三〇世代に達するより前に卵だけで観測可能な宇宙がいっぱいになってしまう。

ダーウィンはそのような具体的なデータは持っておらず、また数学も苦手だったが、マルサスの説くシナリオがイカでは起こらないことは理解できた。そして、とてつもない数の卵や子孫が作られることはなく、競争によってごく少数の、平均的にはもっとも適応したものだけが生き残るのだと推論した。ダーウィンはこのプロセスを、品種改良家がおこなう人為選択との違いを強調するために「自然選択」と名づけた。

のちにダーウィンは自伝の中で、突然のひらめきの瞬間について次のように語っている。「このような環境のもとでは、有利な変種が存続して不利な変種は滅びる傾向があるだろうと、突然思いついた」[34]。しかし、新しいアイデアがまとまった形で突然頭の中に飛び込んでくることなどめったにあるものではなく、ダーウィンのこの描写も後から都合よく歪められたものだろう。当時ダーウィンがつけていたノートを詳しく調べると、これとは違ういきさつが浮かび上がってくる。はじめはアイデアの一端を感じ取っただけで、それをはっきりと認識して文章にまとめるまでには何年もかかったのだ。

　自然選択の考え方が形になるまでにはしばらく時間がかかったが、その一つの理由としてダーウィンは、世代ごとに不適格な個体が取り除かれていけば確かにその生物種の特徴は向上していくかもしれないが、それだけでは、新しい種、つまりもとの種とかけ離れていて、もはや交雑もできないし繁殖力のある子も産めない個体群が作られることはないだろうと認識していた。新しい種が作られるためには、摘み取られた既存の特徴の代わりに、どこからか新たな特徴がもたらされなければならない。ダーウィンは最終的に、それは単なる偶然によって生じるのだと結論づけた。

　たとえばキンカチョウ〔文鳥の近縁種〕のくちばしの色は、ふつう薄い赤から濃い赤までさまざまだ。慎重に品種改良をすればどちらか一方の色が優勢な個体群を作れるかもしれないが、新たな色の、たとえば青色のくちばしは、遺伝子の構造が偶然に変化して新たな変異体が生じるという、いまでは変異と呼ばれているプロセスでないと生まれてこない。

　こうしてダーウィンの説はようやく具体化した。ランダムな変異と自然選択が組み合わさることで新たな特徴を持った個体が作られ、有利な特徴ほど広まる確率は高くなる。その結果として、品種改良家が希望の特徴を持った動植物を生み出すのと同じように、自然も環境にうまく適応した生物種を作り出すのだ。

　ランダムさが役割を果たしていることが認識されたのは、科学の進歩における重要な節目となった。ダーウィンがこのメカニズムを発見したことで、神の設計に関するどんな具体的な考え方も進化論と容易には折り合わなくなったのだ。もちろん、進化の概念自体が聖書の創世物語と矛盾している。しかしダーウィンの説によってさらに、出来事は中立的な物理法則でなく目的に基づいて展開していくとする、アリストテレスや伝統的なキリスト教の考え方を合理的に解釈することは難しくなった。その点でダーウィンは、ガリレオやニュートンが非生物の世界に対してやったことを、生物の世界の理解に対しておこなったといえる。すなわち、宗教的な疑問と古代ギリシャの伝統というルーツから、科学を切り離したのだ。

進化論に対する攻撃

ダーウィンはガリレオやニュートンと同じく信心深く、その進化論は自らの信仰体系と矛盾していた。その矛盾を解消しようとしたダーウィンは、両者の辻褄を合わせようと積極的に試みるのではなく、神学的な見方と科学的な見方の両方をそれぞれ独自の枠組みの中で受け入れた。しかし完全に問題を避けることはできなかった。一八三九年一月にいとこのエマ・ウェッジウッドと結婚したが、エマは敬虔なキリスト教徒で、ダーウィンの考え方にたじろいだ。あるときダーウィンはエマに「僕が死んだら、このことで僕が何度涙を流したか知ってほしい」と書いている。[35] このような食い違いはあったものの、二人の絆は強く、死ぬまで夫婦として互いを愛しつづけて一〇人の子供をもうけた。

アニー・ダーウィン（1841–1851）

進化論とキリスト教との折り合いをつけるという問題に関してここまでずいぶん述べてきたが、ダーウィンがキリスト教に対する信仰を最終的に失った原因は、進化に関する研究に加えて、二人目の子供アニーを一〇歳で亡くしたことだった。[36] 死因は定かでないが、最後は一週間以上にわたって高熱と激しい胃腸障害に苦しめられた。のちにダーウィンは次のように書いている。「家族の喜びとかつての慰めを失った。私たちがどれだけ愛したか、アニーはきっとわかってくれていたはずだ。そして、私たちがアニーの愛しく楽しそうな顔を、いまでも、そしてこれからも、どれだけ深く、どれだけ心から愛しつづけるか、きっとわかってくれているだろう[37]」

二人の最初の子供は一八三九年に生まれた。そのときダーウィンは、まだ三〇歳だというのに（いまでも正体不明の）謎の病気で体力を損ないはじめていた。それから亡くなるまで、家族や科学研究からもたらされる喜びは度重なる発作によってしばしば妨げられ、ときには何か月も研究に取り組めないこともあった。

その症状は、まるで聖書に描かれた災いのように至るところに現れた。胃痛、嘔吐、鼓腸、頭痛、動悸、震え、ヒステリックな叫び、耳鳴り、疲労、不安、鬱。破れかぶれになったダーウィンは、よくないとは知りつつも、ありとあらゆる治療法を試みた。濡れた冷たいタオルで激しく身体をこすったり、足湯をしたり、氷で身体をこすったり、氷水のシャワーを浴びたり、電気ベルトを使ったはやりの電気療法を受けたり、ホメオパシーの薬を試したり、ヴィクトリア時代には一般的だったビスマスを飲んだりした。しかしどれも効かなかった。そうして、二〇歳のときにはたくましい冒険家だった男は、三〇歳にはひ弱で引きこもりがちの病人になっていた。

新たな子供をもうけ、また夫が研究に取り組むとともに病気に苦しめられたことで、ダーウィン夫妻は世間から距離を取りはじめ、パーティーに出ることも古い仲間と会うこともなくなった。いわゆる「鞘の中の二個の豆」のように、変化のない静かな日々を送った[38]。一八四二年六月、ダーウィンはついに、自らの進化論に関する全三五ページの梗概を書き上げた。その年の九月には父親に頼んでお金を借り、ロンドンから二五キロ離れた人口およそ四〇〇人の教区であるケント州のダウンに、六ヘクタールの隠れ家を買った。そしてその家を「世界の端」と呼んだ[39]。そこでの生活はかつて目指していた田舎の裕福な教区司祭に似ており、一八四四年二月にはその静かな時間を使って、梗概を全二三一ページの原稿へと拡張した。

その原稿はいわば科学的な遺言のようなもので、すぐに出版するつもりはなかった。ダーウィンはエマにその原稿を託し、もし自分が「急死」したときに読んでもらう手紙を添えた。病気のせいで、死が近いかもしれないと恐れていたのだ。その手紙には、「一番大事な最後の頼み」として、死後にこの原稿を公表してくれるよう書かれていた[40]。「もし誰か一人でも有能な人が受け入れてくれれば、科学の大きな一歩になるだろう[41]」

ダーウィンが自分の生きているうちに自説を発表したがらなかったのには、れっきとした理由があった。ダーウィンはすでに科学界のトップクラスで輝かしい名声を獲得していたが、その新たな考え方が批判を浴びるのは間違いなかった。さらに、妻だけでなく、体制的な天地創造説を支持する聖職者の友人も大勢いた。

ダーウィンが二の足を踏んだ理由がどうやら裏づけられたのは、その年の秋、『創造の自然史の痕跡（*Vestiges of the Natural History of Creation*）』という本が匿名で出版されたときだった*。筋の通った進化論を説いた本ではなかったが、生物種の変移を含めいくつもの科学的な考えをつなぎ合わせて書かれており、

＊エディンバラで大衆誌を出版していたロバート・チェンバーズが、死から一三年後の一八八四年にその本の著者として公式に特定されたが、ダーウィンは一八四七年にチェンバーズと会った際にすでに、この男があの本を書いたのだろうと見抜いていた。

世界的なベストセラーとなった。しかし教会の支配層は、その不詳の著者を厳しく非難した。たとえばある評者は、「科学の基盤を穢し、宗教の基盤を破壊した」として著者を糾弾した。[42]

科学界の中にも手厳しい者がいた。科学者というのは情け容赦のない連中だ。通信や旅行が容易になって以前より協力や共同研究が多くなった今日でさえ、新たなアイデアを発表すると乱暴な攻撃を受けることがある。というのも、科学者は自分の分野や考え方に愛着があると同時に、見当違い、あるいは単におもしろくないとみなす研究に対しては夢中になって異議を唱えるからだ。私が知るある有名な物理学者は、研究会の席で講演が聴くに値しないと思ったら、新聞を取り出して大きく広げて読みはじめ、退屈していることをあからさまに見せつける。前のほうの席に座るのが好きな別の人は、講演中に立ち上がって否定的な意見を述べ、部屋から出て行く。しかし、私が目撃した中でもっともおもしろい意思表示をしたのは、大学院生向けの標準的な電磁気学の教科書を書いたことでさまざまな世代の物理学者によく知られている、さらに別の有名な物理学者だった。

席が一〇列ほどしかないセミナー室の最前列に座っていたその教授は、発泡スチロールのコーヒーカップを頭の上に高く掲げて前後にわずかに揺らし、そこにブロック体で大きく書かれた「くだらん!」という言葉を、正面で戸惑う講演者にはわからないよう後ろの全員に見せつけた。そして、自分の役目は終わったとばかりに立ち上がって出ていった。皮肉なことにその講演は、「チャーム=反チャーム粒子の分光学」というテーマだった。この「チャーム」という言葉は専門用語であって日常的な意味とは関係ないが、この教授は「反チャーム」に分類できると言っていいだろうと私は思った。しかし、このような難解な分野にさえまともに受け取られないアイデアがあるとしたら、広く認められた知識に異議を唱える「大きなアイデア」がどんなに容赦ない扱いを受けるかは、推して知るべきだ。

事実、科学の新しい考え方は宗教を支持する人たちからかなりの抵抗を受けるものだが、それとともに、科学者自身から反対されるという強い伝統もある。それはふつうはよいことだ。見当違いのアイデアが示されても、科学者の懐疑的な態度のおかげで、その分野が間違った方向へ突き進むのを防ぐことができる。さらに、適切な証拠が示されれば、科学者はどんな人よりも先に自分の考えを改めて、奇妙な新しい概念を受け入れるものだ。

　しかし考えを改めるのは誰にとっても難しいもので、研究人生を捧げて一つの考え方を推し進めてきた立派な科学者は、それに矛盾する流れに対して即座に否定的な反応を示すものである。そのため、驚くべき新たな科学理論を提唱すると、バカで心得違い、あるいは単に無能だとみなされて個人攻撃にさらされる恐れがある。革新的なアイデアを育むための絶対確実な方法は多くはないが、逆に、広く受け入れられた知識に対して不用意に異議を唱えたら、そのアイデアはいともたやすく潰されてしまう。しかしそのような環境の中でも、どうしても革新的な一歩を踏み出さなければならないことはよくあるものだ。

　進化の場合、ダーウィンには恐れるべき理由がいくつもあった。たとえば、ダーウィンに地質学を教えたケンブリッジ大学の著名な教授アダム・セジウィックが『創造の自然史の痕跡』に対して示した反応も、その一つだった。セジウィックはその本を「穢れた本」と呼び、全八五ページの容赦のない批評を書いた。[43]ダーウィンはそのような攻撃にさらされる前に、自説を裏づける信頼できる証拠を山のように集めることになる。それには一五年の歳月を要したが、最終的にそれがダーウィンに成功をもたらす。

ダーウィンとウォレス

一八四〇年代から五〇年代にかけてダーウィン家は大きくなった。一八四八年に父親が亡くなり、ダーウィンがまだ医学を勉強していた数十年前に当てにした莫大な遺産が残された。その額はおよそ五万ポンド、現在の価値にして数百万ドルに相当する。ダーウィンは賢く投資して大金持ちになり、大家族をやすやすと養えるようになった。しかし胃の問題には悩まされつづけて、ますます引きこもるようになり、病気のせいで父親の葬儀にも参列できなかった。

そんな中でもダーウィンは自分の考えを育みつづけた。のちに同業者に執筆を勧められる鳩や、もちろんツルアシ類などの動物を調べ、実験をおこなった。植物の実験もした。ある一連の研究では、植物の種《たね》が生きたまま遠くの海洋島にたどり着くことはできないとする定説を検証した。この問題にはさまざまな角度から迫った。海水を模した塩水に庭の植物の種を何週間も浸したり、鳥の脚に付着した種や、糞の中に混じった種を探したりした。また、スズメの身体に植物の種を詰め込んで、それをロンドン動物園のフクロウやワシに食べさせ、吐き出したペリットを調べたりもした。そしていずれの実験も同じ結論を指し示した。植物の種はそれまで考えられていたよりも頑丈で遠くまで運ばれることがわかったのだ。

ダーウィンがかなりの時間を費やしたもう一つの問題が、生物の多様性だった。なぜ自然選択は、これほど多様な生物種を生み出したのか？　ヒントになったのは、当時の経済学者がたびたび論じていた「分業」の概念だった。アダム・スミスは、一人一人が一つの製品を最初から最後まで作るよりも、それぞれの人が専門化したほうが生産性が上がることを明らかにしていた。この考え方をヒントにダーウィンは、同じ広さの土地でも、おのおのの生物がきわめて特化してそれぞれ異なる自然の資源を使うほうが、より多くの生物を養えるという仮説を立てた。

もしこの仮説が正しければ、限られた資源をめぐって競争が激しい地域のほうがより多様な生物が見られるはずだとダーウィンは予想し、それを裏づける、または否定する証拠を探した。このような考え方が、進化に迫るためのダーウィンの新たな方法論の特徴だった。ほかの博物学者は、化石と現生生物とをつなぐ時代的な系統樹の中に生物の進化の証拠を探したが、ダーウィンは現代の生物種どうしの分布や関係性の中にそれを探したのだ。

そうした証拠を探すには、ほかの人に手助けを求めなければならなかった。ダーウィンは物理的には孤立していたものの、ニュートンのように郵便に頼って多くの人から情報を求めた。とくに、低料金の新たな「ペニー郵便制」を活用して、博物学者や品種改良家など、変種や遺伝に関する情報を提供してくれる人たちからなる空前のネットワークを構築した。ある程度の距離を置いたやりとりによってダーウィンは、究極の目標がばれて嘲笑にさらされるという事態を避けながら、自らの考えを彼らの実際の経験に照らし合わせて検証することができた。また、仲間の中から自分の考え方に共感してくれる人を少しずつ選び出し、最終的に自分の型破りな説をその選ばれしグループと共有することができた。

一八五六年にはダーウィンは、何人かの近しい友人に自説を詳しく打ち明けていた。その中には、当時の最先端を走る地質学者チャールズ・ライエルや、世界を代表する比較解剖学者で生物学者のT・H・ハクスリーもいた。相談を受けた友人たち、とりわけライエルはダーウィンに、誰かに出し抜かれないためにも自説を発表するよう勧めた。そのときダーウィンは四七歳、すでに一八年間も自分の説に取り組みつづけていた。

一八五六年五月にダーウィンは、同業者向けの専門論文のつもりで執筆に取りかかった。タイトルは『自然選択』とすることにした。一八五八年三月までに三分の二を書き上げ、分量は二五万語に達した。ところがその年の六月、極東で研究をおこなっていた知人のアルフレッド・ラッセル・ウォレスから、郵便で一篇の原稿と丁寧な添え状が届いた。

ダーウィンが進化論に取り組んでいることを知ったウォレスは、その原稿をライエルに渡してくれるよう望んでいた。その原稿とは、ウォレスが独自に考え出した自然選択の理論を説明した論文だった。ダーウィンと同じく、人口過剰に関するマルサスの考え方に触発された理論である。

ダーウィンはパニックになった。友人たちに警告されていた最悪の出来事が現実になってしまった。自分の研究の最重要ポイントを、ほかの博物学者が導き出してしまったのだ。

ニュートンは自分と似た研究の話を聞くと卑劣な態度に出たが、ダーウィンはそれとはかけ離れた人間だった。この状況に苦悶し、よい解決法は思いつかなかったらしい。ウォレスの原稿を葬り去って急いで自分の論文を発表してもよかったが、それは道義に反する選択肢だった。あるいは、ウォレスの論文の発表を手助けして、生涯を賭けた自分の研究の功績を捨てるという選択肢もあった。

一八五八年六月一八日、ダーウィンはウォレスの原稿に次のような手紙を添えてライエルに送った。

本日［ウォレスが］同封の原稿を送ってきて、あなたに転送してほしいと頼んできました。読む価値が大いにあると思われます。機先を制するべきだというあなたの忠告が、まさしく現実になりました。……これほど見事な偶然の一致は経験したことがありません。一八四二年に私が書いた原稿の概要をもしウォレスが持っていたとしても、これ以上優れた要約を書くことはできなかったでしょう！ウォレスの使っている用語までもが、私の本の各章の見出しと同じです。［原稿は］ご返却ください。ウォレスはその原稿を発表してほしいとは言っていませんが、もちろんすぐに、何か学術雑誌に送るよう手紙で勧めるつもりです。そうすれば私のオリジナリティーは、どれほどのものであるにせよ崩れ去るでしょうが、私の本にもし何らかの価値があるのなら、その価値が損なわれることはないでしょう。この説の応用にすべての労力がつぎ込まれているのですから。ウォレスの概要を認めていただけたら、そのことをウォレスに伝えましょう。[44]

この説の功績が誰に帰するのか、その鍵となったのは、実はダーウィンが自分の本の価値はその説の応用について詳述したところにあると考えたことだった。ウォレスはダーウィンと違って自然選択の証拠を徹底的に研究しなかっただけでなく、ダーウィンの詳細な分析と違って、どれほどの変化が起これば単なる新たな「変種」――今日で言う亜種――でなく新しい生物種が生まれるのかに関しても、調べることができなかった。

ライエルは妥協策を提案した。やはりダーウィンの親友である植物学者のジョゼフ・ダルトン・フッカーとライエルの二人で、ウォレスの論文とダーウィンの説の要約の両方を権威あるロンドン・リンネ学会で代読し、学会の紀要に同時に発表するという案だ。しかしダーウィンが迷っているあいだに、これ以上ないというほどタイミングが悪くなった。ダーウィンが持病を悪化させただけでなく、旧友の植物学者ロバート・ブラウンが亡くなり、またダーウィンの一〇番目の子供で末っ子のチャールズ・ウェアリング・ダーウィンが生後わずか一八か月で重い猩紅熱《しょうこう》にかかったのだ。

ダーウィンは論文の件をライエルとフッカーに任せきりにしてしまったため、二人の取り計らいで一八五八年七月一日、リンネ学会の書記が三十数人の会員の前でダーウィンとウォレスの論文を代読した。しかしヤジも拍手も聞かれず、しんと静まりかえるだけだった。それに続いて六篇の論文が発表されたが、五篇目が終わって誰か一人でも起きていたときのために、アンゴラの植生に関する長大な論文は最後に回された。

その場にはウォレスもダーウィンもいなかった。ウォレスはまだ極東にいて、ロンドンでどのような成り行きになっているかは知らなかった。のちに顚末を聞かされたウォレスは、うまく取り計らってくれたことに感謝し、その後もずっとダーウィンを尊敬して好意を寄せる。一方ダーウィンは、いずれにせよ病気だったので学会に赴くことはなかっただろうが、実は学会が開かれていたちょうどそのとき、二番目に亡くなった息子のチャールズ・ウェアリングを、妻のエマと一緒に教区教会の墓地に埋葬していたのだった。

ダーウィンは、二〇年間努力して自説を発展させては裏づけを固めた末に、リンネ学会での発表によってついに自分の考え方を公表した。直後の反応は、控えめに言ってもあっけなかった。その場にいた誰一人として、その論文の重要性を理解できなかったのだ。そのことをもっともよく表しているのが、リンネ協会会長のトーマス・ベルの言葉だろう。のちにベルは、「いわば科学部門に一気に革命を起こしたそれらの注目すべき発見のいずれかによって」その年が特徴づけられなかったことを、後になってから残念に感じたのだった[45]。

リンネ学会での発表ののち、ダーウィンは素早い行動を取った。一年もしないうちに、論文『自然選択』を名作『種の起源』へと書き改めたのだ。分量は短くし、一般の人を対象とするようにした。原稿を仕上げたのは一八五九年四月だった。精根尽き果てたダーウィンは、自分は「子供のように弱々しい」と形容した[46]。

自分に有利な世論を育むことが必要だとつねに意識していたダーウィンは、献本を何冊も配布してくれるよう出版者のマレーに手配し、受け取った人の多くに謙遜めいた手紙を送った。しかし執筆の際には、神学上の異論ができるだけ少なくなるよう注意を払っていた。自然法則に支配された世界は恣意的な奇蹟に支配された世界より優れていると論じる一方で、間接的な神性の存在は信じつづけた。そして『種の起源』の中で、自分の説は無神論への一歩ではないという印象を植えつけるためにあらゆる手を尽くした。自然は、慈悲深い創造主の考えと一致する精神的および肉体的な「完全無欠」に向かって生物種を進化させることで、生物に長期的な恩恵をもたらす。そのことをダーウィンは示したかったのだ。

ダーウィンは次のように書いている。「この生命観は壮大である。……もともと生命は数少ない形態またはは一つの形態へ吹き込まれ、……この惑星が一定の重力法則に従って公転しつづける中で、その単純な最初の形態から、もっとも美しくもっとも素晴らしい無数の形態が、これまでもいまも進化しつづけている[47]」

『種の起源』の影響

『種の起源』は大騒動を巻き起こした。たとえば、かつての師であるケンブリッジ大学のセジウィック教授は、次のように書いている。「君の本を読んで喜びよりも苦痛を感じた。いくつかの部分はまったく残念だった。完全に間違っていてとんでもなく害があると思う[48]」

しかし、より証拠に裏づけられた優れた理論を提示した『種の起源』は、時宜が熟していたこともあって、『創造の自然史の痕跡』に比べればさほど人々の怒りをかき立てなかった。一〇年もしないで科学者の意見はほぼ収束し、それから一〇年後にダーウィンが亡くなる頃には、進化論はほぼ万人に受け入れられ、ヴィクトリア時代の思想を代表する話題となっていた。

ダーウィンはすでに科学者として尊敬を集めていたが、この本の出版によって『プリンキピア』後のニュートンと同じく有名人になり、世界中から次々と評価され栄誉を授かった。王立協会からは権威あるコ

1830年代、1850年代、1870年代のダーウィン

プリメダルを、オックスフォードとケンブリッジの両大学からは名誉博士号を、プロイセンの王からは名誉勲章を授与され、サンクトペテルブルクの帝国科学アカデミーとフランス科学アカデミーの通信会員に選出され、モスクワの帝国博物学者協会とイングランド国教会の南アメリカ宣教師協会の名誉会員に任ぜられた。

ニュートンの場合と同じように、ダーウィンの影響力はその科学理論をはるかに超えて広がり、生物の側面に関するまったく無関係な新たな考え方にまで及んだ。「ダーウィン説は、自然主義、唯物主義、あるいは進化哲学と同義になった」とある歴史家グループは書いている。[49] ダーウィン説は、競争と協力、自由と服従、前進と悲観、戦争と平和を象徴するものとされた。政治的には自由主義と社会主義と保守主義のいずれにもなりえたし、宗教的には無神論と正統派のいずれにもなりえた。

しかし科学の観点から見れば、ダーウィンの研究はニュートンと同じく出発点でしかなかった。ダーウィンの理論は、生物種の特徴が環境圧に応じて時間的に変化する様子を支配する基本原理を提唱するものだったが、当時、遺伝がどのように作用するかに関してはまったくわかっていなかった。

皮肉なことに、ダーウィンの研究成果がリンネ学会で発表されたちょうどその頃、現在のチェコ共和国にあったブリュンの修道院に住み込んでいた科学者で修道士のグレゴール・メンデル（一八二二―一八八四）が、少なくとも理論上は遺伝のメカニズムを明らかにすることとなる八年がかりの実験を進めていた[50]。メンデルは、生物の単純な特徴は二つの遺伝子によって決定され、それらの遺伝子は両親から一つずつ受け継がれると提唱した。しかしメンデルの研究はなかなか受け入れられず、その話がダーウィンのもとに届くことはなかった。

いずれにせよ、メンデルの提唱したメカニズムの物質的な正体が解明されるには、二〇世紀の物理学の進歩、とくに量子論とその産物である、X線回折法や電子顕微鏡、そしてデジタルコンピュータの誕生を可能にしたトランジスタが必要となる。これらの技術によって最終的に、DNA分子やゲノムの詳細な構造が明らかとなり、遺伝現象を分子レベルで調べられるようになって、ようやく遺伝と進化が起こる基本的なしくみが理解されはじめたのだ。

しかしそれでさえ、まだ始まりにすぎない。生物学は、細胞内の構造とその中で起こる生化学反応という、遺伝情報がもっとも直接的に反映される特徴に至るまで、あらゆるレベルで生命を理解することを目指している。いわば生命のリバースエンジニアリングといえるその壮大な目標は、物理学者にとっての統一理論のように、間違いなくはるか遠い未来のものだ。しかし生命のメカニズムがどこまで解明されたとしても、一九世紀に突然姿を現した進化論は、おそらくいつまでも生物学の中心をなす組織原理のままだろう。

ダーウィン自身はもっとも適応した生物の実例ではなかったが、何とか高齢まで生き長らえた。晩年には、慢性の健康障害は改善したが疲れやすくなった。それでも最後まで研究を続け、一八八一年に最後の論文『蠕虫の作用による腐植土の形成（*The Formation of Vegetable Mould through the Action of Worms*）』を発表した。同じ年、運動をしたときに胸の痛みを感じるようになり、クリスマスの時期に心臓発作を起こした。翌年の春、四月一八日には再び心臓発作に襲われ、かろうじて意識を取り戻した。そして、死ぬのは怖くないとつぶやき、その数時間後の翌朝四時頃に息を引き取った。七三歳だった。ウォレスに宛てた最後の手紙には、次のようにしたためられている。「幸せにしてくれて満足させてくれることはすべて手に入れたが、とてもうんざりする人生だった」[51]

第3部　人間の五感を超えて

いまは生きるのに最高のときだ。わかっていると思っていたことがほぼすべて間違っていたのだから。

――トム・ストッパード『アルカディア（*Arcadia*）』、一九九三年

第10章　人間の経験の限界

量子論という大革命

二〇〇万年前に我々人類は、石をナイフに変える方法を学んで最初の大きな革新を成し遂げた。それは自然を自分たちのために利用するという初の経験で、それ以降のほぼどんな発見も、これに匹敵するほどの大きなひらめきでもなかったし、我々の生活をこれ以上に大きく変えることもなかった。しかしいまから一〇〇年前、それと同じパワーと重要性を持ったもう一つの発見があった。それは石の利用と同じく、時間が始まって以来至るところに存在し、見ることはできないものの我々の目の前にあったあるものの発見だ。そのあるものとは、原子とそれを支配する奇妙な量子の法則のことである。

原子の理論はもちろん化学を理解する鍵となるが、原子の世界を研究することで得られた洞察は物理学や生物学も一変させた。そうして、原子の実在を受け入れてその法則のしくみを解き明かしはじめた科学者は、社会を変える壮大な考え方に到達して、基本的な力や粒子からＤＮＡや生化学までさまざまな問題に光を当て、また現代の世界を形作っている新技術の誕生を可能にした。

技術革命、コンピュータ革命、情報革命、核の時代といった言葉がよく使われるが、つまるところそれらはすべて、原子を道具に変えるというたった一つのことに行き着く。今日では原子を操作する技術によって、テレビから、そこに表示させる信号を伝える光ファイバーまで、電話からコンピュータまで、インターネット技術からＭＲＩ装置までと、あらゆるものが可能になった。原子に関する知識を使って光さえつくっている。たとえば蛍光灯は、原子の中の電子が電流によって励起《れいき》され、それがより低いエネルギーへ「量子跳躍」するときに光を発する。今日では、オーブンや時計やサーモスタットといった、一見したところきわめてありふれた器具にも、量子の理解に基づいて設計された部品が使われている。

原子の振る舞いや原子の世界の量子法則の理解へとつながった大革命は、二〇世紀初めに起こった。それより何年も前から、今日で言うところの「古典物理学」（量子法則でなくニュートンの運動の法則に基づく物理学）では、黒体放射と呼ばれる現象——いまでは原子の量子的性質によることがわかっている——を説明できないことが明らかとなっていた。ニュートンの理論におけるこのたった一つの失敗だけでは、すぐにはレッドフラッグとはみなされなかった。この問題に対するニュートン物理学の適用のしかたに何か混乱があるだけで、それがわかれば黒体放射も古典的な枠組みの中で理解できるだろうと考えられていた。しかしやがて、ニュートンの理論のもとではどうしても説明できない原子レベルの現象がほかにもいくつか発見されたことで、最終的に物理学者は、ニュートン以前のかつての世代がアリストテレス理論を放棄しなければならなかったのと同じように、自分たちもニュートン理論の大部分を覆すしかないことに気づいた。

量子革命を生み出した苦闘は、二〇年にわたって続いた。その反乱が数百年や数千年でなく二〇年で片がついたのは、この問題に以前よりはるかに大勢の科学者が取り組んだ証しであって、この新たな考え方のほうが受け入れられやすかったからではない。むしろ量子論の根底をなす新たな哲学は、一部の筋ではいまだに活発な議論の的となっている。というのも、その二〇年で浮かび上がった世界像は、出来事の結果に対して偶然が役割を果たすという考え方を斥けたアインシュタインのような人や、通常の因果法則を信じる人にとっては、まさに異端にほかならないからだ。

世界を新しい目で見る人たち

量子の世界における因果性という厄介な問題は、量子革命が終わりに近づくまで浮上してこなかった。それについてはのちほど触れる。しかしもう一つ、哲学面と実際面の両方に関わる問題が当初から立ちふさがっていた。それは、原子はあまりに小さくて目に見えないし、一個一個測定することもできないという問題だ。分子の像がはじめて「見られた」のは二〇世紀後半になってからである[1]。そのため一九世紀には、原子に関するどんな実験をおこなってもせいぜい、膨大な数のそのような目に見えない微小な物体の平均的な振る舞いによる現象しか明らかにできなかった。観察できない物体を現実のものとみなすのは、はたして理にかなっているのだろうか？

原子に関するドルトンの研究をよそに、ほとんどの科学者はそうは考えなかった。化学者でさえ、自分が観察や測定をした現象を理解する上で原子の概念が役に立っていても、それを単なる作業仮説として扱うことが多かった。つまり、化学反応はあたかも、化合物を構成する原子が組み替えられるかのように進行する、ということだ。また、原子は科学でなく哲学にふさわしい概念であると考えて、この概念を一掃しようとする人もいた。ドイツ人化学者のフリードリッヒ・ヴィルヘルム・オストヴァルトは、「原子の概念は、検証可能な結論を導かない仮説上の憶説である」と語った[2]。

自然の概念は実験や観察によって裏づけられるべきなのかどうかというまさにその問題をめぐって、科学は何百年ものあいだ哲学とは別々の道を進んできたのだから、このような尻込みした態度も理解できる。

科学者は、どんな仮説であっても検証可能であることがそれを受け入れるための条件だと考え、その考え方にこだわることで、古代の推測を検証不可能または間違っているとして排除することができた。アリストテレスの理論の多くが検証されたときもそうだった。そしてその代わりとして、正確で定量的な予測ができる数学的な法則が導かれた。

原子の存在は直接には検証できなかったが、原子が存在するという仮説からは検証可能な法則が導かれ、それらの法則は有効であることが証明された。たとえば原子の概念を用いると、気体の温度と圧力との関係を数学的に導くことができた。では、原子はどのような存在だと理解すればいいのか？　当時はそれは形而上学的な疑問だった。その答が判然としなかったせいで、一九世紀のほとんどを通じて原子は、物理学者の肩に乗る幽霊のような存在、我々の耳元で自然の秘密をささやくとらえどころのない存在に留まっていた。

原子に関するこの疑問はやがてきわめて有効な形で解決し、今日では疑問でも何でもなくなっている。科学を前進させるには、我々の直接的な知覚経験を超えたところに焦点を合わせなければならないことが、いまではわかっているのだ。二一世紀初頭までには、目に見えない世界がかなりのところまで受け入れられるようになった。そのため有名な「ヒッグス粒子」の発見が発表されても、たじろぐ人など一人もいなかった。誰もヒッグス粒子を目撃していないどころか、ヒッグス粒子が何らかの装置を相互作用して——たとえば電子が蛍光面に当たって発光することで「見える」のと同じように——間接的に見えるようになったという明白な結果でさえ、誰も観測していないというのに。

実はヒッグス粒子の存在の証拠は数学的なものであって、コンピュータデータのある特徴的な数値的特性から推定された。そのデータは、三〇〇兆回以上の陽子＝陽子衝突によって生成した放射線などの破片から得られ、実験からかなり時間が経ったのちに三〇か国の二〇〇〇か所近いコンピュータ施設で統計的に解析された。今日では物理学者はそれを、「ヒッグス粒子を見た」と表現する。

ヒッグス粒子などの素粒子がこのような方法によって「見られた」ことで、かつて分割不可能と思われていた原子は、いまではさまざまな物体から構成された一つの宇宙のように感じられる。そのような宇宙が一滴の水の中に数十億個の数十億倍含まれていて、その微小世界は我々には見えないだけでなく、人間が直接観察できるレベルから何段階も隔たっている。だから、ヒッグスボソンの理論を一九世紀の物理学者に説明するのはやめたほうがいい。ヒッグスボソンを「見た」、という言葉の意味さえなかなかわかってくれないだろうから。

人間の感覚経験から切り離されたこの新たなタイプの観察によって、科学者には新たな要求が課せられるようになった。ニュートンの科学は感覚を通じて知覚できる事柄に基づいており、顕微鏡や望遠鏡の助けを借りることはあったものの、その道具の一方の端はやはり人間の目で覗いていた。二〇世紀の科学も依然として観察に頼っていたが、ヒッグス粒子の場合の間接的な統計的証拠を含め、「見ること」に対するもっとずっと幅広い定義を受け入れた。「見る」という意味に対するこの新たなとらえ方のために、二〇世紀の物理学者は、人間の経験をはるかに超えて抽象数学に根ざした、量子のような奇妙で前衛的な概念を含む理論に対応するイメージを頭の中に作らなければならなくなったのだ。

この新たな物理学の進め方は、物理学者どうしの溝が深まるという結果をもたらした。物理理論において難解な数学の役割が大きくなる一方、実験が技術的に高度になっていくことで、実験物理学と理論物理学という形式的な専門分野どうしの隔たりが大きくなったのだ。それとおおよそ同じ頃に視覚芸術も同様の形で発展し、伝統的な具象芸術家と、セザンヌやブラック、ピカソやカンディンスキーといったキュビ

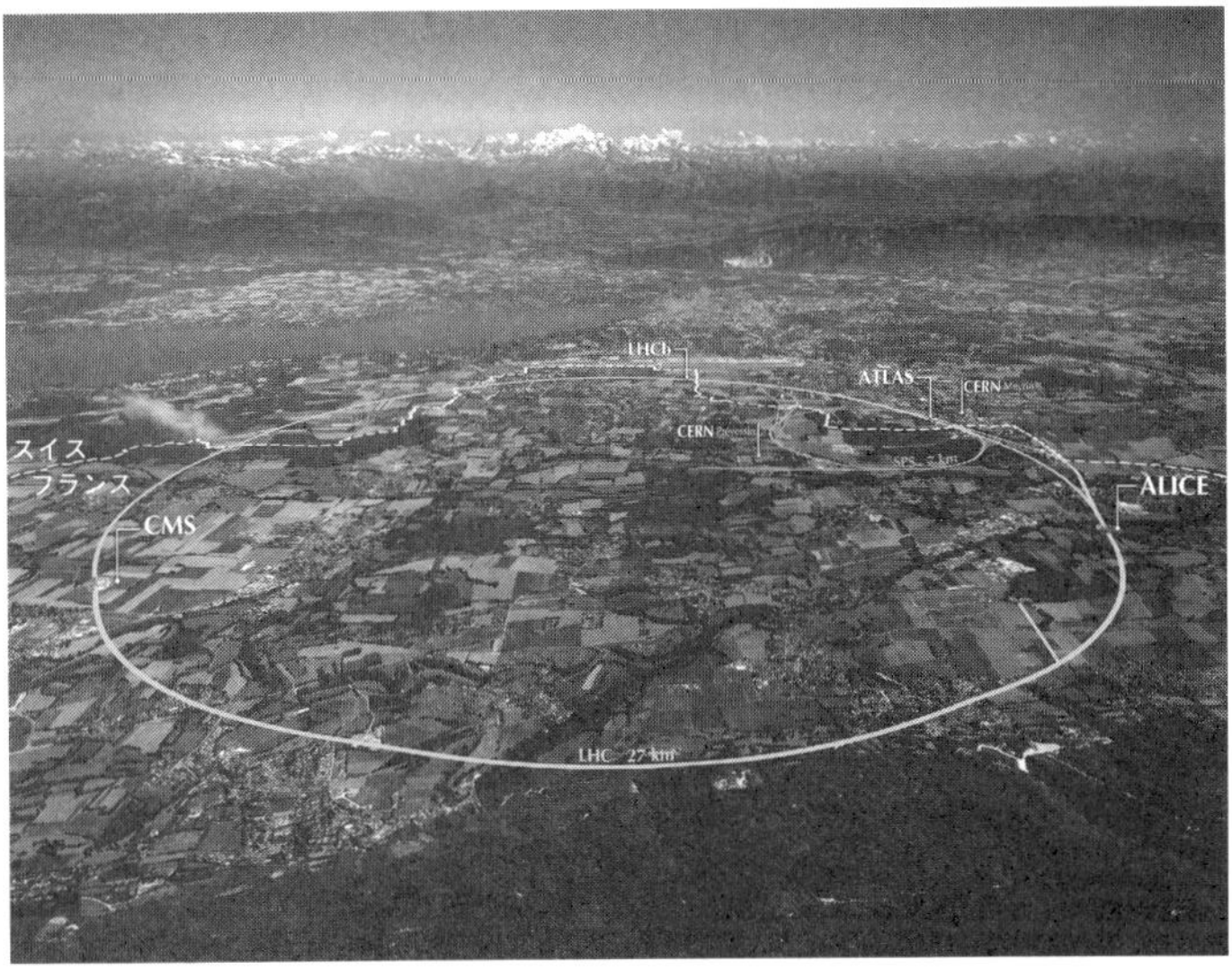

素粒子研究のための物理実験施設、1926年と現在（白線は加速リングの位置。一周27キロ、地下数十メートル）

ズムや抽象芸術の先駆者とのあいだに隔たりが生じた。彼らは新たな量子理論家のように、世界をまったく新しい方法で「見た」のだ。

音楽や文学の世界でも、一九世紀の硬直化したヨーロッパに根づいた規範に異議を唱える新たな精神が生まれた。ストラヴィンスキーやシェーンベルクは、西洋で伝統的に当然のものとされていた音階とリズムに疑問を抱き、ジョイスやウルフ、およびヨーロッパ大陸で彼らに相当する人物たちは、新たな物語形式を実験的に用いた。哲学者で心理学者、教育者でもあったジョン・デューイは一九一〇年に、「批判的思考には、精神的な不安や動揺に耐えようとする意志が伴う」と記している。[3] それは批判的思考だけでなく創造的取り組みにも当てはまる。芸術にせよ科学にせよ、気楽に事を進める開拓者など一人もいなかったのだ。

マックス・プランクと原子の存在

いま述べた二〇世紀科学のイメージは、後知恵をいいことに描き出したものだ。一九世紀後半に原子を研究していた物理学者には、将来何が起こるかなんてわからなかった。いま振り返ってみれば驚く話だが、当時の物理学者は、いわば玄関先に原子の時限爆弾がしかけられているというのに、自分たちの研究分野はある程度決着がついていると考えていた。そして若い学生には、おもしろいことは何も残っていないのだから物理学は避けるべきだと忠告した。

たとえば有名な話として、ハーヴァード大学の学科長は、重要な事柄はすべて発見し尽くされていると説いて、見込みのある学生たちを物理学の世界から追い払った。大西洋の反対側では、ミュンヘン大学の物理学科長が一八七五年、「物理学はほぼ完成している学問の一分野なので、これ以上深入りする価値はない」と諌めた。[4] 先見性に関して言うと、このアドバイスは、タイタニック号の建造者が「この船は人間の脳でつくれる最高の完璧さに近い」と断言したのと似たようなものだ。一九〇〇年頃の物理学はタイタニックと同じく金城鉄壁だとみなされていたが、それでも当時研究されていた物理学は沈没する運命にあったのだ。

ミュンヘン大学の物理学科長からその間違った忠告を受けた一人が、マックス・プランク（一八五八―一九四七）である。[5] 若いうちから生え際が後退して眼鏡をかけていた細身のプランクは、年齢にはそぐわない真面目さを醸し出していた。ドイツのキールで司祭や学者や法律家の由緒ある家系に生まれ、勤勉で忠義、本人いわく「先の見えない冒険に挑む気はない」という、まさに一九世紀の典型的な物理学者にふさわしい人物だった。[6] のちにニュートンを打ち負かすことになる人物の言葉とはとうてい思えないが、プランクも革命を起こすつもりなどなかった。むしろ、自らの発見がきっかけで起こった運動を、長年にわたって支持さえもしなかったくらいだ。

冒険に挑む気はなかったプランクだが、チャンスに賭けて研究者の道を歩みはじめた。学科長の忠告を無視して物理学課程に進んだのだ。物理学を学ぶ気になったのは、高校の教師から「数学の厳密さと雑多な自然法則との橋渡しをする調和について調べる」ことの情熱を与えられたためで、自分ならその情熱を追究できると信じた。[7] 何年ものちに、自分が指導する学生に次のようなことを語っている。「私はずっとこの言葉を格言にしている。『あらかじめ一歩一歩慎重に考えよ。だが責任が取れると思ったら、何ものにも邪魔させるな』」。[8] ナイキの「ジャスト・ドゥー・イット」という定番の宣伝文句や、スポーツ選手の口からよく聞かれる大胆な宣言とは違って、この言葉にふんぞり返った態度は感じられないが、物静かで型にはまったプランクなりに、それらと同じような内なる力を表現した言葉である。

物理学の道に進む決心をしたプランクは、博士研究のテーマを選ばなければならなかった。そこでも大胆で重大な選択をする。熱の物理学である熱力学を選んだのだ。当時はあまり人目を引かない分野だったが、高校で最初に感銘を受けた学問で、またもプランクは、流行の分野に取り組むよりも自分の興味に従うことを選択したのだった。

当時、原子の存在を受け入れる一握りの科学者が、熱力学の根本的なメカニズムを一個一個の原子の運動の統計的結果として理解しつつあった。たとえばある時刻、部屋の中のある小さな領域に煙が密集していたとしよう。熱力学によると、のちの時刻には煙はさらに密集することはなく、もっと拡散する。このプロセスによって、物理学者が「時間の矢」と呼ぶものが決定される。未来は煙が分散する時間方向で、過去は煙が密集する時間方向である。これは不可解な現象で、煙（および空気）の原子一個一個に運動の法則を当てはめても、どちらの時間方向が未来でどちらが過去かはまったくわからない。しかし原子を統計的に解析すると、この現象を説明できる。「時間の矢」は、多数の原子の累積的な影響を観察したときにだけ見えてくるのだ[9]。

プランクはこの手の議論が気に入らなかった。原子は空想の産物であるととらえ、博士研究の目的を、原子の概念を用いずに——というより物質の内部構造に関するいかなる仮定も用いずに——熱力学の原理から検証可能な具体的結果を導くことと設定した。「これまで原子論は大成功を収めてきたが、最終的には放棄され、物質の連続性の仮定に取って代わられなければならない」と書いている[10]。

プランクはけっして予言者ではなかった。結局のところ放棄されるのは原子論ではなく、それに対する反抗心だった。むしろプランクの研究は最終的に、原子の存在を否定するのではなく肯定する証拠として受け取られたのだ。

私の名前は綴るのも発音するのも難しいので、レストランの予約をするときにはよくマックス・プランクという名前を使う。気づかれることはほとんどないが、あるとき「量子論を発明したあの人の親戚ですか」と聞かれた。「私がその本人だ」と答えても、二〇代前半のそのウェイターは信じなかった。そんなに若いはずはないという。そして、「量子論は一九六〇年頃に発明されたんです。第二次世界大戦中にマンハッタン計画の一環として」と言ってきた。

それ以上言葉を交わすことはなかったが、私がよく話のネタにするのは、このウェイターが歴史をあまり知らなかったことではなく、物理理論を「発明する」という言葉の意味が曖昧だったことである。「発明」という言葉は、それまで存在していなかったものを作り出すという意味だ。それに対して「発見」というのは、それまで知られていなかったことに気づくという意味である。理論はどちらにもとらえることができる。世界を記述するために科学者が発明した数学的構造ともみなせるし、我々とは関係なく存在していて科学者が発見した自然法則の表現ともみなせる。

ある意味これは形而上学的な疑問である。理論が描き出す全体像は、我々が発見した文字どおりの現実としてとらえるべきなのか、それとも我々が発明した単なるモデルであって、たとえば我々と違うふうに考える人（または宇宙人）ならそれとは別の形でモデル化することもできるのか？　しかし哲学を脇に置いておいても、発明と発見とのあいだには、プロセスに関係したまた別の違いがある。発見は探求によって、ときに偶然によって成し遂げられるが、発明は計画された構想と積み重ねを通じておこなわれ、偶然の果たす役割は試行錯誤の場合よりも小さいのだ。

アインシュタインは相対論を思いついたときには、自分が何を目指していて何を成し遂げたかをもちろんわかっていたので、相対論は発明であると言えるかもしれない。しかし量子論はそれとは違う。量子論の発展へつながるそれぞれの段階には、「発明」よりも「発見」のほうが、もっと言うと「偶然出くわす」という言葉のほうがよく当てはまることが多い。その（数多い）発見者は、プランクと同じように、見つけたいと願って思い浮かべていたものとは正反対の事実に出くわした。それはまるで、エディソンが人工の光を発明しようとして人工の暗闇を発見してしまったようなものだった。さらに、量子論の発見者たちはプランクと同じように、自分の研究結果の意味をときにまったく理解できず、ほかの人が解釈してくれてもそれに反論した。

プランクは、熱力学に関する一八七九年の博士論文では原子の存在も非存在も証明できなかった。さらに悪いことに、研究者となる上でそれは何の役にも立たなかった。ミュンヘン大学の指導教官はその論文を理解できず、ベルリン大学の熱力学の専門家グスタフ・キルヒホッフは間違っていると判断し、やはりこの分野の開拓者であるヘルマン・フォン・ヘルムホルツとルドルフ・クラウジウスは読もうとさえしなかった。プランクはこの二人に論文を郵送したものの何の返事もなかったため、はるばるボンまで赴いてクラウジウスの自宅を訪ねたが、教授は論文の受け取りを拒んだ。プランクのある同僚いわく、残念ながらわずかな物理学者を除いて「誰一人、熱力学にはまったく興味がなかった」のだ。[11]

その関心のなさにプランクが思い悩むことはなかったが、結果として先の見えない歳月を過ごした。両親の家に住みながら大学で無給の講師として働き、メンデレーエフと同じく学生から直接授業料を徴収してわずかな生活費を稼いだのだ。

この話をすると誰もが驚いた表情をする。人はなぜか、芸術家はどんな犠牲も厭わずに自分の芸術を愛し、みすぼらしい屋根裏部屋か、最悪の場合には両親と一緒に暮らしながら作品に取り組みつづけているものと思いがちだが、物理学者にはそれほどの情熱はないと考える。しかし私は、大学院でプランクと同じような挫折に直面した仲間の学生を二人知っている。一人は悲しいことに自殺を試みた。もう一人はハーヴァード大学の物理学科に頼み込んで、混み合ったオフィスで無給で研究させてもらった（一年後に雇用された）。私が面識のない三人目は、数年早く退学になり、自分のお気に入りの（完全に間違っている）理論を大勢の教授に提出しては無視された末に、ある日、教授たちを納得させる決意を持って大学に姿を現した。そしてナイフを振り回し、警備員に捕らえられて二度と戻ってこなかった。不当な評価を受けた孤独な物理学者が耳を削ぎ落としたなどという伝説は聞かないが、私がバークレーで大学院生として過ごしたわずか三年のあいだに、物理学に対する情熱が引き起こしたエピソードが三つもあったのだ。

職には就けなかったが何とかハーヴァード大学に身を落ち着けた私の大学院時代の友人と同じく、プランクも「ボランティア」の期間に優れた研究をおこなって、最終的には有給の職を見つける。しかしそれまでには五年もかかった。忍耐力と幸運、そして噂によれば父親の介入によって、結局キール大学の教授職に就くことができたのだ。それから四年後には、研究が大きな評価を受けてベルリン大学に招聘され、一八九二年に正教授となって、熱力学の数少ない重要な専門家の一人となった。しかしそれも始まりにすぎなかった。

黒体放射の謎

ベルリンでもプランクはあくまで、原子の概念に「頼る」必要のない枠組み、つまり、物質はばらばらの構成部品でできているのではなく、「無限に分割可能」であるとみなす枠組みの中で熱力学を理解することに情熱を傾けた。プランクの心の中では、それをできるかどうかが物理学全体でももっとも差し迫った問題だった。しかし学問の世界に身を置くプランクには、少なくとも直接その考え方に異議を唱えてく

マックス・プランク、1930年頃

る上司などいなかった。それは幸いなことだった。プランクの考え方は物理学の主流からあまりにかけ離れていたからだ。プランクが世界を揺るがす大発見を発表するわずか数か月前の一九〇〇年夏、パリで開催された物理学の国際学会の公式年代記編者は、この疑問について考察する価値があると考える人物はプランクのほかに世界中で三人しかいないと記している。プランクが博士論文を提出してから二一年が経っていたが、ほとんど何一つ変わっていないようだった。

どんな分野でもそうだが科学でも、ふつうの疑問を抱くふつうの人が大勢いて、そのうち多くの人はそれで問題なくやっていく。しかし大成功を収める研究者は、それまで考えられたこともなく、ほかの人は興味を示さないような風変わりな疑問を抱くことが多い。困ったことにそういう人は、変人で風変わり、さらには正気でないと見られるものだが、いずれは天才と認められるときが来る。

もちろん、「太陽系は巨大なヘラジカの背中に乗っているのだろうか」などと問いかける科学者でさえ、きっと先ほど紹介したナイフを振り回した人物と同じく、独創的な考え方をする人物と呼ぶことができるだろう。だから、自由な考えを持つ人たちに接したときには厳しく吟味しなければならない。そこにはある問題が潜んでいる。風変わりなだけの考えを持つ人と、風変わりだが真実である考え、あるいは、確かに風変わりだが、もしかしたら長い時間とたくさんのつまずきの末に真実へつながるかもしれない考えを持つ人とを見分けるのは、ときに難しいものだ。プランクは独創的な考え方をする人物で、仲間の物理学者が関心さえ示さなかった疑問を問いかけた。しかしそれらの疑問は、まさに古典物理学では答えられないものだということが判明する。

一八世紀の化学者は、気体に関する研究を進める中で、重要な科学原理の解明につながるいわばロゼッタストーンを発見した。プランクも、一八六〇年にグスタフ・キルヒホッフが発見して命名した黒体放射という熱力学現象に、自分なりのロゼッタストーンを探した。今日の物理学者には「黒体放射」という用語はよく知られている。黒体放射とは、ある一定の温度に保たれた文字どおり黒い物質から発せられる、一種の電磁気放射のことである。

「電磁気放射」というと複雑に聞こえ、まるでアルカイダの野営地を砲撃したドローンのように危険ではないかとさえ思ってしまう。しかしこの言葉は、たとえばマイクロ波や電波、可視光や紫外線、X線やガンマ線と、あらゆるエネルギーの波を指していて、うまく利用すればさまざまな実用的効果をもたらしてくれる。中には人を死に至らしめるものもあるが、どれも、我々が当たり前ととらえるようになったこの世界の一部を形作っている。

キルヒホッフの時代、電磁気放射はまだ新しい謎めいた概念だった。ニュートンの法則の枠組みで電磁気放射を記述する理論は、スコットランド人物理学者のジェイムズ・クラーク・マクスウェルの研究によって生まれた。マクスウェルはいまでも物理学の世界のヒーローで、大学のキャンパスでは、マクスウェルの顔や方程式がデザインされたTシャツを着た物理学専攻の学生をときどき見かける。それほど崇拝されているのは、一八六〇年代に物理学史上最大の統一を成し遂げたからだ。マクスウェルは、電気力と磁気力は「電磁場」という同じ現象のそれぞれ異なる側面であるという説明を与え、光などの放射は電磁気エネルギーの波であることを明らかにした。物理学者にとって、マクスウェルのように異なる現象どうしの深いつながりを解明することは、一人の人間が成しえるもっとも刺激的な事柄の一つである。

自分の理論が不完全であることを知っていたニュートンは、いつかマクスウェルのような人物が現れるのをずっと夢見ていた。物体が力に反応する様子を説明する運動の法則は作ったが、その法則を使うためには、それとは別に、対象とする物体にどのような力が作用するかを記述した法則、すなわち力の法則を追加しなければならなかった。ニュートンは重力という一種類の力の法則は導いたが、それ以外の種類の力も存在するに違いないとわかっていた。

ニュートンから数百年のあいだに、物理学ではほかに二種類の力が徐々にその正体を現してきた。それが電気と磁気である。マクスウェルはこれらの力の定量的な理論を構築することで、ある意味ニュートンの（つまり「古典的な」）計画を完成させた。それによって科学者は、ニュートンの運動の法則に加え、日常の存在に姿を現すすべての力の理論を手に入れた（二〇世紀にはさらに、「強い力」と「弱い力」という二種類の力が発見される。これらの力は、日常の世界ですぐにわかる効果を及ぼすことはなく、原子核の微小な世界で作用する）。

それまでは、ニュートンの重力の法則と運動の法則を用いることで、惑星の軌道や砲弾の軌道など重力が関わる現象しか記述できなかった。しかし、マクスウェルの電気力と磁気力の理論をニュートンの運動の法則と組み合わせることで、放射や、放射と物質との相互作用など、幅広い新たな現象を分析できるようになった。当時の物理学者は、マクスウェルの理論を自分たちの武器に加えれば、この世界で観察できるすべての自然現象を原理的には説明できるはずだと信じていた。一九世紀後半にはそのような楽観的見方が広がっていたのだ。

ニュートンは、「いまだ知られていない何らかの原因によって、物体の粒子を互いに引き寄せて規則的な形に密着させるか、または互いに反発させて遠ざけるような、いくつかの力が存在する」と書き記した。[12]そして次のように考えた。「それらの力が引き起こす運動は、運動する粒子が小さいせいで検出できない局所的なものだが、……もし誰かが幸運にもそれらの力をすべて発見できれば、その人は物体のあらゆる性質を白日の下にさらしたと言っていいかもしれない」[13]。電磁気の発見によって物理学者は、物体の微小な粒子――原子――のあいだに作用する力を理解するという夢は実現させたが、それによって物体の性質をニュートンの理論で説明できるようになるというニュートンの夢は、けっして現実にはならなかった。なぜか？　電気と磁気の力の法則は発見されたが、それらの法則を原子に当てはめたところ、ニュートンの運動の法則のほうにほころびが出てきてしまったのだ。

当時は誰も気づかなかったが、ニュートン物理学の欠点がもっとも劇的に表れているのが、プランクがまさに研究対象に選んだ現象である黒体放射だった。黒体がそれぞれの振動数の放射をどれだけ発するかを、ニュートン物理学を用いて計算したところ、その結果は単に間違っていただけでなく、ばかげた結果になってしまった。黒体が発する高い振動数の放射の量が、無限大になってしまったのだ。

もしその計算が正しいとしたら、暖かい暖炉の前に座ったり熱いオーブンの扉を開けたりすると、振動数の低い赤外線放射の温かさや、それより少し振動数が高い心落ち着く赤色光を浴びるだけでなく、振動数の高い危険なX線やガンマ線の砲撃を受けてしまうことになる。当時発明されたばかりの電球も、人工照明としてはたいして役に立たず、作動温度を上昇させれば大量破壊兵器になってしまうのだ。

プランクがこの分野の研究を始めたとき、黒体放射の計算が間違っていることはよく知られていたが、その理由は誰にもわからなかった。この問題に関心を持つほとんどの物理学者が頭を抱える一方で、実験結果を記述する場当たり的なさまざまな数式を工夫することに焦点を当てる人もいた。確かにそれらの数式は、任意の温度の黒体が発するそれぞれの振動数の放射強度を与えるものだったが、必要なデータを導くための記述的な数式でしかなく、何か理論的な理解から導かれたわけではなかった。そしていずれの数式も、すべての振動数で正確とはいえなかった。

一八九七年にプランクは、黒体が発する放射を正確に記述するという難題に取り組みはじめた。ほかの人と同じく、この問題からニュートン物理学が間違っていることが明らかになるなどとは思っておらず、黒体の物質に関する物理的記述に根本的な欠陥があるに違いないとにらんでいた。しかし何年経っても答は出なかった。

結局プランクは問題を逆向きにとらえ、応用物理学者のように単にデータに当てはまる数式を探すことにした。そこで、黒体が発する低い振動数の光を正確に記述する数式と、高い振動数において正確な数式という、場当たり的な二つの数式に注目した。そしてかなりの試行錯誤を繰り返した末に、その二つの数式を「縫い合わせて」、両方の正しい特徴を組み合わせただけの簡潔で場当たり的な独自の数式を導いた。

一つの問題に何年も取り組みつづければ、ちょうど電子レンジの開発や、少なくともポップコーンの新しい作り方のように、最後は何か重要な発見につながるはずだとお考えかもしれない。プランクは、理由はわからないながらかなりうまく通用しそうな数式を考え出したものの、その数式の予測能力を徹底的に検証するだけの十分なデータがなかった。

プランクの公式は、一九〇〇年一〇月一九日にベルリン物理学会の会合で発表された。会合が終わるやいなや、ハインリッヒ・ルーベンスという名前の実験家が自宅に戻ってその公式に値を放り込み、自身が集めた膨大なデータと照らし合わせた。そして目を丸くした。プランクの公式はこれ以上ないというほどに正確だったのだ。

興奮したルーベンスは夜明け近くまでかけて、さまざまな振動数でプランクの数式を計算しては、その予測値を自分の実験結果と比較していった。そして翌朝プランクの自宅に駆けつけて、衝撃的な知らせを伝えた。予測値と実験値とが、すべての振動数で異様なまでに一致していたのだ。プランクの公式はあまりに正確で、単なる場当たり的な推測のはずはなかった。何か重要な事柄を意味しているはずだ。唯一の問題は、プランクもほかの誰も、それが何を意味しているかわからないことだった。裏にきっと深遠で謎めいた原理がありながらも、純粋に推測だけから「導かれた」、まるで魔法のような公式だったのだ。

「量子」という概念の誕生

プランクは、黒体放射の理論に取り組もうと決めたときには、原子の概念に頼らずに説明を与えることを目指していた。ある意味ではそれは成し遂げられた。しかし何らの根拠なしに公式を導いたため、「なぜそれがデータと一致するのか」という疑問には答えなければならないと感じていた。公式が成功したことには心躍ったはずだが、理由がわからないことについては苛立っていたに違いない。

科学者としてつねに根気強いプランクは、おそらく破れかぶれで、原子論の偉大な支持者であるオーストリア人物理学者ルートヴィッヒ・ボルツマン（一八四四―一九〇六）の研究に目を向けた。ボルツマンは何十年も前から、プランクが証明しようとしていたのと反対のこと、つまり、原子の存在は真剣に受け止めなければならないことを証明しようと戦いを続けていた。そしてその過程で、現在では統計物理学と呼ばれている手法を大きく前進させていた（自分の研究の重要性を人々に納得させることはほとんどできなかったが）。

プランクが嫌々ながらもボルツマンの研究に目を向けようとしたことは、時間を割いて評価する価値がある。原子の概念を使わずに物理学研究を進めようとする伝道師が、長いあいだ自分が反対してきた理論を擁護する人物の研究に救いを求めたのだ。自分の先入観と矛盾する考え方に対してこのように心を開くのは、科学のあるべき進め方といえる。アインシュタインものちにプランクを大いに称賛した。しかしふつう、科学はそのようには進まない。むしろ人間のほとんどの取り組みがそうだ。たとえば、インターネットやスマートフォンなどの新たなメディアが登場した頃、レンタルDVDチェーンや音楽レーベル、大手書店チェーンや既存のメディアなど、すでに定着していた企業は、旧来の物理学者が原子や量子を受け入れられなかったのと同じように、新たな生活スタイルやビジネスの進め方を受け入れようとはしなかった。そのため、ネットフリックスやユーチューブやアマゾンなど、もっと柔軟な考え方をする若者や企業に取って代わられてしまった。プランク本人がのちに科学について語った次の言葉は、むしろどんな革新的アイデアにも当てはまるように思える。「新たな科学的真理は、それに反対する人たちが納得して理解することによってではなく、反対する人たちがやがて世を去り、その真理に慣れ親しんだ新たな世代が成長することによって勝利を収める[*14]」

　プランクはボルツマンの論文を読んだ。そして、ボルツマンによる熱力学の統計的記述では、エネルギーは小麦粉のように一見して無限に分割できるものとしてではなく、たとえば卵のようにばらばらの塊として扱うという数学的トリックを使う必要があることに気づいた。つまり、卵は一個や二個や二〇〇個というように整数個でしか持てないが、小麦粉は二・七一八二八一八グラムなどと好きな重さで量ることができる。少なくとも料理人はそのようにとらえているが、実際には小麦粉は無限に分割可能ではなく、顕微鏡で見るとわかるように細かい粒というばらばらの構成単位からできている。

ボルツマンの数学的トリックは単なる計算上の便法であって、ボルツマンは最後には必ず、その分割単位の大きさをゼロに近づけて、エネルギーを離散的な量でなく、もとのとおりにどんな量でも取れるようにしていた。ところが驚いたことに、黒体放射の問題にボルツマンの手法を用いると確かにプランクの公式は導かれるが、それは最後のステップを省いたときだけだった。つまりエネルギーを、卵のようにある基本的な（きわめて小さい）塊の倍数でしか分けられないような量のままにしておかなければならなかったのだ。料理人プランクはそのエネルギーの基本的な量を、ラテン語で「どれだけの量か」を意味する“quantum”（量子）と名づけた。

ルートヴィッヒ・ボルツマン、1900年頃

一言で言うと、こうして量子という概念は誕生した。量子論は、一人の科学者がある深遠な原理からその論理的結論を導こうとたゆみなく努力したことで誕生したのでもなければ、物理学の新たな哲学を発見したいという衝動から生まれたのでもない。はじめて顕微鏡を覗いて、驚いたことに小麦粉も結局は卵と同じくばらばらの単位からできており、その微小な塊の倍数でしか分けられないことを発見した料理人のような人物の手で、量子は産声を上げたのだ。

＊この言葉は、誤って「科学は誰かの葬式のたびに前進する」というもっと簡潔な形で引用されることが多い。

プランクは、その塊、すなわち量子の大きさが、光の振動数――可視光では色に相当する――によって異なることを発見した。とくに、光エネルギーの量子は振動数とある比例係数（プランクはhと名づけた）との積に等しいことを見出した。今日ではその比例係数はプランク定数と呼ばれている。ボルツマンの最後のステップを省かずに、hをゼロと置けば、エネルギーは無限に分割可能であると仮定したことになる。しかしプランクは、最後のステップを省いてhを一定にした上で、公式と実験データとを比較した。そして、少なくとも黒体放射に関しては、エネルギーは微小な基本的な塊として存在していて、好きな値を取ることはできないのだと主張した。

この理論にはどのような意味があるのか？　プランク本人には見当もつかなかった。ある意味プランクは、自らの謎めいた推測を説明する謎めいた理論を作ることに成功したにすぎない。それでも、一九〇〇年一二月のベルリン物理学会の会合でその「発見」を発表した。今日ではその発表は量子論の誕生と呼ばれており、その新たな理論は一九一八年のノーベル賞につながって、やがて物理学の分野を完全に覆す。しかし当時は、プランクを含め誰一人としてそんなことは知るよしもなかった。

当時ほとんどの物理学者は、プランクが黒体放射を長々と研究してもますますとらえどころのない謎めいた理論が導かれただけで、何もよいことはなかったと思った。しかしプランク本人は、その経験から重要な事柄を学んだ。黒体はばねのような微小な振動子からできているというイメージに基づいて黒体放射を「理解」したことによって、その振動子は原子や分子にほかならないと考え、最終的に原子は実在すると確信するようになったのだ。それでも、プランクを含め当時の誰一人として、その量子が自然の基本的性質かもしれないとは気づいていなかった。

プランクと同時代の人の中には、最終的に量子を必要とせずにプランクの黒体放射の公式を導く方法が見つかるはずだと考える人もいた。また、量子は自然の基本原理ではなく、当時の物理学とまったく矛盾しない未解明の物質の性質、たとえば、原子の内部構造や原子の相互作用の結果として生じるありふれた機械的性質によるものとして、いつかは説明できるはずだと考える人もいた。そして一部の物理学者は、プランクの研究結果を、実験データと合致はするが無意味であるとして完全に無視した。

たとえば、黒体問題に取り組みながらもプランクと違って完全な公式を導けなかった、有名な物理学者のジェイムズ・ジーンズ卿は、次のようにプランクを批判している。「もちろん、プランクの法則が実験結果とよく一致し、……［プランクの法則から］ $h=0$ と置くことで導かれる私の法則がおそらく実験結果と一致しないであろうことはわかっている。だからといって、 $h=0$ という値が唯一認められる値であるという私の信念は変わらない」[15]。そうだ、厄介な実験結果は煩わしいから無視してしまえ。詩人ロバート・フロストは一九一四年に、「正しくなくなったというだけで／なぜ信念を捨てるのか？」と詠んでいる[16]。

結局のところプランクの研究は、ジェイムズ・ジーンズを苛立たせただけでたいした騒動は起こさなかった。無意味だと考える物理学者も、ありきたりの説明があるはずだと考える物理学者も、まるでロックフェスティバルでドラッグ禁止法を守っているファンのようにまったく興奮しなかったのだ。そのドラッグが届けられるまでにはかなりの年月がかかった。プランクの考え方を前進させるもう一つの研究は、それから五年間、プランク本人によってもほかの誰によってもおこなわれることはなかった。その研究がおこなわれたのは一九〇五年のことだった。

アインシュタインと量子論

先ほど述べたように、プランクが量子のアイデアを提案したときには、それが自然の基本原理であることには誰一人気づかなかった。しかしそれからまもなくして、一人の新たなプレイヤーがこの分野に参入し、まったく違う態度をとるようになる。プランクが公式を発表したときにはまだ大学を出たばかりだったその無名の人物は、量子に関するプランクの研究を、深遠で厄介でさえあるととらえる。のちにその人物は、「しっかりした土台がどこにもないのに、足もとから地面が引き抜かれたかのようだった」と書いている。[17]

量子に関するプランクの研究結果を理解して、それに価値があることを証明したその男は、一般人のあいだではその研究によって知られているわけではない。最終的にそれと正反対の態度をとって、ジーンズと同様、そのアイデアが真実であることを示していると思われる数多くの実験結果がありながらも、それを非難したことで知られている。その名はアルベルト・アインシュタイン（一八七九―一九五五）である。

プランクの量子のアイデアを取り上げてさらに推し進めたとき、アインシュタインは二五歳、まだ博士論文を仕上げる前だった。しかし五〇歳になった頃には、かつての自らの研究を否定するようになっていた。量子論に対するアインシュタインの心変わりの原因は、最終的には科学というよりも哲学的で形而上学的なものだった。二五歳のときに提唱したアイデアは、「単に」光を量子からなるエネルギーとして理解する新たな方法にすぎなかった。それに対し、のちに浮上してきてアインシュタインが否定した量子の考え方は、根本的に新しい形で現実をとらえるものだった。

つまり、もし量子論を受け入れるとしたら、「量子がある特定の場所に存在する」とか「ある出来事が別の出来事を引き起こす」という言葉の意味を、新たな見方でとらえなければならない。そのことが、量子論の発展につれてはっきりしてきたのだ。その新たな量子的世界観と直感的なニュートン的世界観との隔たりは、機械的なニュートン的世界観と目的に基づくアリストテレス的世界観との隔たりよりもさらに大きくなる。アインシュタインは、以前のように物理学を書き換えたいと考えながらも、自身の研究が引き金となって起こった形而上学の根本的な書き換えを受け入れられないまま世を去ったのだった。

私が初めて量子論に触れたのはアインシュタインが亡くなってからまだ二〇年ほどしか経っていない頃だったが、それでも当然、アインシュタインが嫌った画期的な考え方が詰まった現代的な形式の量子論を教わった。大学の講義では、すでに十分に発展していて検証されている理論の、退屈だが奇妙な側面として説明された。物体が事実上同時に二か所に存在するといった、「量子の奇妙さ」と呼ばれるものは、すでに古くから確立した事実とみなされていた。酒を飲みながら興味深い議論を交わすことはあったものの、我々大学生がそれを考えて夜も眠れなくなることなどなかった。それでもアインシュタインは私のヒーローの一人で、私が難なく受け入れられた考え方をアインシュタインがあれほど受け入れるのに苦労したことに、私は思い悩んだ。アインシュタインでない私には、何が見えていないのだろうか、と。

私がこの問題に苦しんでいると、父はある話をしてくれた。戦前のポーランドでのこと、父と何人かの友人は、車かトラックで轢き殺されたシカを路上で見つけた。当時は食糧不足だったため、父たちはそのシカを持って帰って食べた。父たちは、「路上の轢死体」を食べることは何ら間違っていないと思っていたが、私のようなアメリカ人には気色悪く思える。なぜなら、それは気色悪いことだと信じるよう教わってきたからだ。そうして私は気づいた。何も宇宙に関する深遠な疑問や強く信じられている道徳的信念に目を向けなくても、人々が受け入れたがらない考え方は見つかるものだと。そのような考え方は至るところにあって、そのほとんどは、人間はずっと信じてきたことを信じつづけたがるという単純な事実に基づいているのだ。
アインシュタインにとって、量子論の持つ形而上学的な意味合いは、まさにこの路上の轢死体のようなものだった。従来の因果性の概念を信じながら成長したアインシュタインは、それと根本的に異なる意味合いを持つ考え方をどうしても受け入れられなかったのだ。しかし、もしアインシュタインがそれより八〇年後に生まれて私のクラスメイトになっていたら、量子論の奇妙さとともに成長して、おそらく私やほかの学生と同じくそれを当たり前のこととして受け止めていただろう。その頃には量子論はすでに、確立された学問の一部となっていた。だから量子世界の奇妙さに気づいても、それと矛盾する実験結果がないだけに、目を背けようとする人など一人もいなかったはずだ。

最終的にアインシュタインはニュートン的世界観の中核を守るために戦うことになるが、けっして型にはまった考え方をする人間でもなかったし、権威ある人物を過度に信用する人間でもなかった。むしろ、人と違うふうに考えて権威に挑もうという気持ちが強いあまり、ミュンヘンのギムナジウム（ドイツで高校に相当する学校）に入学した一〇代ですでに問題を起こした。一五歳のとき、一人の教師に「けっして大成しない」と言われ、その後、教師を敬わずにほかの生徒に悪影響を及ぼすからとして退学を強制された――または「丁重に勧められた」。アインシュタインはのちにギムナジウムを「教育マシン」と呼ぶが、それは有用な働きをするという意味ではなく、精神を窒息させる公害を吐き出すという意味だった。

高校を退学させられたアインシュタインは、物理学にとっては幸いなことに、宇宙を理解したいという欲求が形式的な教育に対する嫌悪感に勝って、チューリヒにあるスイス連邦工科大学に志願した。入学試験には落ちたが、スイスの高校で短期間の再教育を受けたのちに、一八九六年に連邦工科大学に入学した。

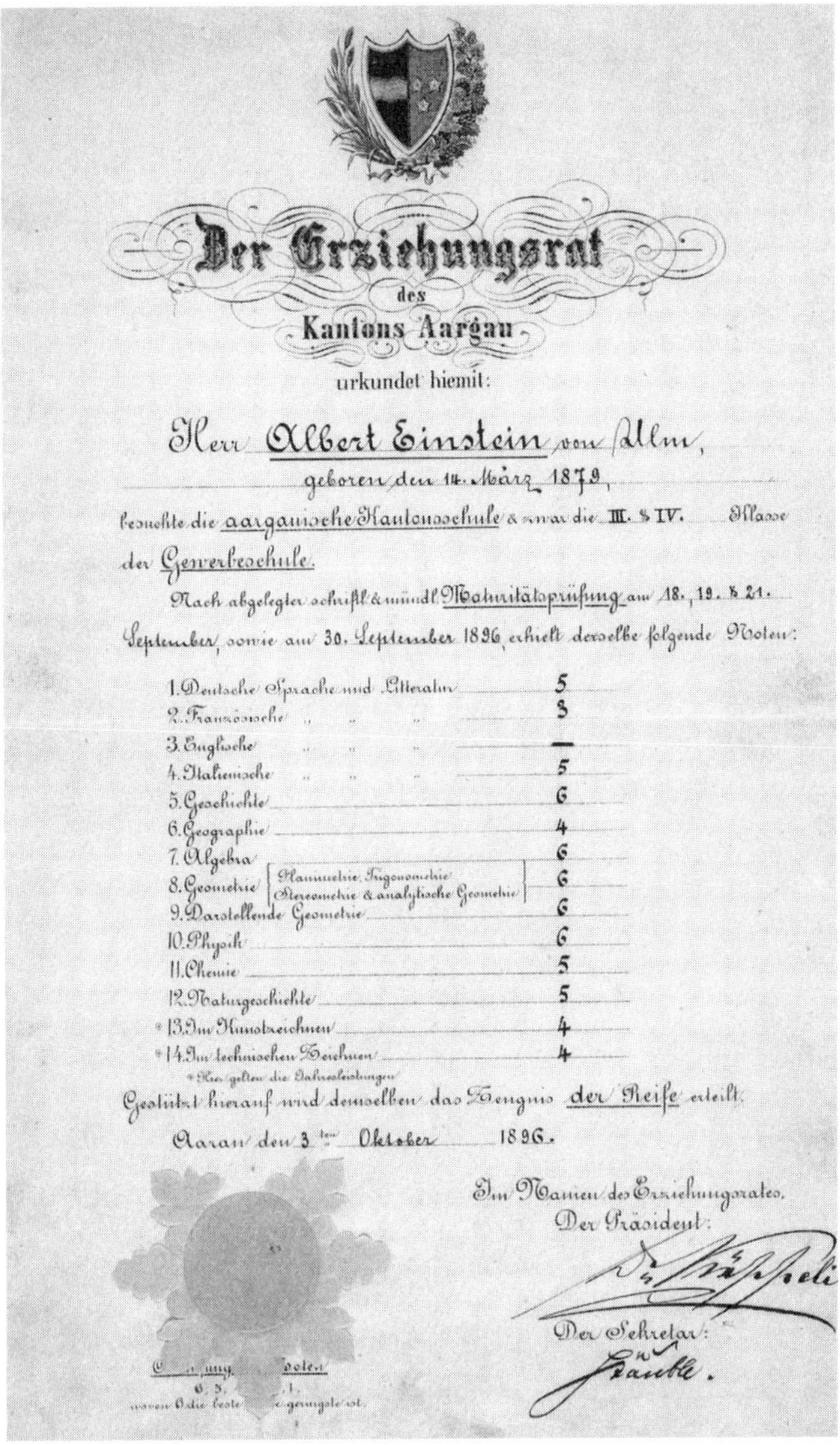
Der Erziehungsrat
des
Kantons Aargau
urkundet hiemit:

Herr Albert Einstein von Ulm,
geboren den 14. März 1879,
besuchte die aargauische Kantonsschule & zwar die III. & IV. Klasse der Gewerbeschule.

Nach abgelegter schriftl. & mündl. Maturitätsprüfung am 18., 19. & 21. September, sowie am 30. September 1896, erhielt derselbe folgende Noten:

1. Deutsche Sprache und Litteratur	5
2. Französische " " "	3
3. Englische " " "	—
4. Italienische " " "	5
5. Geschichte	6
6. Geographie	4
7. Algebra	6
8. Geometrie (Planimetrie, Trigonometrie, Stereometrie & analytische Geometrie)	6
9. Darstellende Geometrie	6
10. Physik	6
11. Chemie	5
12. Naturgeschichte	5
* 13. Im Kunstzeichnen	4
* 14. Im technischen Zeichnen	4

* Hier gelten die Jahresleistungen

Gestützt hierauf wird demselben das Zeugnis der Reife erteilt.

Aarau den 3ten Oktober 1896.

Im Namen des Erziehungsrates,
Der Präsident:

Der Sekretär:

アインシュタインの高校の成績通知表（1896）。成績は 1 から 6 までで示され、6 が最高評価ギムナジウムと同じく大学も好きになれず、講義にはあまり出席しなかったが、友人になった同級生のノートを借りてつけ焼き刃で試験を受け、何とか卒業した。のちにアインシュタインは次のように書いている。「マルセル・グロスマンは非の打ち所のない学生で、一方私は手のつけられない夢想家だった。グロスマンは教師とよい関係で、すべて理解していたが、私はのけ者で不満を抱いていて嫌われていた[18]」。グロスマンとの出会いは、アインシュタインの大学生活にとって幸運なだけではなかった。グロスマンものちに数学者となって、相対論を完成させるのに必要な風変わりな幾何学をアインシュタインに教えることになる。

アインシュタインは学位を取っても、簡単には成功への道には乗れなかった。大学教授の一人が意地悪で、評価の低い推薦状を書いてよこしたのだ。アインシュタインは物理学と数学の大学教員になりたかったが、少なくともそれが一因で、卒業生が代々就いてきた職を見つけることができず、代わりにギムナジウムの二人の生徒を教える個人教師となった。

その職に就いてからまもなくしてアインシュタインは、学校の悪影響を避けるために二人を退学させるよう雇い主に忠告した。教育システムに関して不満だったのは、テスト勉強を重視するあまりに真の好奇心や創造性が失われてしまうことだった。皮肉にもそれからおよそ一〇〇年後、ジョージ・W・ブッシュ大統領が推進した落ちこぼれゼロ運動によって、記憶力を重視するテスト中心のカリキュラムがアメリカの公式な教育政策の中核をなすようになる。ブッシュがアインシュタインにかなわないことは誰でも知っていたが、人々を動かして自分の考え方を受け入れさせるという政治家としての能力にかけては、アインシュタインのほうがブッシュにかなわなかったらしい。ギムナジウムの悪影響をこき下ろしたせいで、アインシュタインは首になったのだった。

当時の苦境についてアインシュタインの父親は次のように書いている。「息子は無職の状態でとても不幸です。自分は成功への道から外れているという感情が日に日に増していて、……収入の少ない私たちの負担になっているという意識がのしかかっています」[19]。この手紙はライプツィヒ大学の物理学者フリードリッヒ・ヴィルヘルム・オストヴァルトに宛てられたものだ。アインシュタインはそれ以前にも、オストヴァルトに自分の最初の論文と、職を求める手紙を送っている。しかしアインシュタインのところにも父親のところにも返事は来なかった。それから一〇年後にオストヴァルトは、アインシュタインをはじめてノーベル賞に推薦することとなる。しかし一九〇一年には、アインシュタインの才能に感心してその能力にふさわしい職を与える人など一人もいなかったのだ。

アインシュタインの職業人生がようやく落ち着いたのは、一九〇二年、ベルンにあるスイス特許局の局長がマルセル・グロスマンの父親からアインシュタインを紹介されて、筆記試験を受けるよう勧めたときだった。アインシュタインは高い点数を取って職に就いた。仕事は、技術的に高度な特許申請書を読んで、もっと頭の悪い上司が理解できるよう単純な表現に書き改めることだった。その年の夏、アインシュタインは仮採用で働きはじめた。

アインシュタインはよい働きぶりだったようだが、一九〇四年に特許事務官第三級から第二級への昇進を志願すると却下された。一方で物理学の研究は、やりがいはありながらもぱっとしなかった。一九〇一年と一九〇二年に書いた最初の二篇の論文は、分子のあいだに働く普遍的な力に関する仮説を扱ったもので、のちの本人の説明によれば価値のない代物だった[20]。それに続く三篇の論文も玉石混淆で、やはり物理学の世界にはほとんど影響を与えなかった。次の年には長男が生まれたが、物理学の論文は一篇も発表していない。

絶えずお金の問題に悩まされ、また物理学の研究も冴えないせいで、アインシュタインはやる気を失っていてもおかしくはなかったが、仕事には知的な刺激を受けて楽しんで取り組み、仕事後の「八時間の怠惰」のあいだには情熱をもって物理学について考えることができたという。また仕事後の研究に加えて、特許局での仕事の最中にも他人の目を盗んで研究に取り組み、誰かが近づいてきたら慌てて計算用紙を引き出しにしまっていた。そうした研究がついにこの上なく見事な形で報われる。一九〇五年にアインシュタインは、それぞれ内容のまったく異なる三篇の画期的な論文を提出し、第三級の特許事務官から第一級の物理学者へと躍進したのだ。

いずれの論文もノーベル賞に値するものだったが、うち実際に受賞したのは一篇だけである。ノーベル委員会が一人の人物に複数の賞を与えようとしなかったのも理解できるかもしれないが、残念ながら長年のあいだに、もっと理解しがたい見過ごしがいくつも明るみに出る。物理学者に限定しても、アルノルト・ゾンマーフェルト、リーゼ・マイトナー、フリーマン・ダイソン、ジョージ・ガモフ、ロバート・ディッケ、ジム・ピーブルズといった科学者を無視するという大失態を犯してきたのだ。*

とくに、マイトナーに賞を与えようとしなかったのは言語道断である。何千年ものあいだ女性は、高等教育や、宇宙の解明に寄与できる職業に就く機会から、ほぼ完全に締め出されていた。それが変わりはじめたのはわずか一〇〇年ほど前のことで、その社会変化はいまだ道半ばだ。科学者としても女性としても開拓者だったマイトナーは、ウィーン大学で物理学の博士号を取った二人目の女性だった。卒業したマイトナーはマックス・プランクに頼み込んで一緒に研究させてもらったが、それまでプランクは自分の授業に女性が出席することさえ認めていなかった。やがてマイトナーは、ベルリン大学の若い化学者オットー・ハーンと共同研究を始める。二人は数々のブレークスルーを成し遂げたが、中でももっとも重要なの

が核分裂の発見である。残念なことに、一九四四年のノーベル化学賞はハーンだけに授与され、マイトナーは受賞しなかった。†

解体され始めたニュートンの世界観

理論物理学の中毒的な魅力の一つは、自分のアイデアが人々の考え方や生活に大きな影響を与える可能性があることだ。確かに、この分野を理解して身につけ、その手法や問題を理解するには、何年もかかる。確かに、挑んだ問題の多くは結局のところ解決できない。確かに大部分のアイデアは無意味だし、ほとんどの場合、広大な研究分野のごく一部に貢献するだけでさえ何か月もかかる。理論物理学者になりたければ、もちろん頑固で忍耐強くなければならない。些細な発見やちょっとした数学から自然の秘密が魔法のように導かれ、発表するまでそれは自分しか知らないことに、興奮を覚えるたちでなければならない。しかし、もっとすごい道が開ける可能性は必ずある。考え出したりひらめいたりしたアイデアがあまりに強力で、自然のちょっとした秘密どころか、同業者や人類全体の宇宙観を変えてしまうこともありうるのだ。

＊ゾンマーフェルトは量子論の重要な開拓者。マイトナーは、ここでも述べているように核分裂を含め数々の発見をおこなった。ダイソンは電磁気の量子論を推進した。ガモフ、ディッケ、ピーブルズは、宇宙マイクロ波背景放射の存在を予測してそれに説明を与えたが、それに対するノーベル賞は、偶然に宇宙マイクロ波背景放射を検出していながら自分たちが何を発見したのか見当もつかなかった、アーノ・ペンジアスとロバート・ウィルソンに与えられた。

†しかしマイトナーはメンデレーエフと同じく、国際純正・応用化学連合に功績を認められ、一九九七年に一〇九番元素がマイトネリウムと命名された。マイトナーは一九六八年に世を去った。

アインシュタインは特許局での一年間のうちに、そのようなアイデアを三度も紡ぎ出したのだった。

その三つの画期的な理論のうち、アインシュタインをもっとも有名にしているのは相対論である。その分野におけるアインシュタインの研究は、空間と時間の概念を根本的に変えた。空間と時間は密接に関連していて、それらの量の測定値は絶対ではなく観測者の状態によって変わることを示したのだ。

アインシュタインが相対論によって解決しようとしたのは、マクスウェルの電磁気理論から導かれたパラドックスである。マクスウェルの理論によれば、光の速さを測定する観測者はみな、光源に対する自分の速さと関係なしにすべて同じ測定結果を得る。

ガリレオに倣ってある単純な思考実験をおこなえば、この言葉がなぜ我々の日常の経験と矛盾しているのかを理解できる。駅のプラットフォームに立っている売り子の前を、列車が通過したと想像してほしい。その走る列車に乗っている乗客が前方に投げたボール（またはどんな物体でもいい）を売り子が見ると、自分が同じ勢いで投げた場合よりも速く飛んでいるように見えるだろう。なぜなら、売り子の視点から見ると列車上のボールは、乗客が投げた速さと列車の速さとを足し合わせた速さで運動するからだ。しかしマクスウェルの理論によると、走っている列車から発せられた光がそれ以上速く進むことはない。売り子が見ても乗客が見ても、同じ速さで伝わっているように見えるのだ。あらゆる事柄を原理へ還元したがる物理学者にとっては、どうしても説明を必要とする現象である。

光と物質を区別しているのはどんな原理だろうか？　物理学者は長年にわたってこの問題に取り組んだが、中でももっとも支持を集めた説は、未検出の媒質中を光の波が伝播するというものだった。しかしアインシュタインの考えは違っていた。その解決法は光の伝播に関する未知の何らかの性質にあるのではなく、速さに対する我々の理解にあると気づいたのだ。そして次のように推論した。速さは距離を時間で割ったものなので、マクスウェルの理論において光の速さが一定であるということは、距離と時間の測定値が普遍的に一致することはありえないという意味になる。普遍的な時計や普遍的な物差しは存在せず、すべての測定値は観測者の運動によって変化する。そしてその変化の結果、すべての観測者が光の速さを同じ値で測定する。したがって一人一人が観測測定するものは、おのおのの個人的な見方でしかなく、全員が同意できるような現実ではないのだ。これが、アインシュタインの特殊相対論の根幹である。

相対論は必ずしもニュートンの理論に取って代わるものではなく、それを修正したにすぎない。測定結果は観測者の運動によって変化するという、アインシュタインによる空間と時間の新たな枠組みに合致するように、ニュートンの運動の法則には手を加えなければならなかった。対象と観測者が互いに比較的遅い速さで運動している場合には、アインシュタインの理論はニュートンの理論とほぼ等価である。速さが光の速さに近づいてはじめて、相対論の効果が顕著になってくる。

相対論による新たな効果は極端な条件下でないと見えてこないため、日常の存在にとっての重要性は、我々を形作る原子の安定性を説明する量子論よりもはるかに低い。しかし当時は、量子の持つ広範に及ぶ重要性は誰一人知らなかった。それに対して相対論は、物理学界をまるで地震のように襲った。それまで二〇〇年以上にわたってニュートンの世界観が科学を形作ってきたが、いまやその構造にはじめてひびが入ったのだ。

ニュートンの理論は、唯一の客観的な現実が存在するという考え方に基づいていた。空間と時間は固定した枠組みを形作っており、その舞台の上で世界中の出来事が展開する。観測者は、どこにいようがどのように運動していようが、ちょうど外界から我々を観察する神のように全員が同じ劇を目にする。相対論はこの見方と矛盾していた。劇は一つだけではなく、一人一人が経験する現実は日常生活と同じく個人的なものであって、自分の居場所と運動状態によって異なる。そう仮定することでアインシュタインは、ガリレオがアリストテレスの世界観を排除しはじめたのと同じように、ニュートンの世界観を解体しはじめたのだ。

アインシュタインの研究は物理学の文化に重大な影響を与え、新たな世代の思索家を勇気づけ、古い考え方に対して異議を唱えることを容易にした。たとえば、のちほど紹介するヴェルナー・ハイゼンベルクは、アインシュタインが高校生向けに書いた相対論の本に心動かされて物理学の道に入った。やはりのちほど紹介するニールス・ボーアは、相対論に対するアインシュタインの取り組みに勇気づけられて、原子は日常の存在とはまったく異なる法則に従うのではないかと考えるようになった。

皮肉なことに、アインシュタインの相対論を吸収して理解した偉大な物理学者の中で、もっとも感銘を受けなかったのはアインシュタイン本人だった。アインシュタインの見るところ、自分はニュートン的世界観の大黒柱を倒すよう主張しているのではなく、単にいくつかの修正を与えているだけだった。その修正は当時の実験結果の大部分にはほとんど影響を与えなかったが、理論の論理構造の欠陥を繕うためには重要だった。さらに、ニュートンの理論と相対論とを両立させるために必要な数学的な修正は、比較的簡単におこなうことができた。そのためアインシュタインは、のちに量子論のことはニュートン物理学を排除する代物とみなす一方で、物理学者で伝記作家のアブラハム・パイスの言葉によると、「相対論は革命でも何でもないと考えていた」[21]。アインシュタインにとって相対論は、一九〇五年の自分の論文の中でももっとも重要性が低かった。原子と量子に関するほかの二篇の論文のほうが、もっとずっと深遠だと見ていたのだ。

原子に関するアインシュタインの論文は、一八二七年にダーウィンの旧友ロバート・ブラウンが発見した、ブラウン運動と呼ばれる効果を解析したものである。その「運動」とは、花粉の中に含まれているような微小な粒子を水に浮かべると、謎めいた形でランダムにさまようことを指している。アインシュタインはこれを、顕微鏡でも見えない分子が浮遊粒子の全方向からきわめて頻繁に衝突するせいで起こると説明した。一回一回の衝突はあまりに弱くてそれでは粒子は動かないが、稀に単なる偶然で粒子の一方の側よりももう一方の側のほうにはるかに多くの分子が衝突し、その勢いによって粒子が動く。そのように仮定すれば、観察される粒子の運動の大きさと頻度を説明できることを、アインシュタインは統計的に示した。

この論文はすぐに世間を沸かせ、その説得力の高さゆえ、原子論の宿敵フリードリッヒ・ヴィルヘルム・オストヴァルトでさえ、アインシュタインの論文を読んで原子は実在すると納得したと語った。その一方で、原子論の一番の支持者ボルツマンはなぜか、アインシュタインの論文についても、それによる気持ちの変化についても一言も述べていない。自説に対する人々の反応に失望したこともあって、翌年ボルツマンは自ら命を絶つ。それはとりわけ残念なことである。というのも、ブラウン運動に関するアインシュタインの論文と、一九〇六年にアインシュタインが書いたもう一篇の論文によってようやく物理学者は、手で触れることも見ることもできない原子が実在すると納得し、一八六〇年代からボルツマンが説きつづけてきたがほとんど成果を上げていなかったまさにその考え方を受け入れたからだ。

三〇年のあいだに科学者は、原子を記述する新たな方程式を使って化学の根底をなす原理を説明し、ドルトンやメンデレーエフの考え方をようやく証明できるようになった。またニュートンの夢だった、物質の性質をその構成粒子である原子のあいだに作用する力に基づいて理解することに取り組みはじめた。一九五〇年代にはさらに先へ進み、原子に関する知識を使って生物学をより深く理解することになる。そして二〇世紀後半には、原子の理論が技術革命、コンピュータ革命、情報革命をもたらす。花粉の運動の解析として始まった学問が、現代世界を形作る道具へと成長したのだ。

しかし、これらの実用的な取り組みの基礎をなす法則、すなわち原子の性質を記述する方程式は、ニュートンの古典力学からも、それを修正した「相対論的」形式からも導かれなかった。原子を記述するには量子の法則という新たな自然法則が必要で、その量子の考え方こそが、一九〇五年にアインシュタインが発表したもう一つの画期的な論文のテーマだった。

「光の発生と変化に関する一つの発見的観点について（*Über einen die Erzeugung und Verwandlung des Lichtes betreffenden heuristischen Gesichtspunkt*）」というタイトルがつけられたその論文でアインシュタインは、プランクの考え方を取り上げてそれを深遠な物理原理へと変えた。量子論も相対論と同じくニュートンに反旗をひるがえすものだということは、アインシュタインにもわかっていた。しかしこの時点では、量子論によるその影響がどこまで広がるのかもまったくわからなかったし、量子論をさらに発展させたときに厄介な哲学的問題が引き起こされる兆しもまったく見られなかったため、アインシュタインは自分が何を成し遂げたかを理解していなかった。

この論文の中で示された「観点」は、きわめて有効なマクスウェルの理論で記述される波動としてでなく、量子的粒子として光を扱うというものだったため、この論文は一九〇五年のほかの画期的成果ほどには受け入れられなかった。物理学者たちがその考え方を受け入れるまでには、それから一〇年以上かかることになる。この問題に対するアインシュタイン本人の感じ方については、一九〇五年、三篇の論文に先立ってある友人に送った手紙を見返してみるとよくわかる。[22] 相対論に関する論文については、「一部は君も興味を持ってくれるだろう」と書いているが、量子に関する論文については「とても革新的だ」と語っている。実のところその研究が最終的にはもっとも大きい影響を与え、一九二一年のノーベル賞へつながることとなる。

光子や量子論に対する疑念

プランクが残していった量子をアインシュタインが拾い上げたのは、偶然ではなかった。アインシュタインもプランクと同じく、研究人生で最初に取り組んだのは、熱力学という沈滞した分野における原子の役割に関する問題だった。しかしプランクとは違って、当時の物理学とはほとんど接点のない門外漢だった。しかも原子に関しては、アインシュタインとプランクの目標は互いに正反対だった。プランクの博士研究は物理学から原子を排除することが狙いだったが、アインシュタインは一九〇一年から一九〇四年のあいだに書いた初期の論文の中で自らの目標を、「一定の有限な大きさを持った原子の存在をできる限り保証する事実を見つけること」と述べている。その目標は、原子のランダムな運動がブラウン運動を引き起こすという、一九〇五年の画期的な理論によって最終的に達成された。[23]

しかし物理学者たちは、アインシュタインの助けを借りてようやく原子の存在を受け入れた一方で、アインシュタインがプランクの量子の考え方を取り上げた研究の中で導入した新たな光の「原子状」理論のほうは、なかなか鵜呑みにはできなかった。その理論は、黒体放射に関するプランクの研究について考察したことで導かれた。プランクの分析に満足できなかったアインシュタインは、独自の数学的道具を編み出してその現象を分析した。そして、黒体放射は量子の概念を用いないと説明できないという同じ結論に達したものの、その説明には、一見したところ技術的ではあるが重大な違いがあった。プランクは、エネルギーが離散的になるのは黒体中の原子や分子が放射を発する際に振動するためだと仮定したが、アインシュタインはその離散的な性質を、放射自体にもとから備わっている性質であるととらえたのだ。

アインシュタインは黒体放射を、まったく新たな自然の原理の証拠ととらえた。その原理とは、すべての電磁気エネルギーはばらばらの塊として存在し、放射は光の原子ともいえる粒子からできているというものである。このように考察したアインシュタインは、量子原理の革新性をはじめて認識した。黒体放射を説明するための単なるその場限りの数学的トリックではなく、この世界の基本的側面であるということだ。アインシュタインはその放射の粒子を「光量子」と名づけたが、一九二六年にはそれに「光子」という現在の名前が与えられた。

もしそこで満足していたら、アインシュタインの光子の理論はプランクの理論と同じく、黒体放射を説明するためにこしらえた単なる代替モデルでしかなかっただろう。しかし、もし光子の考え方が本当に基本的なものだとしたら、もともとそれによって説明しようとしたもの以外の現象も解明できるはずだ。そのような現象の一つとしてアインシュタインは、光電効果と呼ばれるものに目をつけた。

光電効果とは、金属に光を当てると電子が飛び出すという現象である。この光電効果をとらえるには、さまざまな装置を使ってその電流を測定すればいい。その技術はテレビの開発において重要な役割を果たすことになるし、いまでも煙感知器や、エレベータのドアに人がはさまれるのを防ぐセンサーなどの装置に使われている。エレベータの場合、入り口の一方の側から光線を発射し、それがもう一方の側の光電受光器に入ると電流が発生する。人がエレベータに足を踏み入れると、光線が遮られて電流が途切れ、それによってドアが開くように設計されている。

金属に光を当てると電流が発生する現象は、一八八七年にドイツ人物理学者のハインリッヒ・ヘルツによって発見された。ヘルツは、電荷を加速させることで意図的に電磁波を発生させてそれを検出した初の人物で、振動数の単位にその名がつけられている。しかし電子はまだ発見されていなかったため、光電効果に説明を与えることはできなかった。イギリス人物理学者のJ・J・トムソンが電子を発見したのは一八九七年、ヘルツが稀な病気によって血管の炎症を起こし、三六歳で亡くなった三年後のことだった。

　電子の存在が明らかになったことで、光電効果を単純な形で説明できるようになった。光エネルギーの波が金属にぶつかると、金属の中にあった電子が励起して空間中に飛び出し、火花や放射線や電流として姿を現すという説明だ。トムソンの研究が呼び水となって、光電効果についてさらに詳しく研究されるようになった。しかし長期にわたる難しい実験によって、光電効果がこの理論的イメージには当てはまらない側面を持っていることが明らかとなる。

　たとえば光線の強度を強くすると、金属から飛び出してくる電子の数は増えるものの、飛び出してくる電子のエネルギーはまったく変わらない。これは古典物理学による予測と矛盾している。光が強ければエネルギーも増えるので、それが吸収されればより高速でエネルギーの高い電子が発生するはずなのだ。

　アインシュタインはこの問題について何年か考察した末に、一九〇五年についに量子と結びつけた。光が光子からできていると仮定すれば、データを説明できるのだ。アインシュタインによる光電効果のイメージは次のとおりである。金属に当たる光子はそれぞれ、いずれか一個の電子にそのエネルギーを与える。それぞれの光子が持っているエネルギーは、その光の振動数、すなわち色に比例し、十分なエネルギーを持っている光子は電子をはじき出す。振動数の高い光は、エネルギーの高い光子からできている。一方、光の振動数はそのままにして強度を強くすると、その光にはよりたくさんの光子が含まれるようになるが、光子のエネルギーが高くなることはない。その結果、光を強くすると放出される電子の個数は増えるが、電子のエネルギーは変わらない。観測されているとおりの振る舞いだ。

光は光子という粒子からできているとするこの説は、光は波として伝わると説く、大成功を収めているマクスウェルの電磁気理論と矛盾していた。そこでアインシュタインは、光の古典的な「マクスウェル的」波動としての性質が現れるのは、通常の条件のもとで、膨大な数の光子の全体的な効果が関係する光学的観測をおこなったときであると提唱した。結果としてその考え方は正しかった。

たとえば一〇〇ワットの電球は、一〇億分の一秒間でだいたい一〇億個の光子を発する。それに対して光の量子的性質が現れてくるのは、光の強度をきわめて弱くした場合か、光子の離散的性質に基づくメカニズムで起こる現象（光電効果など）の場合である。しかしこのような仮説だけでは、人々はアインシュタインの過激なアイデアを受け入れることができず、ほぼ誰もが大きな疑念を示した。

アインシュタインのこの研究に対する論評の中で私が気に入っているものの一つが、一九一三年にプランクと何人かの指導的物理学者が共同で書いた、名声あるプロイセン科学アカデミーへのアインシュタインの入会推薦状である。「すなわち、現代物理学にこれほど数多く残っている大問題の中で、アインシュタインがいまだ顕著な貢献を果たしていないものはほとんどないと言える。たとえば光量子の仮説など、的外れな推測もときにはあるかもしれないが、もっとも厳密な科学においてもときにリスクを取らなければ真に新たな考え方を導入することはできないのだから、あまり過度にアインシュタインを非難することはできない[24]」

皮肉なことに、はじめは光子の理論に反対していたロバート・ミリカンが、最終的には精確な測定によって、光電子のエネルギーを記述するアインシュタインの法則を裏づけ、その功績（および電子の電荷の測定）によって一九二三年にノーベル賞を受賞した。アインシュタインが一九二一年にノーベル賞を受賞した際の紹介文は、「理論物理学への貢献、とくに光電効果の法則の発見により、アルベルト・アインシュタインに授与する」という単純なものだった。[25]

ノーベル委員会は、アインシュタインの導いた公式は評価するが、そこから起こった学問上の革命は無視するという道を選んだ。光量子についても、また量子論に対する貢献についても、言及していない。アブラハム・パイスはこの姿勢を「歴史的に見れば過小評価だが、物理学界の総意を正確に反映していた」と評している。[26]

光子や量子論全般に対する疑念は、その後の一〇年で、「量子力学」の形式的な理論の登場とともに払拭された。その理論は、物体の運動と力に対する物体の反応とを司る基本原理としての地位を、ニュートンの運動の法則から奪い取った。量子力学が完成すると、アインシュタインはその成功はしぶしぶ認めるものの、もはや量子の考え方には反対するようになっていた。

アルベルト・アインシュタイン（1921）

量子論を最終理論として受け入れることを拒んだアインシュタインは、いずれもっと基本的な理論がそれに取って代わって、旧来の因果の概念を取り戻せるはずだとかたくなに信じつづけた。一九〇五年に発表した三篇の論文はいずれも物理学の道筋を変えたが、その後の人生でアインシュタインは、自らが口火を切った流れを元に戻そうとしたものの無駄に終わる。一九五一年には、友人のミケーレ・ベッソに宛てた生涯最後の手紙の中で、自分は失敗したと認めている。「五〇年間考えつづけたけれど、光量子とは何かという疑問の答にはこれ以上近づけなかった」[27]

第11章　見えない世界

時間を無駄にするかもしれない研究

博士研究を終えてすぐにカリフォルニア工科大学の若手教員のポストに就いた私は、学問の世界からふるい落とされずに、教授陣の中でもっと報われる地位に就けるよう、次の研究テーマを探しはじめた。そんなある日の午後、セミナーが終わって、物理学者のリチャード・ファインマンと弦理論について話しはじめた。当時六〇代のファインマンは、同僚の物理学者の中でおそらく世界一尊敬されている科学者だった。今日では多くの人が（全員というにはほど遠いが）、弦理論を、理論物理学の究極の目標である自然界のすべての力の統一理論の最有力候補ととらえている。しかし当時は弦理論について聞いたことのある人は数少なく、ファインマンも含めそのうちほとんどの人は気にもかけていなかった。ファインマンが弦理論に対して不満をこぼしていると、モントリオール大学から客員として来ていた同僚が近づいてきてこう言った。「物理学の権威に受け入れられていないからというだけで、若者が新しい理論を研究するのを邪魔してはいけないと思うな」[1]

ファインマンが弦理論を否定したのは、自分がそれまで信じていた体系からあまりにかけ離れていて、考え方を合わせられなかったからだろうか？　あるいは、仮に以前の理論からそんなにはかけ離れていなかったとしても、弦理論の欠陥について同じ結論に達していたのだろうか？　それはわからないが、ファインマンはその客員にこう答えた。新しいことに取り組むなと忠告していたのではなくて、もしうまくいかなかったら膨大な時間が無駄になるから慎重になれと言っていただけだ、と。すると客員は「私は自分の理論に一二年も取り組んでいるよ」と言って、その理論を微に入り細にわたり説明しはじめた。それが終わるとファインマンは私の方を向き、たったいま誇らしげに自分の研究を説明し終えた人物の目の前で、「時間を無駄にすると言ったのはまさにこういう意味だ」と当て擦った。

研究の最前線は霧の中に隠されており、積極的な科学者なら誰しも、つまらない道や行き止まりを進んで無駄な努力をするものだ。しかし成功する物理学者が一つ違う点は、得るところが多くてしかも解決可能な問題を選ぶこつ（あるいは運）を持っているところだ。

前に物理学者の情熱を芸術家にたとえたが、私はいつも、芸術家のほうが物理学者よりはるかに有利だと感じている。芸術では、何人の同業者や批評家が酷評したところで、それを証明することは誰にもできない。しかし物理学では証明できる。物理学では、「美しいアイデア」を思いついてもそれが正しくなければほとんど慰めにならない。そのため物理学では、あらゆる革新的な試みと同じく、難しいバランスをとらなければならない。選んだ問題を慎重に追究しながらも、何も新しいことを生み出さなかったという結果にならないよう注意しなければならない。そのため、科学にとってテニュア（終身在職権）制度にはとても価値がある。創造性を育むのに欠かせない、失敗するということが許されるからだ。

振り返ると、アインシュタインによる光子の刺激的な理論は、生まれたばかりの量子論においてすぐに大量の新たな研究を促していてもおかしくはなかったはずだ。しかし当時は、光子が存在する証拠はまだ少なかったし、疑念を抱くれっきとした理由もいくつもあったため、光子の研究をおこなうにはかなりの知的冒険心と勇気が必要だったのだろう。

若い物理学者はふつう、うまくいかないかもしれない問題、あるいは嘲笑を浴びかねない問題に取り組むことを厭わないものだし、まだ柔軟な世界観を持っているものだが、そんな彼らでさえ、博士研究やポスドク研究にアインシュタインの途方もない光子の理論を選ぶことはなかった。

ほとんど何の進展もないまま、一〇年近い歳月が過ぎた。三〇歳を過ぎたアインシュタイン本人は、先駆的な理論家としては歳を取りすぎていて、多くの時間を別の革新的なアイデアに費やしていた。一九〇五年の特殊相対論を拡張して一般化し、重力を含めるというアイデアだ（特殊相対論はニュートンの運動の法則を修正したもので、一般相対論はニュートンの重力の理論に取って代わることになるが、そのためにアインシュタインは特殊相対論に手を加えなければならなかった）。アインシュタインが光子の理論に無関心だったことについて、ロバート・ミリカンは次のように書いている。「［光電効果に対する］アインシュタインの数式は完全に成功を収めたようだが、それが表している［光子の］物理理論はあまりにも筋が通っていないため、アインシュタイン本人ももはやこだわっていないのだと思う」[2]

ミリカンは間違っていた。アインシュタインは光子に見切りをつけてはいなかったが、そのときは別のことに関心があったので、ミリカンがそう考えたのもよくわかる。しかし光子も、そこから生まれた量子の概念も、どちらも死んではいなかった。それどころか、まもなくニールス・ボーア（一八八五―一九六二）のおかげでスターとなる。ボーアはまだ自分なりのやり方が固まっておらず、経験も不十分で、世界を支配する法則に関する人々の考え方に異議を唱えて時間を無駄にするべきではないということも知らなかった。

夢想家と技術者

ニールス・ボーアは高校生のときに、きっと次のように教わったはずだ。ギリシャ人が自然哲学を打ち立て、物体が重力に対してどのように反応するかを記述したアイザック・ニュートンの方程式が、世界のしくみを理解するという目標に向けた最初の大きな一歩となり、それによって、落下する物体や公転する天体の運動に関する正確で定量的な予測をおこなえるようになった、と[3]。また、自分が生まれる少し前にマクスウェルが、物体が電気力や磁気力にどのように反応してそれらをどのように生み出すのかを記述した理論をつけ加え、ニュートンの世界観を現在の頂点へと前進させたことも教わったはずだ。

ボーアが人格形成をしていた頃の物理学者は、当時知られていた自然のあらゆる相互作用を含め、力と運動両方の理論をすでに持っているように思われていた。二〇世紀になってコペンハーゲン大学に入学したボーアは、二〇〇年以上にわたって成功を重ねてきたニュートンの世界観がいままさに崩れようとしていることなど知るよしもなかった。

前に述べたように、ニュートンに対して異議が唱えられるようになったのは、マクスウェルの新たな理論によってニュートンの運動の法則を新しい一連の現象にまで拡張できると当初は思われたものの、最終的には、黒体放射や光電効果などの現象がニュートン（古典）物理学による予測と反することが明らかとなったためだった。しかしアインシュタインやプランクによって理論が進歩することができたのは、技術革新によって原子を含む物理過程を探究できるようになったためだった。その事態の移り変わりに奮い立ったのが、実験研究に大きな理解を示してかなりの才能を発揮するボーアだったのだ。

ボーアが学位論文を提出するまでの数年間は、実験物理学に関心のある人にとってはまさに刺激的な歳月だった。旧式のテレビに使われていた「ブラウン管」の前身である、電子発生源を埋め込んだ真空のガラス管の開発など、さまざまな技術進歩によって、数々の重要なブレークスルーが実現したのだ。たとえば、ヴィルヘルム・レントゲンがX線を発見し（一八九五）、トムソンが電子を見つけ（一八九七）、ニュージーランド生まれの物理学者アーネスト・ラザフォードが、ウランやトリウムなどいくつかの元素が謎めいた線を放出することを発見した（一八九九―一九〇三）。ラザフォード（一八七一―一九三七）はその謎めいた線を、一種類ではなく、アルファ、ベータ、ガンマの三種類に分類した。それらの放射線は、ある元素の原子がひとりでに崩壊して別の元素の原子に変わるときに生じる残骸ではないかと、ラザフォードは推測した。

アーネスト・ラザフォード

とくにトムソンとラザフォードによる発見は画期的で、それによって、原子とその構成部品はニュートンの法則どころかその概念的枠組みを用いても記述できないことが判明した。そして最終的に、原子の実験結果を説明するには物理学のまったく新しい方法論が必要であることが明らかとなる。

しかし当時、理論面と実験面の両方が目もくらむような進歩を見せていながら、物理学界の当初の反応は冷ややかで、まるで何も起こっていないかのようだった。プランクの量子やアインシュタインの光子の概念だけでなく、それらの画期的な実験も無視されたのだ。

一九〇五年以前、原子は形而上学的で無意味な代物だと考えていた人たちは、原子の構成部品とされていた電子に関する話を、まるで無神論者が「神は男か女か」と議論しているかのように白い目で見ていた。さらに驚くことに、原子の存在を信じる人たちさえ、電子の概念は気に入らなかった。というのも、電子は原子の「一部」とされていたが、原子は「分割不可能」と考えられていたからだ。トムソンの発見した電子はあまりに風変わりな存在に感じられたため、ある著名な物理学者は「トムソンは冗談を言っている」と思ったという。[4]

それと同様に、ある元素の原子が崩壊して別の原子になるというラザフォードの考えも、まるで、あごひげを伸ばして錬金術師のローブを着た男が言い出した話であるかのように無視された。一九四一年、原子炉の中で金属に中性子を衝突させるという方法で、文字どおり錬金術師の夢だった水銀から金への変換が実現する。[5]しかし一九〇三年当時の物理学者は、元素変換に関するラザフォードの突飛な主張を受け入れられるほど大胆ではなかった（皮肉なことに彼らは、ラザフォードが発見した光り輝く放射性物質をいじくり回すほどには大胆だったため、起こるとは信じていなかった過程で発生する放射線に自分の身をさらしてしまった）。

理論物理学者と実験物理学者の両方からもたらされる大量の奇妙な研究論文は、多くの人の目には、「ブドウを食べる人のほうが自動車事故に遭いやすい」といったとんでもない発見がしょっちゅう発表される今日の社会心理学の文献のように映ったに違いない。しかし彼ら物理学者の結論は、異様に聞こえるものの実際に正しかった。実験的証拠が積み重なり、アインシュタインが理論的な理屈づけをしたことで、最終的に物理学者は原子とその構成部品の存在を受け入れざるをえなくなった。

トムソンは電子の発見につながった研究が認められて、一九〇六年にノーベル物理学賞を受賞した。ラザフォードは、ローブを着た錬金術師の言葉を事実上裏づける発見によって、一九〇八年にノーベル賞――化学賞だったが――を受賞した。

そんな時代だった一九〇九年に、ニールス・ボーアは物理学の研究を始めた。アインシュタインより五歳若いだけだったが、あまりにギャップが大きく、原子と電子の両方をようやく受け入れた――ただし光子はまだ受け入れていない――学問分野に新たな世代として足を踏み入れた。

ボーアは博士論文のテーマに、トムソンの理論を分析して批評することを選んだ。博士研究を終えると奨学金を獲得し、トムソン本人の反応を得ようとケンブリッジ大学に移った。アイデアを議論することは科学の重要な一面であり、ボーアにとってトムソン本人に批判をぶつけることは、美術の学生がピカソに向かって「あなたの描いた顔には角が多すぎる」と指摘するのとは少々違っていた。しかしそれほどかけ離れてはいなかった。トムソンも、成り上がりの批判者の話を聞いてやりたくはなかった。ボーアはケンブリッジに一年近く滞在したが、トムソンはボーアの博士論文について本人と議論することもなかったし、読むことさえなかったのだ。

トムソンの無関心は、実はボーアにとっては幸いだった。トムソンに目をつけてもらうという計画が失敗して意気消沈していたボーアは、ケンブリッジを訪問していたラザフォードと出会った。ラザフォードは若い頃トムソンのもとで研究していたが、この頃には世界を代表する実験物理学者となっていて、マンチェスター大学で放射線の研究をおこなうセンターの所長を務めていた。ラザフォードはトムソンと違ってボーアのアイデアを評価し、自分の研究室で一緒に研究しようと誘った。

ラザフォードとボーアは異色の組み合わせだった。ラザフォードは大柄で活気に満ちていて、身体の横幅も大きく背も高く、くっきりとした顔立ちで、雷のように轟くその声は高感度の装置を乱すほどだった。一方、ボーアは繊細な性格で、外見も身のこなしもはるかに穏やか、頬は垂れ下がっていて、声は柔らかでわずかに言語障害があった。ラザフォードはニュージーランドなまりが強く、ボーアはデンマーク語のように聞こえるつたない英語をしゃべった。ラザフォードは、会話の途中で反論されると興味深く耳を傾けるが、返事もせずに会話を打ち切ってしまう。議論が大好きなボーアは、アイデアをぶつけて議論する相手が部屋にいないとなかなか創造的に考えられなかった。

ラザフォードとコンビを組んだことは、ボーアにとって幸運だった。ボーアは原子に関する実験をしようという思いでマンチェスターへ移ったが、いざ行ってみると、ラザフォードが自らの実験研究に基づいて編み出した理論的な原子モデルに心惹かれた。そしてその「ラザフォード原子」に関する理論研究によって、鳴りを潜めていた量子の考え方を復活させ、アインシュタインによる光子の研究ではなしえなかったことを実現する。すなわち、量子の考え方を確実なものにしたのだ。

ラザフォードの原子モデル

ボーアがマンチェスターにやって来たとき、ラザフォードは、原子の中で電荷がどのように分布しているかを調べる実験をおこなっていた。その問題を調べるために、原子に向かって荷電粒子を銃弾のように発射するとどのように逸れるかを解析するという方法を使っていた。ラザフォードが選んだ荷電発射体は、自らが発見した、今日では正《せい》に帯電したヘリウム原子核であることが分かっているアルファ粒子である。

ラザフォードはまだ独自の原子モデルを考え出してはおらず、トムソンが編み出した別のモデルが実際の原子とかなりよく一致するだろうと推測していた。当時、陽子や原子核の存在は知られておらず、トムソンの原子モデルは、正に帯電した拡散した流体の中を微小な電子がぐるぐる回っていて正の電荷を打ち消しているというものだった[6]。電子はきわめて軽いため、砲弾の進行方向に置かれた小石のように、重いアルファ粒子の経路にはほとんど影響を及ぼさないだろうとラザフォードは予想していた。ラザフォードが調べようとしていたのは、正の電荷を持ったもっとずっと重い流体がどのように分布しているかだった。

ラザフォードが用いた装置は単純なものだった。ラジウムなどの放射性物質から発生するアルファ粒子のビームを、薄い金箔に当てる。金箔の向こう側には小さいスクリーンを立てておく。金箔を通過したアルファ粒子はスクリーンに当たり、きわめて微かな小さい光を発する。スクリーンの正面には虫眼鏡が置いてあり、少々頑張れば、輝点の位置を記録して、金箔中の原子によってどの程度アルファ粒子が逸れたかを見極めることができる。

ラザフォードは世界的に有名だったが、その研究や研究環境は魅力的とはほど遠かった。実験室はじめじめした薄暗い地下室にあり、床にも天井にも配管が走っていた。天井はかなり低くて頭をぶつけそうだったし、床はでこぼこで、頭をぶつけた痛みが治まる前に床の配管につまずきかねなかった。ラザフォード自身は測定をするだけの忍耐力がなく、あるときなど二分間やっただけで悪態をついてやめてしまった。それに対して助手のドイツ人ハンス・ガイガーは、根気のいる作業の「達人」だった。皮肉にもガイガーはのちに、ガイガーカウンターを発明して自分の技の価値をゼロにしてしまう。

ラザフォードは、正の電荷を持つ重いアルファ粒子の大部分は金原子のあいだの空間をすり抜けてしまうため、検知できるほど逸れることはないと予想した。しかし、いくつかのアルファ粒子は一個または複数の原子の中を通過し、拡散した正の電荷の反発力を受けて直線の経路からわずかだけ逸れるという仮説を立てた。この実験は確かに原子の構造を明らかにすることになるが、それはラザフォードがイメージしていた方法によってではなく、偶然の産物だった。

当初、ガイガーが収集したデータはすべてラザフォードの予想どおりで、トムソンのモデルと一致しているように見えた。しかし一九〇九年のある日、ガイガーが、アーネスト・マースデンという名前の若い学部生のはじめての実験として「ちょっとした研究計画」を提案した。数学科で確率論の講義を受けたことのあったラザフォードは、アルファ粒子のうちの何個かが、装置で検出できるよりも大きい角度で逸れている可能性がわずかながらあるかもしれないと気づいた。そこでガイガーに、マースデンにその可能性を探る実験をおこなわせるよう提案したのだ。

マースデンは、それまでガイガーが調べていたよりも大きく逸れる粒子を探す実験に取りかかった。もしきわめて大きく逸れるようなことがあれば、ラザフォードが「知っていた」原子の構造とは完全に矛盾する。その実験はほぼ間違いなく膨大な時間の無駄にしかならないと、ラザフォードは見ていた。つまり、学部生にお似合いの実験だということだ。

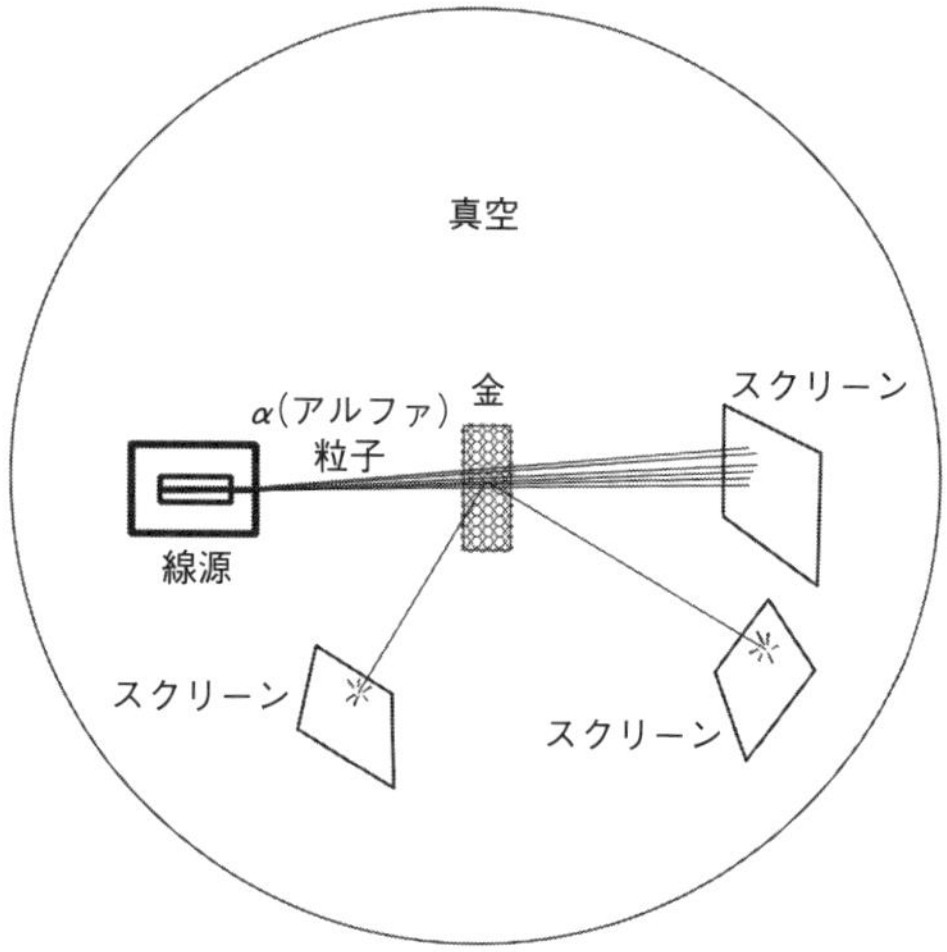

ラザフォードによる金箔の実験

マースデンは、金箔を通過するアルファ粒子を一個ずつ律儀に観察したが、予想どおり大きく逸れるものは一つもなかった。ところがついに、想像もできないようなことが起こった。中心から遠く離れた場所に置いた検知スクリーンに輝点が現れたのだ。最終的に、観察した何千個ものアルファ粒子のうち少数が大きい角度で逸れ、そのうち一個か二個はブーメランのように反対方向へ跳ね返った。それだけで十分だった。

この話を聞いたラザフォードは、次のようにつぶやいた。「これまでの人生で一番信じられない出来事だ。ティッシュペーパーに向かって一五インチの砲弾を発射したら、跳ね返ってきて自分に当たったようなものだ」[7]。というのも計算によれば、金箔中には考えられないほど小さくて強力な何かが存在していて、それがこのように稀にアルファ粒子を大きく逸れさせていると考えるしかなかったからだ。こうしてラザフォードは、トムソンのモデルの詳細を明らかにすることはできず、逆にトムソンのモデルが間違っていることを発見したのだった。

　実際にマースデンが実験をおこなうまでは、それは突飛な実験計画で、ファインマンが私に手を出すなと警告したたぐいの取り組みに思われた。しかしそれから一〇〇年で、それは見事な実験だと誰もが称賛するようになる。確かにこの実験がなかったら、きっと「ボーア原子」は生まれず、量子世界の一貫した理論が登場するのは——そもそも登場したとして——何年も先になっていただろう。そして、我々の知る技術進歩は大きく影響を受けていただろう。原子爆弾の開発は遅れ、日本に原爆が投下されることはなく、罪のない大勢の日本人の命は救われただろうが、代わりに連合国軍の侵略によってたくさんの兵士の命が失われていたかもしれない。また、トランジスタなどほかのいくつもの発明も、コンピュータ時代の到来も遅れていただろう。学部生の一見的外れなたった一つの実験がおこなわれていなかったら、はたしてどのような影響が及んでいたか、それを正確に言うのは難しいが、今日の世界が一変していたのは間違いない。この逸話もまた、風変わりで突飛な研究計画と、すべてを変える革新的なアイデアとが紙一重であることを物語っている。

　ラザフォードはさらに何度も実験を指示し、最終的にガイガーとマースデンは閃光を一〇〇万回以上観測した。そのデータからラザフォードは、原子の構造に関する、トムソンのモデルとは異なる独自の理論

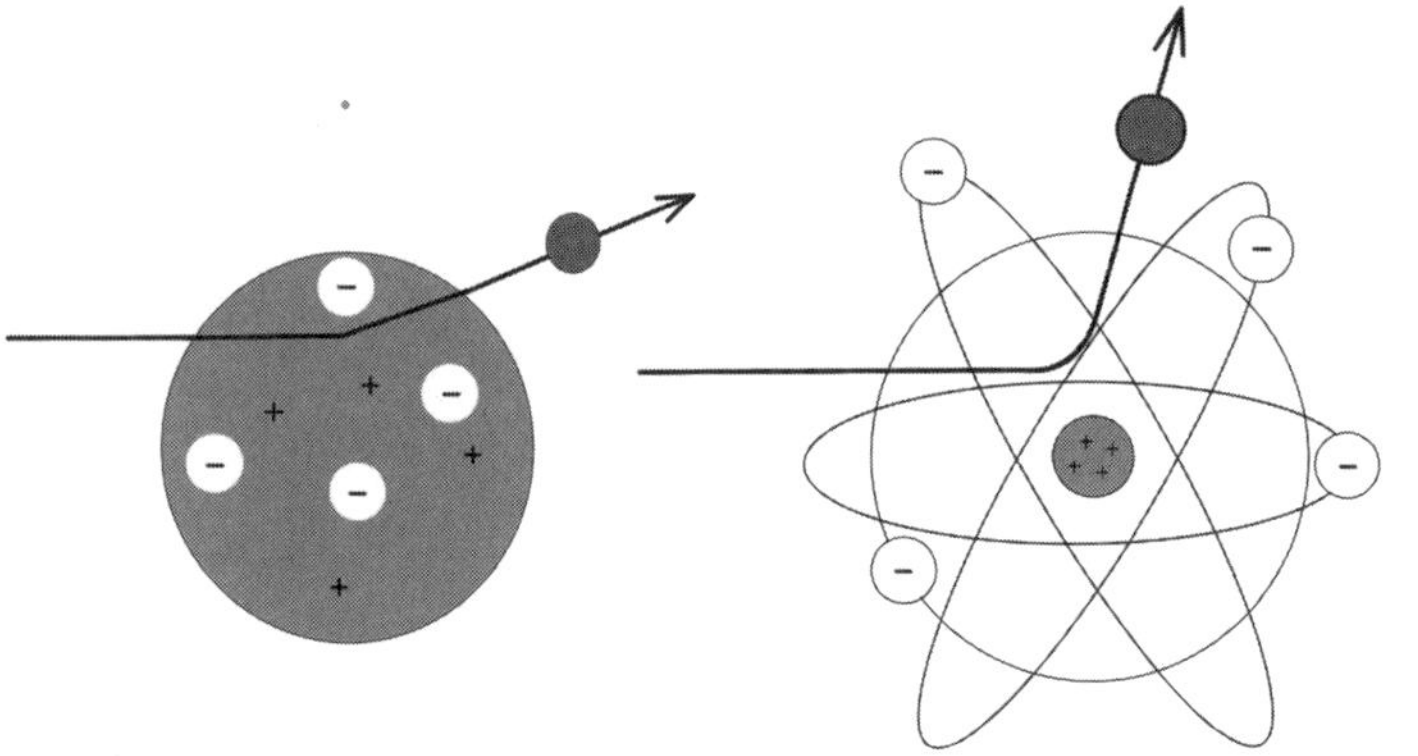

トムソンの原子モデル（左）とラザフォードの原子モデルから予想されるアルファ粒子の散乱

を編み出す。電子は同じく同心円の軌道上を運動しているが、正電荷は分散しておらず、原子の微小な中心部に集中しているとイメージした。しかしまもなく、ガイガーとマースデンは袂を分かつ。第一次世界大戦で敵どうしとして戦い、第二次世界大戦では敵どうしとしてそれぞれ科学を応用することとなる。マースデンは新技術であるレーダーの研究に取り組み、ナチスを支持するガイガーはドイツの原爆開発に取り組んだのだ[8]。

ラザフォードの原子モデルは誰もが学校で習うもので、ちょうど惑星が太陽の周りを公転しているように、電子が原子核の周りを公転している。科学の多くの概念と同じく、学校で教わるこのモデルのように身の回りのものにたとえてしまうと単純に見えるが、このアイデアの本当の素晴らしさは、そのような単純なイメージへ煮詰める際に失われてしまう「技術的」な複雑さに潜んでいる。直感的なイメージは確かに役に立つが、物理学のアイデアに命を与えているのはその数学的な意味合いだ。だから物理学者は、夢想家であるだけでなく技術者でもなければならない。

夢想家ラザフォードにとってこの実験が意味していたのは、

原子の質量の大部分とそのすべての正電荷は中心に集中していなければならず、その驚くほど小さい荷電物質の球はあまりに高密度で、コップ一杯だけでエヴェレスト山の一〇〇倍もの重さになるということだった[9]（あなたや私がとうていそこまで重くないのは、原子核が原子の中心にある微小な点でしかなく、それ以外の部分はほとんど空っぽの空間でできていることの証しだ）。のちにラザフォードは、その原子の中心のコアを「原子核」と名づけた。

　技術者ラザフォードは、複雑で専門的な数学を駆使して、もし自分が思い描いたイメージが正しければ確かに実験チームが観察したとおりの結果が出ることを明らかにした。高速で飛んでいく重いアルファ粒子の大部分は、微小な原子核を外れて金箔を通過し、結果としてわずかしか影響を受けない。一方、原子核の近くを通過した何個かのアルファ粒子は、強力な力場《りきば》と出会って大きく逸れる。ラザフォードにとってその力場《フォースフィールド》の強さは、最近の映画に登場するフォースフィールドのようにSFっぽく感じられたに違いない。マクロの世界でそのような力場を作り出すことはいまだできないが、原子の内部には確かに存在しているのだ。

　ラザフォードの発見の重要なポイントは、原子の正電荷は拡散しておらず中心に集中しているということだ。一方で、太陽の周りの惑星のように電子が原子核の周りを公転しているというイメージは、完全に間違っていて、ラザフォード本人もそれに気づいていた。

　第一に太陽系にたとえると、太陽系の惑星どうしの相互作用と同じように、原子内の電子どうしの相互作用も無視されてしまう。これらの相互作用は互いにまったくの別物だ。質量は大きいが正味の電荷は持っていない惑星は、重力を介して相互作用する一方、電荷は持っているが質量は小さい電子は、電磁気力を介して相互作用する。重力はきわめて弱いため、惑星どうしで作用する引力はきわめて小さく、実際的には多くの場合無視できる。しかし電子は互いにきわめて強い電磁気反発を及ぼすため、きれいな円軌道はすぐに乱されてしまう。

見逃すことのできなかったもう一つの問題が、惑星も電子も円周上を運動するとエネルギーの波を発生させることだ。惑星の場合にはそれは重力エネルギーで、電子の場合には電磁気エネルギーである。やはり重力はきわめて弱いため、惑星は太陽系が誕生してからの数十億年でそのエネルギーの数％しか失っていない（一九一六年にアインシュタインの重力理論によって予測されるまで、その効果は知られていなかった）。それに対して電磁気力はきわめて強いため、マクスウェルの理論によると、ラザフォードの思い描いた公転する電子は、およそ一億分の一秒でエネルギーをすべて放出しきって原子核に飛び込んでしまう。つまり、もしラザフォードのモデルが正しければ、我々の知る宇宙は存在しないことになるのだ。

ある理論を台無しにしそうな予測を一つ選ぶとしたら、それは、宇宙は存在しないという予測だろう。ではなぜ、ラザフォードのモデルは真剣に受け止められたのだろうか？

それが、物理学の進歩に関するもう一つの重要なポイントを物語っている。ほとんどの理論は適用範囲の大きい包括的なものではなく、ある特定の状況を説明するための特有のモデルにすぎない。そのため、たとえ欠陥があって、ある状況では通用しないことがわかっていても、役に立つことはあるのだ。

ラザフォードの原子モデルの場合でいうと、原子の研究に取り組む物理学者は、そのモデルから原子核について正しい予測が導かれる点を評価した。そして、今後の実験によって何か重要な事実が明らかとなり、電子がどのようにしてこの描像に当てはまるのか、なぜ原子は安定なのかという問題は解決するだろうと考えた。ただし、単により巧妙な説明でなく革新的な説明が原子に求められていることは、そのときは明らかでなかった。しかし色白で控えめなニールス・ボーアは、違う見方をしていた。若いボーアにとって、ラザフォードの原子モデルとその矛盾は、黄金の針が隠された干し草の山のようなものだった。そしてボーアはその黄金の針を見つける決心をした。

あまりにも奇妙なボーアの研究結果

ボーアは自分に問いかけた。古典理論（少なくともラザフォードモデル）による帰結と違って、もし原子がエネルギーの波を発しないとしたら、それは原子が古典法則に従わないからではないのか？　その道筋で考察を進めるためにボーアは、光電効果に関するアインシュタインの研究に着目した。そして、その量子の考え方が原子にも当てはまるとしたらどうなるだろうかと考えた。つまり、原子もアインシュタインの光量子のようにある決まったエネルギーしか取りえないとしたら？　このアイデアをもとにボーアはラザフォードのモデルを改良し、のちにボーア原子と呼ばれるものを考え出すことになる。

ボーアはそのアイデアを追究するために、一個の陽子からなる原子核の周りを一個の電子が公転しているもっとも単純な原子である、水素に焦点を絞った。その取り組みの難しさを物語る話として、当時は水素がそのような単純な構造であることさえ定かではなく、ボーアはトムソンがおこなった一連の実験から、水素は電子を一個しか持っていないと推論しなければならなかった[10]。

ニュートン物理学の予測によれば、電子は適切な速さとエネルギーを持っている限り、原子核（水素の場合は単なる陽子）から好きな距離を公転することができ、その距離によって速さとエネルギーが決まる。陽子から電子までの距離が小さければ小さいほど、原子のエネルギーは低くなければならない。しかし仮に、アインシュタインに倣ってニュートンの理論を否定してみよう。未知の何らかの理由によって、原子は自由に好きなエネルギーを取れるわけではなく、いくつか飛び飛びの選択肢に含まれる値しか取ることができないとする、新たな法則をつけ加えてみるのだ。軌道半径はエネルギーによって決まるので、許されるエネルギーに対する制約条件は、電子が公転できる半径に対する制約条件に書き換えることができる。このような仮定を置いたとき、原子のエネルギーと電子の軌道半径は「量子化された」と表現する。

ボーアは次のように主張した。もし原子の性質が量子化されていれば、古典的なニュートン理論の予測とは違い、電子が原子核へ向かって連続的に落ちていってエネルギーを失うことは不可能だ。電子は、許されるある軌道から別の軌道へ跳び移る際に、エネルギーを「塊」として失うことしかできない。ボーアのモデルによれば、原子がたとえば光子などのエネルギーを受け取って励起すると、その吸収したエネルギーによって電子がよりエネルギーの高い外側の軌道に跳び移る。そして、その電子がよりエネルギーの低い内側の軌道に戻るたびに、その二つの軌道のエネルギー差に対応する振動数の光子が放出される。

さらに、やはり未知の何らかの理由によって、許されるもっとも内側の軌道、すなわちエネルギーがもっとも低い軌道というものが存在すると仮定しよう——ボーアはそれを「基底状態」と呼んだ。そうすると、基底状態に達した電子はもはやエネルギーを失うことはなく、ラザフォードのモデルから予測されるのと違って原子核に落ちてしまうことはない。ボーアは、もっと複雑かもしれないがこれと同様のしくみが、複数の電子を持つほかの元素にも当てはまるだろうと予想した。ラザフォード原子、そして宇宙のあらゆる物質の安定性を担っている鍵は、量子化にあると考えたのだ。

黒体放射に関するプランクの研究や、光電効果に対するアインシュタインの解釈と同じように、ボーアのこのアイデアも何か量子の一般的な理論から導かれたわけではなく、たった一つの事柄、この場合にはラザフォード原子の安定性を説明するためにこしらえた場当たり的なものだった。人間の創意工夫の能力を物語るかのように、ボーアのこの描像は、そのもととなる「親理論」などなかったにもかかわらず、プランクやアインシュタインと同じく基本的に正しかったのだ。

のちにボーアが語ったところによれば、原子に関する考えが固まったのは、一九一三年二月にある友人と思いがけない会話を交わしてからだったという。その友人が、分光学と呼ばれる分野における法則を思い出させてくれたのだ。分光学とは、気体状の元素をたとえば放電や高温などによって「励起」した際に発せられる光を研究する学問である。理由はわかっていなかったが、そのような状態に置かれた気体状の元素は、種類ごとに異なるいくつか限られた振動数の電磁波を発することが以前から知られていた。それらの振動数はスペクトル線と呼ばれ、元素を特定するためのいわば指紋として使うことができる。友人と話をしたボーアは、自分の原子モデルを使って水素の指紋がどのような形になるはずかを予測して、実験データと照らし合わせることで、その理論を検証できることに気づいた。科学では、当然ながらこの段階を踏むことによって、見込みのある「美しい」アイデアがれっきとした理論へ昇格する。

計算を終えると、ボーア本人でさえその結果に驚いた。「許される軌道」どうしのエネルギー差が、観測されているいくつもの系列のスペクトル線の振動数と正確に一致したのだ。自らの単純なモデルを使って分光学の不可解な公式をことごとく再現し、その由来まで説明できたことに気づいた二七歳のボーアが、はたしてどれほど興奮したか、想像に難くない。

一九一三年七月にボーアは、原子に関するその優れた研究結果を発表した。苦労してつかんだ勝利だった。一九一二年夏から一九一三年二月のあの瞬間まで、昼夜を問わず自分のアイデアと格闘していた。あまりに長い時間研究に没頭していたため、仕事熱心な同僚でさえ畏敬の念に打たれた。過労で倒れるのではないかと思ったくらいだった。ある出来事がそのすべてを物語っている。ボーアは一九一二年八月一日にお見合いで結婚したが、風光明媚なノルウェーへの新婚旅行は中止し、代わりにケンブリッジのホテルの部屋で研究論文を口述して新妻に書き取らせたのだ。

　このように寄せ集めで完成したボーアの新たな理論は、明らかに端緒でしかなかった。たとえばボーアは許される軌道を「静止状態」と名づけたが、それは、放射を発していない電子が古典理論のとおりあたかも静止しているかのように振る舞うからだった。ところがときには電子の「運動状態」という言葉を使って、電子は、より低いエネルギーの軌道に跳び移るか、または放射によって励起してより高い状態に跳び移るかするまで、許される軌道を公転しつづけると表現した。このことは、ボーアが相反する二つのイメージを使っていたという事実を物語っている。それは理論物理学の多くの開拓者が用いる方法論だ。文学では「混喩を使うな」などと言われるが、物理学では、一つのたとえが完全に適切ではないとわかっている場合、ほかのたとえと（慎重に）混ぜ合わせることはふつうにおこなわれる。

　ボーアは、太陽系にたとえた古典的な原子のイメージがあまり気に入らなかったものの、それを出発点に据えた。そして新たな理論を作るために、電子軌道の半径とエネルギーとを関連づける古典物理学の数式を用いつつも、そこに静止状態の原理のような新たな量子的アイデアを盛り込んで、手を加えた全体像を描き出した。

　当初、ボーアの原子モデルは賛否両論で受け止められた。ミュンヘン大学の有力な物理学者アルノルト・ゾンマーフェルト（一八六八―一九五一）はすぐに、ボーアの研究を科学の大きな節目として評価しただけでなく、自らもそのアイデアについて研究を始め、とくに相対論との関係性を探った。アインシュタインもボーアの研究を、「[史上]最大の発見の一つ」と評した。[11] しかし、ボーアの原子モデルが当時の物理学者にとってどれほど衝撃的だったかをおそらくもっともよく表しているのは、アインシュタインによるもう一つの論評のほうだろう。光量子の存在だけでなく、空間と時間と重力がすべてからみ合っているとする説までも提唱した大胆な男が、ボーアの原子モデルについて、自分も似たようなアイデアを思いついたが「あまりにも斬新」なので発表する勇気がなかったと語ったのだ。

その発表に勇気が必要だったことは、ボーアのモデルに対するそれ以外の受け止め方が物語っている。のちのボーアの回想によると、たとえばドイツを代表する研究機関であるゲッティンゲン大学では、「すべてがとんでもなく無意味で、一歩間違えればいんちきだ」という見解で完全にまとまっていたという。分光学を専門とするゲッティンゲン大学のある科学者は、大学の姿勢について、「この論文がそのようなとんでもない見聞で穢され、これほどの無知をさらけ出さざるをえなかったのは、この上なく残念なことである」と書き記している。[12] イギリス物理学の重鎮の一人レイリー卿も、「自然がこのように振る舞うとはどうしても信じられない」と語った。[13] それでも先見の明を発揮して、「七〇歳を超えた男が新たな理論に対して描速に意見を表明すべきではない」とはつけ加えている。[14] イギリスを代表するもう一人の物理学者アーサー・エディントンも関心を示さず、すでにプランクやアインシュタインによる量子の考え方を「ドイツ人の作り事」として片づけていた。[15]

ラザフォードでさえ否定的な反応を示した。その理由の一つとして、ラザフォードは理論物理学があまり好みではなかった。しかしボーアの研究の気に入らなかった点――すなわちラザフォード自身の原子モデルの改良点ということになるが――は、そのデンマーク人の研究仲間が、エネルギーレベルのあいだを電子が跳び移ると仮定しておきながら、そのメカニズムを何も示していないことだった。たとえば、電子はより小さい軌道に対応するエネルギーレベルへ移動する際に、「らせんを描きながら」連続的に内側へ動いていくのではなくて、新たな軌道へ単に「跳び移る」のだとしたら、いったいその「跳び移り」はどのような経路で、また何が原因で起こるというのだろうか？

実はラザフォードのこの反論は、まさに問題の核心を突いていた。そのようなメカニズムはけっして見つからないだけでなく、量子論が包括的な自然の理論へ成熟すると、そのような疑問には答がなく、したがって現代科学の範疇ではないことが明らかとなるのだ。

物理学の世界が、ボーアのアイデアの正しさ、およびそれ以前のプランクやアインシュタインの研究の正しさを最終的に納得するまでには、一九一三年から一九二三年までの一〇年を超える歳月がかかった。[16] 自らの理論を水素より重い元素の原子に当てはめたボーアは、元素をメンデレーエフのように原子量の順に並べるのでなく、原子番号の順に並べれば、メンデレーエフの周期表にあったいくつかの間違いを取り除けると気づいた。

原子量は、原子核の中にある陽子と中性子の個数によって決まる。それに対して原子番号は陽子の個数に等しく、また原子は全体としては電荷を持っていないので、原子番号はその原子が持っている電子の個数でもある。陽子が多い原子ほど一般的には中性子も多く持っているが、そうでない場合もあって、原子量と原子番号とで元素の順番が食い違うことがある。ボーアの理論によって、周期表の基礎となる正しいパラメータは原子番号であり、元素の化学的性質を決めているのは中性子でなく陽子と電子であることが示された。そこまで来るには五〇年以上の歳月がかかったが、ボーアのおかげで、メンデレーエフの謎めいた周期表がなぜ通用するかを説明できるようになったのだ。

量子のアイデアがニュートンの法則に取って代わる汎用的な構造物へと成熟することで、原理的にはすべての原子の振る舞いを導くことのできる方程式を書き下せるようになる——ほとんどの場合にはスーパーコンピュータを用いないと導くことはできないが。しかし、原子番号の持つ意味に関するボーアの考え方を検証するのに、スーパーコンピュータの登場を待つ必要はなかった。ボーアはメンデレーエフに倣って、未発見の元素の性質を予測したのだ。皮肉にもその元素は、メンデレーエフが原子量の順番に基づいて誤った予測を導いていたものだった。
その元素は直後の一九二三年に発見され、ボーアの故郷コペンハーゲンのラテン語名ハフニアにちなんでハフニウムと命名された。それによって物理学者（および化学者）は誰一人として、二度とボーアの理論の正しさに疑問を抱くことはなくなった。[17] それから五〇年ほど経った一九九七年、ボーアの名前は、一〇七番元素ボーリウムとして周期表の上でメンデレーエフと並ぶことになる。同じ年、ボーアのかつての師でときに批判もした人物も、一〇四番元素ラザホージウムとして讃えられた。*

*元素に名前がつけられている科学者は、ここまで挙げたメンデレーエフ、ボーア、ラザフォード、リーゼ・マイトナーのほかに一二人いる。ワシーリー・サマルスキー＝ビホヴェッツ（サマリウム）、ヨハン・ガドリン（ガドリニウム）、マリア・スクウォドフスカ＝キュリーとピエール・キュリー（キュリウム）、アルベルト・アインシュタイン（アインスタイニウム）、エンリコ・フェルミ（フェルミウム）、アルフレッド・ノーベル（ノーベリウム）、アーネスト・ローレンス（ローレンシウム）、グレン・T・シーボーグ（シーボーギウム）、ヴィルヘルム・レントゲン（レントゲニウム）、ニコラウス・コペルニクス（コペルニシウム）、ゲオルギー・フリョロフ（フレロビウム）。

第12章　量子革命

物理学者が夢見た真実

才気あふれる意欲ある人たちが量子に焦点を合わせ、それぞれ別々の真理を推測または発見しながらも、一九二〇年代前半にはまだ一般的な量子の理論もなければ、そのような理論が存在するという兆しさえなかった。ボーアは、原子が安定である理由とスペクトル線が生じる原因を説明するためのいくつかの原理をひねり出したが、なぜそれらの原理が正しくて、それをどのようにして応用すれば原子以外の系を分析できるのか、それは誰にもわからなかった。

量子物理学者の多くは徐々に意気消沈していった。のちにノーベル賞を受賞して「光子」という用語を導入するマックス・ボルン（一八八二―一九七〇）は、次のように書いている。「量子論について必死になって考えて、ヘリウムなどほかの原子の計算をおこなう方法を見つけようとしているが、まだ成功していない。……量子は本当にどうしようもない代物だ」[1]。やはりのちにノーベル賞を受賞し、スピンと呼ばれる性質を提唱してその数学理論を導き出すことになるヴォルフガング・パウリ（一九〇〇―一九五八）は、次のように述べている。「現段階では物理学はとても混沌としている。そもそも私にはあまりにも難しすぎる。自分が映画のコメディアンか何かで、物理学のことなんて何一つ聞いたことがなかったらよかったのにと思う」[2]

自然は我々に難問を突きつけ、それを解明しなければならないのは我々だ。物理学者は誰しも、そうした難問には深遠な真理が隠されていると心から信じている。自然は一般的な法則に支配されており、互いに無関係な現象の寄せ集めではないと信じている。初期の量子研究者は、量子の一般的な理論がどのようなものかはわからなかったが、そのような理論が存在することは信じていた。彼らが探究する世界は説明されるのをかたくなに拒んだが、それでもその世界は理解可能であると彼らは思っていた。夢が彼らを育んだ。ときには我々のように疑ったりやけになったりすることもあったが、それでも、最後には真理というご褒美が待っていると信じながら、何年もの人生を費やして困難な旅路を一歩一歩進みつづけた。困難な取り組みでは決まってそうだが、成功した人たちはきわめて強い信念を持っていた。信念が弱い人は成功する前に脱落してしまったからだ。

ボルンやパウリらが絶望したのも容易にうなずける。量子論そのものが難しかっただけでなく、困難な時代に突入したからだ。量子の開拓者のほとんどは、ドイツで研究するか、または、ボーアが一九二一年に資金を集めてコペンハーゲン大学に設立した研究所とドイツとのあいだを行き来していたため、新たな科学的秩序を探していたちょうどその頃に、周囲の社会や政治の秩序が崩壊して混沌に陥る運命にあった。一九二二年にはドイツの外相が暗殺された。一九二三年にはドイツマルクの価値が戦前の一兆分の一にまで下がり、パン一キロを買うのに五〇〇〇億「ドイツドル」かかるようになった。それでも新たな量子物理学者たちは、原子や、もっと一般的に微小なスケールで通用する自然の基本法則を理解することに、心の支えを求めた。

その心の支えがようやく形になりはじめたのは、一九二〇年代半ばのことだった。ペースは遅々としていた。きっかけは一九二五年、ヴェルナー・ハイゼンベルク（一九〇一―一九七六）という名前の二三歳の人物が発表した一篇の論文だった。

行き詰まったボーアの理論

ドイツのヴュルツブルクで古典語の教授の息子として生まれたハイゼンベルクは、幼い頃から賢さと競争心を見せつけた。父親にその競争心を促され、一歳上の兄とはしょっちゅう喧嘩をした。[3] その喧嘩がエスカレートして、木の椅子で殴り合う血まみれの戦いに発展したところで、休戦状態になった。その休戦状態が続いたのはおもに、二人が家を出て別々の道を進み、死ぬまで口を利かなかったためだった。のちにハイゼンベルクは、このときと同じ獰猛さで、自分の研究に対する異論に反撃することとなる。

ヴェルナーはいつも競争にやりがいを感じていた。取り立ててスキーの才能はなかったが、一人で練習して優れたスキーヤーになった。長距離ランナーにもなった。チェロとピアノも始めた。しかし中でももっとも重要だったのが、小学生のときに自分には算数の才能があることに気づき、数学とその応用に強い興味を持つようになったことである。

一九二〇年夏、ハイゼンベルクは数学の博士号を取る決心をした。博士研究を始めるには誰か教授に受け入れてもらわなければならず、ハイゼンベルクは父親のコネを使って、ミュンヘン大学の著名な数学者フェルディナント・フォン・リンデマンとの面接の約束を取りつけた。コネを通じた面接なら、紅茶とキルシュトルテを出されて、自分の才能ぶりを物語る驚きの逸話を聞いてもらえるはずのところだが、実はそのような思わしい面接ではなかった。引退の二年前で耳が遠く、しかも新入生にあまり関心がなかったリンデマンは、机の上に座ったプードルがあまりに大声で吠えるせいで、ハイゼンベルクの話をほとんど聞き取れなかったのだ。しかし最終的にハイゼンベルクがチャンスをふいにしたのは、数学者のヘルマン・ワイルが書いたアインシュタインの相対論に関する本を読んだことに触れたためだった。数論学者のリンデマンは、目の前の若者が物理学の本に興味があることを知ると急に面接を打ち切り、「そんなことでは数学は絶対にわからない」と吐き捨てたのだ。[4]

リンデマンのこの言葉は、「物理学に興味があるなんて趣味が悪い」という意味だったのかもしれないが、物理学者である私は、リンデマンは本当は「もっとずっとおもしろい分野に触れてしまったら、けっして数学には辛抱できないだろう」と言おうとしたのだと考えたい。ともかく、リンデマンの横柄さと心の狭さが歴史の道筋を変えた。もしリンデマンがハイゼンベルクを迎え入れていたら、物理学は、量子論の真髄となるアイデアを考えつく人物を失っていただろう。*

リンデマンに断られてあまり選択肢が残っていなかったハイゼンベルクは、ボーアの原子モデルを強く支持してその理論に自ら寄与していたアルノルト・ゾンマーフェルトのもとで、しかたなく物理学の博士号を目指すことにした。華奢で頭が薄く、大きな口ひげを生やしてプードルを飼っていないゾンマーフェルトは、若いハイゼンベルクがワイルの本に挑戦したことに感心した。二つ返事で歓迎するほど感動したわけではないが、とりあえず仮に受け入れることにした。「君はものを知っているかもしれないし、何一つ知らないかもしれない。見極めさせてくれ」とゾンマーフェルトは言った。[5]

*皮肉なことに、リンデマンは物理学に手を出したことがあったが、たいして成功しなかった。リンデマンのもっとも有名な業績は、「円の正方形化」、つまり、与えられた円と同じ面積の正方形を定規とコンパスを使って作図するのは不可能であることの証明だ。

ハイゼンベルクはもちろんものを知っていた。一九二三年にゾンマーフェルトのもとで博士研究を完成させ、一九二四年にはさらに上級の「大学教員資格《ハビリタチオン》」を得て、ゲッティンゲン大学のボルンのもとで研究を始めた。しかし不朽の名声への道を歩みはじめたのは、そののち、一九二四年秋にコペンハーゲンのニールス・ボーアを訪ねたときだった。

その頃ボーアは、自らの原子モデルを改良する見当違いの取り組みを率いていて、ハイゼンベルクもそれに加わった。「見当違い」といったのは、その取り組みが失敗したからではなく、目的がずれていたからだ。ボーアは自らのモデルから、光子、すなわちアインシュタインの光量子を一掃したいと考えていた。奇妙な話だ。そもそもボーアが、原子はいくつかの飛び飛びのエネルギーしか取れないのかもしれないと考えるきっかけになったのは、光量子の概念だったのだから。しかしボーアはほとんどの物理学者と同じように、光子の存在を受け入れようとせず、もともとの原子モデルに手を加えて光子を含まないモデルを作れないだろうかと自問した。[6] ボーアは作れると信じていた。前に述べたように、ボーアはそれまでさまざまなアイデアに汗を流して取り組み、最終的には成功していたが、今度は汗を流して失敗することとなる。

学生のとき私は友人たちと、大勢の物理学者を偶像視していた。アインシュタインは一分の隙もない論理と革新的なアイデアで。ファインマンとイギリス人物理学者ポール・ディラック（一九〇二―一九八四）は、一見したところ法則に反している数学的概念を考え出し、それを用いて驚くべき結果を得たことで（のちに数学者がその概念を道理づける方法を見つける）。そしてボーアは直観力で。英雄である彼らは、つねに明晰に考えてつねに正しいアイデアを思いついた超人的な天才なのだと、私たちは考えていた。そう考えるのは珍しいことではないと思う。芸術家、起業家、スポーツファンなら誰しも、伝説的な人物の名前を挙げることができるだろう。

私たちは学生時代、量子物理学に関するボーアの直観はあまりに見事で、まるで「神との直通電話」を持っているようだったと教わった。しかし初期の量子論に関する解説では、ボーアの優れた直観についてはよく語られるが、数多い間違ったアイデアにはめったに触れられない。それは自然なことで、時代とともによいアイデアは生き残って悪いアイデアは忘れられる。残念ながらそのせいで、科学は実際よりも簡単でまっすぐな道を進んでいく――少なくとも何人かの「天才」にとっては――という、誤った印象だけが残ってしまう。

バスケットボールの神様マイケル・ジョーダンは、あるとき次のように語った。「選手生活の中で九〇〇〇回以上シュートを外している。三〇〇試合近く負けている。決勝のショットを任されて外したことは二六回。人生で何度も何度も何度も失敗した。だから成功しているんだ」[7]。この言葉はナイキのコマーシャルの中で語ったものだ。伝説の人物でさえ失敗しては食い下がったという話には、大いに勇気づけられる。発見や革新の分野に関わっている人も、ボーアの見当違いの考えやニュートンの錬金術への無益な努力の話を聞けば、学問の世界のアイドルでも自分と同じくらい膨大な間違ったアイデアや失敗を重ねたのだと知ることになる。

ボーアがどうやら自らの原子モデルを過激すぎるとみなしていたらしいというのは、興味深い話ではあるが驚くようなことではない。というのも、科学は社会と同じく、共有されたアイデアや信念をもとに構築されていて、ボーアの原子モデルはそれに当てはまらなかったからだ。そのため、ガリレオやニュートンからボーアやアインシュタイン、さらにはその後の開拓者は、想像力で未来をつくりながらも、片方の足は過去に置いていた。

その意味では科学の「革命家」も、他の分野の進歩的な人物と何ら変わらない。たとえばエイブラハム・リンカーンは、アメリカ南部の奴隷を解放した闘士でありながらも、人種どうしが「社会的および政治的平等のもとで」共存することはありえないという、時代遅れの信念を捨てることはできなかった。[8] リンカーン本人も、奴隷制に反対する立場と人種不平等を容認する姿勢とが矛盾していると人々に受け取られかねないことはわかっていた。それでも、自分が白人の優越性を認めていることを弁護するために、「正義と合致しているかどうか」は重要な問題ではなく、「白人の優越性は、確実な根拠があるかどうかに関係なく、無視することのできない万人の感情である」と語った。[9] 要するに、白人の優越性を放棄することは、リンカーンにとってさえ過激すぎる一歩だったのだ。

誰かに、なぜこれこれの事柄を信じているのかと尋ねても、たいていの人はリンカーンほどには正直でもないし自覚もない。リンカーンが答えようとしたように、「みんなが信じているから信じているんだ」と言う人はほとんどいないだろう。「ずっと信じてきたからだ」とか「家や学校でそう信じるよう吹き込まれたからだ」と言う人もほとんどいない。しかしリンカーンが述べたように、それが大きな理由になっていることは多い。社会では、共有された信念が、文化、そしてときに不正義を生み出す。科学や芸術など創造性と革新が重要な分野では、共有された信念は進歩を妨げる精神的な障壁を作りかねない。そのため変化は徐々にしか起こらないことが多く、ボーアが自らの理論を改良しようとして泥沼にはまったのもそのせいだったのだ。

ボーアの新たな理論が行き詰まったことは、一つきわめて幸運な影響をもたらした。それによって若いハイゼンベルクが、ボーアの原子論の持つ意味合いについて深く考察せざるをえなくなったのだ。ハイゼンベルクは考察を進めるうちに、物理学に対する画期的な新しい見方へと徐々に移っていった。たとえば電子の軌道運動は、頭の中では想像できるが実際には観察できない。原子の内部のしくみに関するそのような物理的イメージは、放棄することができ、さらには放棄するのが望ましいのではないかと、ハイゼンベルクは考えるようになったのだ。

　ボーアの理論は古典物理学の理論と同じく、電子の位置や公転速度といった性質に与えられた数学的な値に基づいていた。ニュートンが研究した投射体や振り子や惑星といった物体の世界では、位置や速度は観測して測定することができる。しかし、原子中の電子がどこにあるかや、どれだけ速く運動しているか――そもそも実際に運動していたとして――を、実験室で観測することはできない。そこでハイゼンベルクは考えた。位置や速さ、経路や軌道という古典的な概念が原子のレベルでは観測不可能だとしたら、それらの概念に基づいて原子などの系の科学を構築しようとするのはやめるべきかもしれない。古い考え方にこだわる必要があるだろうか？　そのような考え方は単に心の平安をもたらすものでしかなく、一七世紀風である、と。

　ハイゼンベルクは自問した。原子が発する放射の振動数や強度といった、直接測定できるデータのみに基づいて、原子の理論を構築することは可能だろうか？

　ラザフォードがボーアの原子モデルに異議を唱えたのは、原子のエネルギーレベル間を電子が跳び移るメカニズムを示していないからだった。ハイゼンベルクはこの批判に応えるために、そのメカニズムを示すのではなく、代わりに、電子についてはそのメカニズムや経路は存在せず、少なくともそれは物理学の範疇外の疑問であると主張した。そのようなプロセスで吸収または放出される光は測定することができるが、そのプロセス自体を観察することはできないからだ。一九二五年春にハイゼンベルクはゲッティンゲン大学に戻ってボルンの研究所で講師になったが、その頃にはすでに、測定可能なデータのみに基づく物理学の新たな方法論を構築することを夢見ていて、それが目標となっていた。

ニュートンによる直観的な現実の記述を放棄し、誰もがイメージして関係づけることのできる位置や速度といった概念を否定する。そんな根本的に新しい科学をつくり出すことは、誰にとっても大胆不敵な目標であって、もちろん二三歳のハイゼンベルクにとってもそうだった。しかし若きハイゼンベルクは、二二歳で世界の政治地図を書き換えたアレクサンドロス大王のように、行軍を率いて科学的な世界地図を書き換えることとなる。

ハイゼンベルクの大胆な考え

ハイゼンベルクがこのひらめきをもとに構築した理論は、自然の基本理論としてニュートンの運動の法則に取って代わることとなる。マックス・ボルンはその理論を「量子力学」と名づけ、しばしばニュートン力学や古典力学などと呼ばれるニュートンの法則と区別した。[10] しかし、物理学の理論は合意や趣味趣向でなく予測の正確さによって検証されるものなのだから、ハイゼンベルクのような奇抜な考え方に基づく理論が、十分に確立されて数々の成功を収めてきたニュートンのような理論にどうやって「取って代わる」ことができたのか、不思議に思われるかもしれない。

それは、量子力学の概念的枠組みはニュートンの理論と大きく違うものの、二つの理論による数学的予測が食い違ってニュートンの法則が通用しなくなるのは、たいてい原子より小さいスケールだけだからだ。そのためひとたび量子力学が完成すれば、ニュートンの理論による確立された日常現象の記述と矛盾することなしに、原子の奇妙な振る舞いを説明できるようになるはずだった。ハイゼンベルクら量子論の発展に取り組んだ人たちも、そうでなければならないと考え、発展途上のその理論を役に立つ形で検証するためのアイデアを数学的に導いた。ボーアはそれを「対応原理」と呼んだ。

ハイゼンベルクはどのようにして、当時は単なる哲学的な趣向だったものから具体的な理論を作り出したのだろうか？　難しかったのは、物理学は「観測可能量」――測定できる量――に基づいて構築すべきだという考え方を、ニュートンの理論のように物理世界の記述に利用できる数学的枠組みへと書き換えることだった。ハイゼンベルクが考え出した理論は最終的にあらゆる物理系に当てはまるものになるが、当初の目的は、ボーアによる場当たり的な原子モデルが成功した理由を一般的な数学理論によって説明することだったため、その理論は原子の世界の枠組みの中で導かれた。

その第一段階は、原子に適した観測可能量を特定することだった。原子の世界で我々が測定できるのは、原子が発する光の振動数と、そのスペクトル線の振幅すなわち強度なので、ハイゼンベルクはそれらを観測可能量として選んだ。そして従来の数理物理学の手法を用いて、位置や速度など従来のニュートン的「観測可能量」と、スペクトル線に関するデータとの関係性を導いた。この関係性を使って、ニュートン物理学の観測可能量を、量子においてそれに対応する観測可能量へと一つ一つ置き換えることが狙いだった。このステップには創造性と勇気の両方が必要で、ハイゼンベルクは位置と運動量を、風変わりで新しい数学的存在に変えなければならなかった。

その新たな種類の変数が必要となったのは、たとえば位置は一つの点を指定すれば定義できるが、スペクトルデータにはそれとは異なる記述が必要だったからだ。原子が発する光の色や強度といったさまざまな性質は、それぞれ一つの数ではなく、複数の数を縦横に並べたものとして表現される。なぜなら、原子のそれぞれの始状態からそれぞれの終状態への跳躍に対応して一本ずつスペクトル線が存在し、ボーアのエネルギーレベルのペア それぞれに対して一つずつ値が割り当てられるからだ。複雑そうだと思っても気にしないでほしい。そういうものなのだから。ハイゼンベルク本人も、この理論体系を初めて考えついた

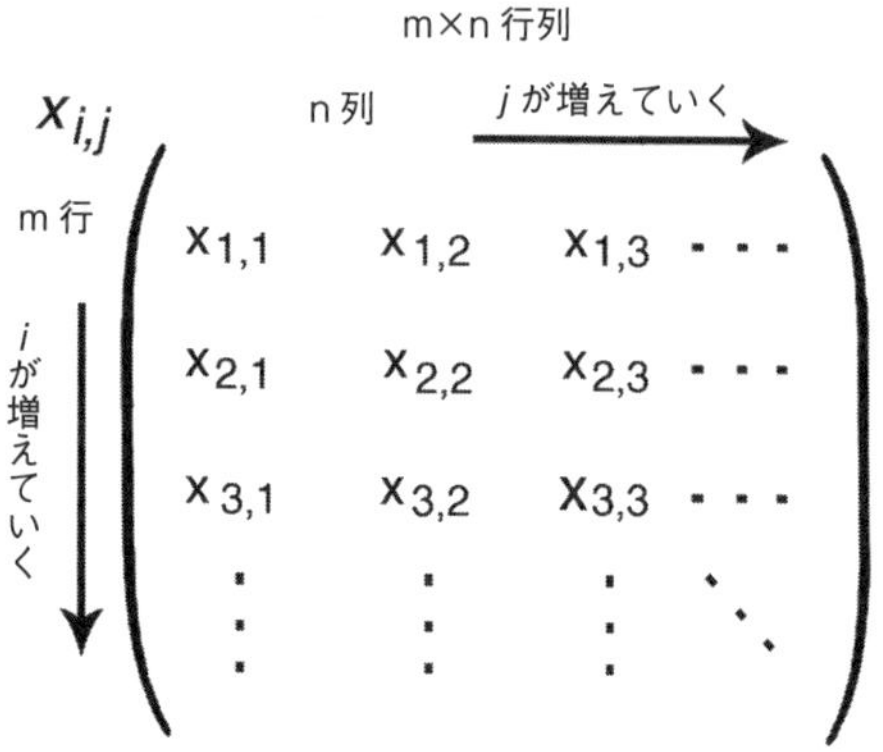

ハイゼンベルクの理論では、位置は馴染み深い空間次元でなく、数の無限行列によって表現される

とき、「とても奇妙だ」と呼んだ。[11] しかしハイゼンベルクが何よりもやろうとしたのは、具体的にイメージできる電子軌道を理論から排除して、純粋に数学的な存在に置き換えることだった。

ハイゼンベルク以前から原子の理論に取り組んでいた人たちは、ラザフォードと同じく、原子の中で起こるプロセスの根底にあるメカニズムを発見したいと思っていた。手の届かない原子の内部を実在のものと考え、公転する電子など、原子の内部に存在する物体の振る舞いを推測することによって、観測されているスペクトル線の性質を導こうとしていた。彼らはつねに、原子の構成部品は日常生活の馴染み深い物体と同じ基本的性質を持っていると決めつけていた。しかしハイゼンベルクだけは違うふうに考え、大胆にも、電子の軌道は観測可能な範疇にはないのだから、実在はせず、理論に組み込むことはできないと断言した。のちにこの方法論は、原子だけでなくあらゆる物理系に用いられることとなる。

このような考え方にこだわったハイゼンベルクは、物質的な物体がそれぞれ独自に存在していて、速さや位置などの確定した性質を持っているとする、ニュートン的な世界観を捨て去った。ハイゼンベルクの理論が完成すると、物体の軌道や、さらにはその過去や未来さえも正確には定まらないとする、ニュートンとは異なる概念的枠組みに基づく世界を受け入れるしかなくなった。

今日、メールやSNSといった新技術に多くの人がなかなか慣れないのを考えると、あなたを形作る電子や原子核が具体的な実在を持たないとする理論に自分の考えを合わせるには、どれだけ心が広くなければならなかったのか、それは想像するしかない。しかしハイゼンベルクの方法論は、まさにそれを求めていた。それは単に新たな物理学ではなく、まったく新しい現実の概念だったのだ。このような問題を受けてマックス・ボルンは、何世紀にも及ぶ物理学と哲学との隔たりに疑問を抱いて次のように記している。「いまや理論物理学は実は哲学だったと確信している」[12]

このような考え方がうまく組み合わさって数学的な計算が進むにつれ、ハイゼンベルクはますます奮い立ってきた。しかし枯草熱の発作があまりにひどかったため、ゲッティンゲンを離れて、北海に浮かぶ草木の生えない岩だらけの島へ逃れるしかなくなった。顔全体がひどく腫れ上がっていた。それでも昼夜を問わず取り組みつづけ、物理学を根底から覆すアイデアに関する初の論文となる研究を完成させた。

自宅へ戻ったハイゼンベルクは、研究成果を書き上げて、その写しの一部を友人のパウリに、もう一部をボルンに渡した。その論文は、ある方法論の概略を説明してそれをいくつかの単純な問題に当てはめるというものだったが、それを用いて何か実際上の関心がある事柄を計算することはできなかった。きわめて荒削りで、恐ろしいほどに複雑で、とんでもなく謎めいた研究結果だった。ボルンにとってそれと向き合うことは、カクテルパーティーで無意味なことをまくし立てる人と話をするようなものだったに違いない。これほど難解な論文を読まされたら、たいていの人なら何分か頑張ったところであきらめてワイングラスに手を伸ばすだろう。しかしボルンはあきらめなかった。そして最終的にハイゼンベルクの研究に大いに感銘を受け、すぐにアインシュタインに手紙を書いて、この若い科学者の考えは「間違いなく正しくて奥深い」と伝えた。[13]

ボーアやハイゼンベルクと同じように、かつてアインシュタインの相対論に心かき立てられたボルンは、ハイゼンベルクが測定可能量に焦点を絞ったことが、相対論を構築する上でアインシュタインが時間測定の実際的な側面に注目したことに似ていると気づいた[14]。

しかしアインシュタインはハイゼンベルクの理論が気に召さず、そのことが、量子論の発展におけるアインシュタインと量子との断絶の始まりとなる。物体が位置や速度といった確定した性質を持つ明確な客観的現実、その存在を放棄する理論を、アインシュタインはどうしても認めることができなかったのだ。電子の軌道に頼らない間に合わせの理論によって原子の性質を説明できるかもしれないというだけだったら、きっと我慢できただろう。しかし、そのような軌道は存在しないと言い切る基本的理論には、賛成できなかった。のちにアインシュタインは、「現実の間接的な記述に物理学者がいつまでも満足するとは考えたくない」と書いている[15]。

ハイゼンベルク本人も、自分が作り出した理論に確信が持てなかった。のちの回想によると、ある晩午前三時まで研究してあと少しで新発見というところまでこぎつけ、あまりに興奮して寝つけなかったという。しかし、そのアイデアを発表する最初の論文の原稿を書いている最中には、父親に宛てて次のような手紙を書いている。「いまのところあまり研究がうまくいっていません。たいして成果が出ていないし、次の論文でそんな状態を抜け出せるかどうかもわかりません[16]」

ボルンもハイゼンベルクの奇妙な数学に頭を悩ませつづけていた。するとある日突然、このハイゼンベルクに似た形式をどこかで見たことがあるのに気づいた。その数字の縦横の並びが、数学者が「行列」と呼ぶものに似ていることを思い出したのだ。

当時、行列代数はあまり知られていない難解な分野で、ハイゼンベルクはどうやら独自にそれを再発明したらしい。ボルンはパウリに、ハイゼンベルクの論文を数学の行列の言語を使って書きなおす（そしてその言語を拡張して、ハイゼンベルクによる無限行無限列の数の並びを扱えるようにする）のに力を貸してくれるよう頼んだ。すると、のちにノーベル賞を受賞することになるパウリは激怒した。[17] 我が友人の美しい「物理的アイデア」を、「役立たずの数学」や「長ったらしくて複雑な形式」で台無しにするつもりなのか、と言ってボルンを責め立てたのだ。

しかし実際のところ、行列の言語によって理論は大幅に単純化された。ボルンは行列代数の手助けをしてくれるもう一人の人物として、自分が面倒を見ていた学生のパスクアル・ヨルダンに白羽の矢を立てた。そしてその数か月後の一九二五年一一月に、ハイゼンベルク、ボルン、ヨルダンは、現在では科学史における記念碑となっている、ハイゼンベルクの量子論に関する論文を提出した。それからしばらくしてパウリも三人の研究を理解し、その新たな理論に基づいて水素のスペクトル線を予測して、電場や磁場がスペクトル線にどのような影響を及ぼすかをはじめて明らかにした。それは、まもなくニュートン力学の座を奪うこととなる生まれたての理論をはじめて実際的に応用した成果となった。

シュレーディンガーの方程式

すでに、原子の概念の誕生から二〇〇〇年以上、ニュートンが数学的な力学を考え出してから二〇〇年以上、プランクとアインシュタインが量子の概念を導入してから二〇年以上経っていた。ハイゼンベルクの理論はある意味、そうした綿々と続く科学的思考の到達点だったといえる。

問題は、ボーアの理論ではわずか数行で説明できていた原子のエネルギーレベルが、ハイゼンベルクの完成した理論では説明に三〇ページも必要であることだった。つねに現実的だった仕立屋の父なら、「そ

ヴェルナー・ハイゼンベルク（左）とニールス・ボーア

んなことのために何年も研究しないといけなかったのか？」といぶかっていただろう。しかしハイゼンベルクの理論は確かに優れていて、ボーアの場当たり的な仮定でなく深遠な原理に基づいて結果を導くことができた。だからすぐに受け入れられたはずだ、と思われるかもしれない。しかしほとんどの物理学者は、量子の理論探しに直接は関わっていなかったために、私の父と同じように考えていたらしい。三行でなく三〇ページ必要となったことが一歩前進だとは思わなかったのだ。ラザフォードをはじめとした物理学者は感動もせず興味も持たず、ハイゼンベルクのことを、車を丸ごと取り替えたほうがいいのにサーモスタットを交換すれば直ると言い張る自動車修理工を見るような目で見たのだ。

しかし量子論に通じた少数の人たちは、違った反応を示した。ほぼ例外なく仰天したのだ。というのも、ハイゼンベルクの理論は確かに複雑だが、水素原子に関するボーアの間に合わせの理論が通用する理由を深遠な形で説明すると同時に、観察データを完全に記述していたからだ。

とりわけボーアにとってハイゼンベルクの理論は、自分が口火を切った探究の到達点だった。自分の原子モデルは場当たり的な仮のものでしかなく、最終的にはより一般的な理論によって説明されなければならないことを自覚していたボーアは、このハイゼンベルクの理論がまさにその一般的な理論であると確信したのだ。「ハイゼンベルクの最新の研究によって、長年の最大の希望が一瞬で実現した」とボーアは記している。[18]

しばらくのあいだ物理学は、まるでワールドカップのスタジアムで、決勝ゴールが決まったことに気づいているファンが数えるほどしかいないかのような、奇妙な状態にあった。皮肉なことに、量子論を専門家しか興味を持たない理論からすべての物理学の根底にある基本理論として認められるものへと引き上げたのは、それから数か月後の一九二六年一月と二月に発表された二篇の論文だった。その論文には、まったく異なる概念と方法を用い、一見したところ異なる形で現実をとらえた、量子の**もう一つの**一般的理論が記されていた。

競合するその新たな理論は、原子中の電子を波動として記述していた。物理学者は波動の概念を具体的にイメージするのに慣れていたが、もちろん電子は対象としていなかった。奇妙なことに、この理論もハイゼンベルクの理論と同じく、ボーアの原子モデルを説明することができた。ギリシャ時代以来、科学者は、原子を記述する理論なしでやりくりするしかなかった。ところがいまや、そうした理論が二つもできたらしい。しかもそれらは互いに相容れないように思える。一方は、自然は物質やエネルギーの波からできているととらえ、もう一方は、自然が何ものかでできているととらえるのは的外れで、データ間の数学的関係しか考えてはならないと言い張っているのだ。

その新たな量子論はオーストリア人物理学者エルヴィン・シュレーディンガー（一八八七―一九六一）の業績で、ハイゼンベルクの理論とのスタイルの違いは、この二人の人物の違いや、二人がブレークスルーを成し遂げた場所の違いと同じくらい大きかった。ハイゼンベルクは岩だらけの島に一人籠もって副鼻腔を腫れさせながら研究をおこなったが、シュレーディンガーはクリスマス休暇にアルプスのリゾート地アローザで愛人と過ごしながら理論を導いた。数学者のある友人は、「シュレーディンガーは人生の後のほうで性欲を爆発させていたときに偉大な成果を上げた」と言っている。[19] その「人生の後のほう」とは、シュレーディンガー三八歳のことである。

その数学者は、シュレーディンガーがいい歳だった点を指摘したかったのだろう。ここまで幾度となく見てきたように、若い物理学者は新しい考え方を採り入れるが、年老いた物理学者は従来のやり方を望むものだ。ちょうど、人は老いるにつれて世界の変化を受け入れにくくなるのと同じだ。実はシュレーディンガーの研究も、そうした傾向の一つの実例といえる。皮肉なことに、シュレーディンガーが新たな理論を構築しようと思ったのは、ハイゼンベルクの理論とは対照的に、従来の物理学と同じように見える量子論を作りたいと考えたからだった。シュレーディンガーは、馴染みの考え方を覆そうとするのではなく、守ろうとして戦ったのだ。

シュレーディンガーは、自分よりずっと年下のハイゼンベルクと違い、原子の中で電子が運動する様子をイメージした。そうして考え出した風変わりな「物質波」は、ボーアの軌道と違って電子にニュートン的性質を直接与えるものではなかった。それでもシュレーディンガーの新たな量子の「波動理論」は、はじめこそ誰一人その解釈のしかたがわからなかったものの、ハイゼンベルクの理論が求めていた現実に対する不快な見方を避けてくれそうに思えた。

この代替理論を物理学者は高く評価した。シュレーディンガー以前、量子力学はなかなか受け入れられなかった。無限個の行列方程式を含むハイゼンベルクの馴染みのない数学は、恐ろしいほどに複雑に見えたし、具体的にイメージできる変数を放棄して象徴的な行列を用いることは、物理学者にとっては不愉快だった。それに対してシュレーディンガーの理論は使いやすい代物で、物理学者が学部生のときに音波や水の波として学んだものに似た方程式に基づいていた。その方法論は古典物理学者が日常的に使っていたもので、量子物理学を比較的簡単なものへと変えた。同じく重要な点としてシュレーディンガーは、軌道のようなニュートン的概念は持ち出さないながらも、原子を具体的にイメージする方法を提供することで、量子論を、ハイゼンベルクが苦労して目指していたのとは正反対の、より受け入れやすい理論にした。

アインシュタインまでもが、はじめのうちはシュレーディンガーの理論を気に入った。物質波の概念について自ら考察したたし、かつてはシュレーディンガーと一緒に研究したこともあった。一九二六年四月にアインシュタインはシュレーディンガーに宛てて、「あなたの研究のアイデアは真の天才の産物だ！」と書いている[20]。その一〇日後には再び、「私が信じるところ、あなたは量子条件の定式化によって決定的な前進を果たし、ハイゼンベルク＝ボルンの方法は誤解を招くものである」と書き送った[21]。五月上旬には再びシュレーディンガーの研究に対して熱烈な手紙を送った。

しかし同じ一九二六年五月、シュレーディンガーは再び衝撃を与えた。自分ではとてもがっかりしたが、シュレーディンガーの理論とハイゼンベルクの理論は数学的に同等でどちらも正しいことを証明する論文を発表したのだ。つまり二つの理論は、用いている概念的な枠組み、すなわち自然の「裏の」営みに対する見方は互いに異なる（ハイゼンベルクは裏を覗くことさえ否定した）ものの、それは単なる言語の違いであって、何が観測されるかに関しては同じことを語っていたのだ。

さらに事態を混乱させる（あるいはますますおもしろくさせる）かのように、その二〇年後にはリチャード・ファインマンが、量子論の第三の表現を考え出すことになる。その数学と概念的枠組みはハイゼンベルクのものともシュレーディンガーのものとも違うが、やはり以前の二つの理論と数学的に同等で、同じ物理原理を記述して同じ予測を与える。

ウォレス・スティーヴンズの詩に「私は三つの心を持っていた／三羽のクロウタドリが棲む一本の木のように」[22]というのがあるが、その状況を物理学に当てはめると奇妙に思えるかもしれない。物理学が何か「真理」を持っているとしたら、「正しい」理論が二つ以上存在するということがはたしてありえるのだろうか？　実はそれはありえる。物理学でも、物事をとらえる方法がいくつも存在する場合があるのだ。とくに、原子や電子やヒッグス粒子のように、文字どおりの意味で「見る」ことができないものを「見る」現代物理学ではまさにそのとおりだ。そうして物理学者は、実際に感じられる現実でなく、数学に基づいて心の中のイメージを作ることになる。

物理学では、一人がある理論をある概念を使って表現し、別の人がそれと同じ現象の理論を別の概念を使って表現することがありうる。政治の世界では右翼と左翼の争いがあるが、物理学はそれより高いレベルにある。なぜなら、ある見方が有効だと認められるには実験による検証をパスしなければならず、そのため代替理論も同じ結論を導けなければならないからだ。政治哲学ではそのようなことはめったにない。

そこで、理論は発見されるのか発明されるのかという問題が再び浮上してくる。外界に客観的な現実が存在するかどうかという哲学的な疑問に立ち入らなくてもわかるように、量子論が構築された過程は、物理学者が自然の探究を進める中で数多くの原理に偶然出くわしたという意味では発見だったが、科学者が複数の相異なる概念的枠組みを考え出して、それらがすべて同じ働きをしたという意味では、発明だったといえる。物質が波動としても粒子としても振る舞うのと同じように、それを記述する理論もどうやら、一見して相矛盾する二つの性質を持っているようだ。

シュレーディンガーが自らの理論とハイゼンベルクの理論との同等性を証明する論文を発表したとき、シュレーディンガーの表現法を適切に解釈する方法はまだ誰も知らなかった。それでもこの同等性の証明によって、ハイゼンベルクの理論ですでに明らかとなっていたのと同じ哲学的問題が、将来の研究によってシュレーディンガーの方法論からも浮上することが定かになった。そしてその論文以降、アインシュタインは二度と量子論に賛成することはなくなった。

シュレーディンガー本人でさえすぐに量子論に敵意を示し、「もしどんな結論がもたらされるかを知っていたら、この論文を発表しなかったかもしれない」と語った。[23] シュレーディンガーは、自分の好みに合わないハイゼンベルクの理論に取って代わるものを目指して、一見したところ害のない独自の理論を作ったのだが、それらが同等だったということは、自分の研究結果に隠された不快な意味合いを自らは理解していなかったことになる。結局シュレーディンガーは、自分が受け入れたくなかった新たな量子の考え方を焚きつけてさらに前進させただけだったのだ。

シュレーディンガーはその同等性を証明した論文の中で、珍しく感情をあらわにした脚註として、ハイゼンベルクの方法は「私にはきわめて難しくて具体的なイメージに欠けているように見え、拒絶するとは言わないものの落胆した」と記している。[24] その嫌悪感は一方的なものではなかった。ハイゼンベルクはシュレーディンガーの理論が記された論文を読み、パウリに次のような手紙を送った。「シュレーディンガーの理論の物理的内容を思い返せば思い返すほど、不愉快なものに感じられる。……自分の理論は具体的にイメージできるというシュレーディンガーの言葉は、たわごとだ」[25]

この意地の張り合いは一方的な勝利に終わった。シュレーディンガーの方法がただちに勝利し、ほとんどの物理学者によってほとんどの問題を解くための表現法として選ばれたのだ。量子論を研究する科学者の数は急激に増えたが、ハイゼンベルクの表現法を使う科学者は逆に減っていった。

ハイゼンベルクの理論構築に手を貸したボルンでさえ、シュレーディンガーの方法の支持に回った。またハイゼンベルクの友人パウリでさえ、シュレーディンガーの方程式を使えば水素のスペクトルをはるかに簡単に導けることに度肝を抜かれた。どちらもハイゼンベルクを喜ばせることはなかった。一方ボーアは、二つの理論の関係性をより深く理解することに焦点を合わせた。最終的には、イギリス人物理学者のポール・ディラックが二つの理論のあいだの深いつながりを決定的な形で解明し、さらに、問題に応じて二つの理論を器用に使い分けられる、今日好んで用いられている独自の表現法を考案した。一九六〇年までには、量子論の応用に関する一〇万篇以上の論文が発表された。[26]

「創造主はサイコロ遊びをしない」

このように量子論は発展したものの、その根底にはつねにハイゼンベルクの考え方が隠されていた。ハイゼンベルクは一九二七年、粒子が空間内の経路や軌道をとるという古典的イメージを一掃したいという思いで、ついに勝利を約束する論文を発表した。どのような表現法を使ったにせよ、ニュートンのように運動をイメージするのは無駄であることを、ある科学的原理——いまでは不確定性原理と呼ばれている——として証明したのだ。ニュートンによる現実の概念はマクロのスケールでは成り立つように見えるかもしれないが、マクロな物体を形作る原子や分子というもっと根本的なレベルでは、この宇宙はそれとまったく異なる法則に支配されているのだ。

不確定性原理は、ある瞬間に二種類の観測可能量、たとえば位置と速度について我々が知りうる事柄に制約条件をかけている。* その制約は、測定技術によるものでもなければ人間の器用さの限界によるものでもなく、自然そのものによって課せられている。量子論によれば、物体は位置や速度といった正確な性質は持っておらず、しかもそれらを測定しようとしたとき、一方を精確に測定すればするほどもう一方の測定精度は落ちてしまうのだ。

もちろん日常生活では、位置と速度の両方を好きなだけ精確に測定できるように見える。不確定性原理に反しているように思えるが、量子論の計算をするとわかるように、日々の現象では日常の物体があまりに重いせいで不確定性原理は意味をなさなくなる。ニュートン物理学があれほど長い歳月にわたってうまく機能したのは、そのためである。物理学者が原子スケールの現象を扱いはじめてようやく、ニュートンが断言した事柄の限界が見えてきたのだ。

たとえば電子がサッカーボールと同じ重さだったとしてみよう。すると、電子の位置をすべての方向で一ミリメートル以内で特定してもなお、その速度は、時速一〇億分の一キロメートルの一〇億分の一のさらに一〇億分の一より高い精度で測定できる。日常生活でそのような計算をする上では、どんな目的にとっても明らかに十分な精度だ。しかし実際の電子はサッカーボールよりはるかに軽いため、まったく話が違ってくる。不確定性原理によれば、実際の電子の位置をおおよそ原子の大きさに相当する精度で測定す

＊専門的にいうと、不確定性原理は位置と運動量——質量と速度との積——について知りうる事柄に制約を課すが、ここではこの区別は重要ではない。

ると、その電子の速度を時速およそ一〇〇〇キロメートル以上の精度で決定することはできない。静止しているのか、あるいはジャンボジェットより速く運動しているのかがわからないのだ。こうしてハイゼンベルクは自らの正しさを立証した。電子の正確な経路を表す観測不可能な原子軌道の存在は、そもそも自然によって禁じられていたのだ。

量子論の理解が深まるにつれて、量子の世界には確実な事柄など一つもなく、確率しか存在しないことが明らかとなっていった。つまり、「確かにこれが起こる」ではなく、「きっとこれらのうちのどれかが起こるかもしれない」ということだ。ニュートンの世界観では、未来または過去のどんな瞬間における宇宙の状態も、現在の宇宙に刻みこまれており、十分に知能の高い人ならニュートンの法則を使ってそれを読み解くことができるとされている。地球の内部に関する十分なデータがあれば、地震を予知できる。気象に関するあらゆる物理的詳細がわかれば、原理的には、明日、または一〇〇年後に雨が降るかどうかを確実に言い当てることができる。

ニュートン科学の中核をなすニュートン的「決定論」は、一つの出来事が次の出来事を引き起こしてそれが次々に続いていき、すべて数学を使って予測できるというものだ。それがニュートンのひらめいた事柄の一つで、そのめくるめく確実性に、経済学者から社会科学者まで誰もが、「物理学が手にしつつあるものと同じものを欲しい」と思った。しかし量子論によると、そもそもこの世界は、万物を構成する原子や粒子という基本的レベルでは決定論的ではない。宇宙の現在の状態から未来（および過去）の出来事を決定することはできず、いくつもの相異なる未来がそれぞれ起こる（およびそれぞれの過去が起こった）確率しか決定できない。この宇宙は巨大なビンゴゲームのようなものであると、量子論は言っているのだ。こうした考え方に対してアインシュタインは、ボルンに宛てた手紙の中であの有名な言葉を書き記した。

「［量子論は］かなりのものを生み出すが、創造主の秘密にはほとんど近づけない。創造主がサイコロ遊びをするなどとはどうしても信じられない」[27]

アインシュタインが神の概念を「創造主」（Old One）と表現しているのは何とも興味深い。アインシュタインは、聖書にあるような旧来の人格神の存在は信じていなかった。アインシュタインにとっての「神」は、我々の人生の私事に介入する存在ではなく、美しくて論理的に単純な宇宙の法則を象徴するものだった。だから、アインシュタインの「創造主はサイコロ遊びをしない」という言葉はすなわち、自然の壮大な体系でランダムさが役割を果たしているという考え方は受け入れられないという意味である。

私の父は物理学者でもサイコロ賭博師でもなかったし、ポーランドに住んでいた頃には、わずか数百キロ離れたところで進んでいる物理学の大きな発展については何一つ知らなかった。しかし私が量子不確定性のことを説明すると、父はアインシュタインよりもはるかに容易に受け入れてくれた。父にとって、宇宙を理解する上でもっとも重要なのは、望遠鏡や顕微鏡による観測ではなく人間の条件だった。そのため、アリストテレスによる自然な変化と猛烈な変化との区別を実体験に基づいて理解しただけでなく、自らの過去に基づいて、量子論に内在するランダムさも容易に信じることができた。ナチスが何千人ものユダヤ人をかき集めた街の市場で、父は長い列に並んでいた。自分の番が回ってくると、かくまうことになっていた逃亡中の地下組織のリーダーと一緒に掘り込み便所の中に隠れた。しかし父も逃亡者も臭いに耐えきれずに外へ出た。逃亡者は逃走し、それ以降誰も彼の姿を見なかった。一方、父は列へと追い立てられて最後尾近くに並んだ。

列は徐々に進んでいき、全員がトラックに乗せられているのが見えた。列の先頭に近づいたところで、ナチス親衛隊の士官が父を含む最後尾の四人を列から切り離した。「必要なユダヤ人は三〇〇〇人だが、列には三〇〇四人並んでいたようだ」、と士官は言った。三〇〇〇人がどこに連れていかれたにせよ、父はその場に残された。後からわかったのだが、彼らは近くの墓地に運ばれて、全員で巨大な墓穴を掘り、銃殺されてそこに埋められたのだという。ドイツ人の几帳面さがナチスの残忍さに勝った死のくじ引きで、父は三〇〇四番を引いたのだ。父にとっては理解しがたい偶然だった。それに比べれば量子論のランダムさなど簡単だったのだ。

我々の人生と同じように科学理論にも、堅固な基岩の上に立っているものもあれば、崩れやすい砂の上に立っているものもある。アインシュタインが物理世界に是が非でも望んだのは、量子論が砂の上に立っていることが証明されて、いずれその弱い基礎のせいで崩れ去ることだった。不確定性原理が示されるとアインシュタインは、それは自然の基本原理でなく量子力学の限界であって、量子論が堅固な基盤の上に立っていないことを示しているのだと説いた。

物体は位置や速度といった量について確定した値を持っているが、量子論ではそれらを扱うことができないのだと、アインシュタインは考えた。量子力学は確かに成功しているが、客観的現実を取り戻してくれる、より深遠な理論の不完全な姿でしかないのだという。アインシュタインと同じ考えの人はほとんどいなかったが、長年にわたって誰もその可能性を否定することはできず、アインシュタインは死ぬまで、いつか自分の正しさが証明されるだろうと信じつづけた。しかしその後、アイルランド人理論物理学者ジョン・ベル（一九二八—一九九〇）のきわめて巧妙な研究に基づく高度な実験によって、その可能性は確実に排除された。そうして量子の不確定性は生き残ったのだった。

「アインシュタインの主張にはショックを受けた」とボルンは打ち明けている。[28] ハイゼンベルクとともに量子論の確率論的解釈に重要な貢献を果たしたボルンは、もっと肯定的な反応を期待していた。アインシユタインに憧れていただけに、まるで尊敬するリーダーに見捨てられたかのような喪失感を覚えたのだ。ほかの多くの人も同じように感じ、アインシュタインの考え方を否定しなければならないことに涙まで流した。しかしアインシュタインはすぐに、量子論に反対しているのは自分くらいなもので、本人いわく「独りで歌を歌って周りからかなりの変人に見られている」ことに気づいた。[29] そして、ボルンの研究を否定する最初の手紙を書いてから約二〇年後、死のわずか六年前の一九四九年に、再びボルンに宛てて次のような手紙を書いた。「この歳で目も耳も悪くなって、世間から過去の存在と見られている。でも自分の気性とよく合っているから、そんなに嫌な気はしない」[30]

ヒトラーの台頭と「ユダヤ人の物理学」

知力を合わせて量子論を構築した中央ヨーロッパの科学者たちは、ここまで見てきた歴史上のそうそうたる知識人の誰よりも優れていたか、あるいは少なくとも肩を並べてはいた。革新はそれにふさわしい物理的および社会的環境の中で起こるもので、遠い地の人たちが革新にほとんど貢献しないのは偶然ではない。技術の進歩によって原子に関係する新たな現象が次々と発見され、幸運にもその時代と場所に属していた理論物理学者たちは、人類史上はじめて明らかとなった宇宙の一面に関する洞察や観察結果を互いに共有した。ヨーロッパは魔法のような時代で、想像力が次から次へとほとばしり、自然の新たな領域の輪郭が浮かび上がってきた。

小さく身を寄せ合った何か国かで研究を進め、アイデアを交換したり論争したりしながらも、情熱をともにして同じ目標へ向かってひたむきに取り組む大勢の科学者の汗と知力から、量子力学は生まれた。しかし、彼ら偉大な思索家の協調と衝突はやがて、ヨーロッパ大陸を席巻しつつある混沌と残忍さによって覆い隠されてしまう。量子物理学のスターたちは、シャッフルを失敗したトランプのように散り散りになってしまったのだ。

終わりの始まりが訪れた一九三三年一月、ドイツの大統領で参謀総長のパウル・フォン・ヒンデンブルクがアドルフ・ヒトラーを首相に任命した。その日の夜、ハイゼンベルクやボルンやヨルダンが力を合わせてハイゼンベルクの力学に取り組んでいた偉大な大学都市ゲッティンゲンの街なかを、制服に身を包んだナチス党員たちが、松明と鉤十字を振って愛国的な歌を歌いユダヤ人をなじりながら行進した。数か月のうちにナチスは国じゅうで焚書の儀式をおこない、大学から非アーリア人の学者を追放すると宣言した。尊敬を集める知識人の多くは突如として、祖国を捨てるか、さもなくはポーランドの仕立屋で選択肢のなかった私の父のように、国に留まって、大きくなるナチスの脅威に直面するしかなくなった。推計によると、五年間で二千人近い一流科学者が、家系あるいは政治的信念のために亡命したという。

しかしハイゼンベルクはヒトラーの台頭を歓喜で迎え、「ついに秩序がもたらされて社会不安に終止符が打たれ、我々はドイツを支配してヨーロッパの利益に資する強い力を手にした」と語ったと伝えられている。[31]一〇代の頃からハイゼンベルクはドイツ社会の方向性に不満を持っていたという。愛国主義者の若者のグループで活動し、原野への長いハイキングに出かけては、キャンプファイヤーを囲みながら、ドイツの道徳的堕落と、国民共通の目的や伝統の喪失を非難し合っていた。科学者としては政治から距離を置こうとしたものの、第一次大戦以前のドイツの偉大さを取り戻してくれる強い力をヒトラーに感じ取っていたらしい。

しかし、ハイゼンベルクが構築に寄与して強く支持した新たな物理学は、ヒトラーを苛立たせることになる。一九世紀のドイツ物理学は、おもにデータの収集と分析を通じて卓越した名声を確立していた。もちろん数学的な仮説も提案され検討されてはいたが、大方の物理学者はそこに焦点を合わせてはいなかった。だが二〇世紀前半になると、理論物理学が一つの分野として花開き、ここまで見てきたように驚くべき成功を収めた。しかしナチスはそれを、数学的に難解な単なる空論でしかないと片づけた。「堕落した」芸術と同じく、忌々しい抽象的な超現実主義とみなしたのだ。しかも極めつけに、その大部分はユダヤ系の科学者（アインシュタイン、ボルン、ボーア、パウリ）の研究によるものだった。

相対論と量子論という新たな理論を、ナチスは「ユダヤ人の物理学」と呼ぶようになる。そして、間違っているだけでなく堕落しているとして、大学で教えることを禁じた。ハイゼンベルクまでもが、ユダヤ人物理学者とともに「ユダヤ人の物理学」を研究していたということで非難された。外国から名声のある数々のポストへの誘いを受けながらも、ドイツに留まって政府に忠誠を誓い、第三帝国のあらゆる要求に応じていたハイゼンベルクは、そうした扱いに怒りを募らせた。

ハイゼンベルクは問題を収拾するために、ヒトラー親衛隊の隊長で強制収容所の建設に携わっていたハインリッヒ・ヒムラーに直接掛け合った。母親どうしが昔からの知り合いであるというコネを使って、ヒムラーに手紙を書いたのだ。それに応えてヒムラーは八か月にわたる厳しい取り調べをおこない、そののち何年もハイゼンベルクを悪夢に悩ませることになるが、最終的に「ハイゼンベルクは立派な人物であると考えられ、新たな世代を教育できる比較的若いこの男を手放したり黙らせたりする余裕はない」と断定した。[32] それと引き替えにハイゼンベルクは、ユダヤ人の物理学を作り出したユダヤ人たちを否定し、公に彼らの名前を口にしないことに同意した。

量子力学のもう一人の指導的な開拓者で、当時ケンブリッジ大学にいたラザフォードは、亡命してきた科学者を支援する組織を設立してそのリーダーを務めた。しかし絞扼《こうやく》性ヘルニアの手術が遅れ、一九三七年に六六歳で亡くなった。ケンブリッジ大学のルーカス記念教授（ニュートンやバベッジ、そしてのちにホーキングが就任したポスト）だったディラックは、イギリスの原爆開発計画に関する問題にしばらく取り組んだのち、マンハッタン計画に招かれたが、倫理上の理由から断った。晩年はタラハシーにあるフロリダ州立大学で過ごし、一九八四年に八二歳で世を去った。チューリヒ大学の教授だったパウリは、ラザフォードと同じく国際的な亡命者支援計画を率いたが、戦争が勃発するとスイスの市民権を剝奪されてアメリカに亡命し、戦後まもなくノーベル賞を受賞する。晩年は神秘主義や心理学、とくに夢の問題に傾倒し、チューリヒのC・G・ユング研究所の創設メンバーとなった。そして一九五八年、チューリヒの病院で膵臓がんのために五八歳で亡くなった。

シュレーディンガーはパウリと同じくオーストリア人だったが、ヒトラーが権力を掌握したときにはベルリンに住んでいた。ヒトラーに関してもほかの多くの事柄と同様にハイゼンベルクとは正反対の考えで、反ナチスを公言し、すぐにドイツを離れてオックスフォード大学のポストに就いた。それからまもなくして、ディラックとともにノーベル賞を受賞した。ドイツの物理学を一つにまとめようとしていたハイゼンベルクは、シュレーディンガーが亡命したことに対して、「彼はユダヤ人でもなければ危険にさらされてもいないのに」と言って憤りを示した。[33]

オックスフォードでのシュレーディンガーの生活は長続きしなかった。妻と愛人――シュレーディンガーは第二夫人とみなしていた――の両方と暮らしていることが問題視されたのだ。伝記作家のウォルター・ムーアによれば、「オックスフォードでは妻は不幸な女従者とみなされていて、……妻を一人持つのも嘆かわしいことなのに、二人も持つなんて話にならなかった」という。[34]

結局シュレーディンガーはダブリンに落ち着いた。そして一九六一年に、結核によって七三歳で世を去った。最初に結核にかかったのは一九一八年、第一次世界大戦で戦っていたときのことで、それ以来ずっと呼吸器の問題に悩まされていた。アルプスのリゾート地アローザが気に入っていたのはそのためで、その地で独自の量子論を編み出したのだった。

ヒトラーが権力の座に就いたときアインシュタインとボーアはドイツに住んでいて、二人ともユダヤ人の家系だったため、時宜よく国外へ移住できるかどうかが生死を決する問題となった。当時ベルリン大学の教授だったアインシュタインは、ヒトラーが首相に任命された日、偶然にもアメリカのカリフォルニア工科大学を訪れていた。そしてドイツへ帰国しない決心をし、二度と祖国の土を踏むことはなかった。ナチスはアインシュタインの個人資産を没収し、相対論に関する研究成果を燃やし、アインシュタインの首に五〇〇〇ドルの報奨金をかけた。しかしアインシュタインも抜かりはなく、カリフォルニアに向けて旅立つとき妻に、家の様子をよく目に焼きつけておくよう言った。「二度と見られないだろう」と言われた妻は、バカなことを言っていると思ったという。[35]

アインシュタインは一九四〇年にアメリカ市民になったが、スイスの市民権も持ちつづけた。一九五五年に世を去り、一二人の親友が集まる火葬場へ運ばれた。短い追悼式が終わると、火葬されて灰は未公表のとある場所に撒かれたが、プリンストン病院のある病理学者の手で脳が取り出されており、それから何十年かのあいだに幾度となく研究にかけられた。その残りは現在、メリーランド州シルヴァースプリングにあるアメリカ陸軍の国立保健衛生医学博物館に収蔵されている。[36]

ボルンも、教育に携わることを禁じられ、また子供たちが嫌がらせを受けていることに悩んでいたため、すぐにドイツを離れることを考えた。ハイゼンベルクは非アーリア人の研究禁止令をボルンに対しては免除してくれるよう尽力したが、ボルンはパウリの亡命者支援組織の助けを借りて一九三三年七月にケンブ

1927年にブリュッセルで開催された「電子と光子に関する第5回ソルヴェイ国際学会」に集まった量子論の開拓者たち。後列：シュレーディンガー（左から6人目）、パウリ（8人目）、ハイゼンベルク（9人目）。中列：ディラック（5人目）、ボルン（8人目）、ボーア（9人目）。前列：プランク（2人目）、アインシュタイン（5人目）

リッジ大学のポストに就き、その後エディンバラ大学へ移った。一九三二年にハイゼンベルクがノーベル賞を受賞した際には、共同研究をおこなったボルンは賞から外されたが、一九五四年に受賞した。そして一九七〇年に世を去った。墓石に彫られている $pq-qp=h/2\pi$ という墓碑銘は、ボルンとディラックが互いに独立に発見した、ハイゼンベルクの不確定性原理の基礎となる数式で、量子論でもっとも有名な方程式の一つである。*

デンマークで現在のニールス・ボーア研究所を率いていたボーアは、しばらくのあいだはさほどヒトラーの手が及ぶことはなく、亡命するユダヤ人科学者がアメリカやイギリスやスウェーデンでポストを探す手助けをしていた。しかし一九四〇年にヒトラーがデンマークへ侵攻し、一九四三年秋にボーアはコペンハーゲン駐在のスウェーデン大使から、デンマークのユダヤ人を強制移送する計画の一環として自分がまもなく逮捕されることを聞かされた。本来なら一か月前に逮捕されていたはずだったが、ナチスは、一斉逮捕が本格化するまで待ったほうが反発が小さくなるだろうと考えた。その判断に救われたボーアは、妻とともにスウェーデンへ逃れた。そしてその翌日に国王グスタフ五世と面会し、ユダヤ人亡命者たちを公式に保護してくれるよう説得した。

しかしボーア自身は誘拐される恐れがあった。スウェーデン国内にドイツのスパイが大勢潜んでいて、ボーアは自宅の場所を秘密にしていたものの、ストックホルムに住んでいることはばれていた。まもなくウィンストン・チャーチルから、イギリス軍が救出してくれると伝え聞いた。高空で高速飛行してドイツの戦闘機の攻撃をかわすことのできる爆撃機デ・ハビランド・モスキートの武装が外され、ボーアはその爆弾庫にマットレスを敷いて忍び込んだ。途中で酸欠によって意識を失ったが何とか生き延び、デンマークを離れるときに着ていた服装のままでイギリスへ到着した。家族も後に続いた。そしてイギリスからアメリカへ亡命して、マンハッタン計画の顧問となる。戦後はコペンハーゲンに戻り、一九六二年に七七歳で世を去った。

偉大な量子理論家のうちドイツに残ったのは、プランク、ハイゼンベルク、ヨルダンだけだった。ヨルダンは偉大な実験家ガイガーと同じく、熱心なナチ党員だった。ドイツ陸軍の三〇〇万人の突撃隊員の一人となり、茶色の制服と革長靴と鉤十字の腕章を誇らしげに身につけた。[37] さまざまな高度な兵器の開発計

＊私は、自分の博士研究の由来をたどるとマックス・ボルンへ行き着くことに誇りを感じている。そのつながりは、ボルン→J・ロバート・オッペンハイマー（マンハッタン計画を率いた）→ウィリス・ラム（ノーベル賞受賞者でレーザーの開発者の一人）→ノーマン・クロール（光と原子の理論に基本的な貢献をした）→アイフィント・ヴィッヒマン（私の博士研究の指導教官で数理物理学の重要人物）。

画にナチスが関心を持ってくれるよう努力したが、皮肉なことに「ユダヤ人の物理学」に関わっていたせいで無視された。戦後はドイツ政界に入り、ドイツ連邦参議院の議席を獲得する。そして一九八〇年、量子論の初期の開拓者としてただ一人ノーベル賞を受賞することなく、七七歳で亡くなった。

プランクはナチスに共感こそ抱いていなかったが、激しく抗うどころか静かに抵抗することもなかった。ハイゼンベルクと同様、ナチスの法律や規則にすべて従いながら、ドイツの科学をできる限り守ることを最優先にしていたらしい。[38] 一九三三年五月にはヒトラーと面会して、ドイツの大学からユダヤ人を追放する政策を撤回するよう説得を試みるが、もちろん何一つ変わらなかった。何年かのち、プランクがかわいがっていた一番下の息子は、もっと大胆な方法でナチ党を変えようとする。一九四四年七月二〇日のヒトラー暗殺計画に加わったのだ。しかし共謀者とともに逮捕され、ゲシュタポに拷問されて処刑された。プランクにとっては、悲劇に満ちた人生の中でも最悪の出来事だった。五人の子供のうちほかの三人も若くして亡くなっていた。長男は第一次世界大戦の戦闘で命を落とし、二人の娘は出産時に亡くなったのだ。息子の処刑によって、プランクは生きる希望を完全に失ったという。そしてその二年後に八九歳で世を去った。

ハイゼンベルクは、はじめこそナチスに心酔していたものの、やがて関心を失った。それでも第三帝国時代を通じて科学界の高い地位に座りつづけ、不満もなく職務をこなした。大学からユダヤ人が追放されると、できる限り優れた代わりの人材を集めてドイツ物理学を守ろうと最善を尽くした。ナチ党に加わることはなかったが、教職に留まりつづけ、体制と縁を切ることはけっしてなかった。

一九三九年にドイツの原爆開発計画が始動すると、ハイゼンベルクはすぐに参加し、とてつもない精力を傾けて没頭した。[39] そしてまもなく計算を完成させ、核分裂の連鎖反応が起こりうること、および稀少な同位体ウラン二三五が優れた爆薬になることを明らかにした。数ある歴史の皮肉の一つとして、ドイツは戦争初期の快進撃のせいで最終的に敗れたのかもしれない。戦況があまりにも思わしかったために、体制は当初、原爆開発計画に多くの資源をつぎ込まず、趨勢が変わったときにはもう手遅れだったのだ。ナチスは一つも原爆を完成できないまま敗北した。

戦後ハイゼンベルクは、ほかに九人の指導的なドイツ人科学者とともに一時的に連合国に拘束された。解放されると、物理学の基本的な問題の研究とドイツの科学の再興、そして外国の科学者のあいだで自らの名誉を回復することに取り組んだ。しかし二度とかつての名声を取り戻すことはなく、一九七六年二月一日にミュンヘンの自宅で世を去った。

ハイゼンベルクに対する戦後の物理学界の賛否入り交じった反応は、私自身の態度にも反映されている。学生だった一九七三年、ハーヴァード大学でハイゼンベルクが量子論の発展に関する講演をすることになったが、私はどうしても足を運ぶことができなかった。しかし何年かのちに、かつてハイゼンベルクが所長を務めていた研究所にアレクサンダー・フォン・フンボルト奨学生として所属していたときには、よくハイゼンベルクのかつてのオフィスの前に立って、量子力学の誕生に貢献した人物に思いを巡らせたのだった。

人間と物理世界に関する洞察

量子の偉大な開拓者たちが発展させた量子論は、マクロな世界のおおまかな物理に対する我々のイメージを変えることはなかったものの、我々の生活に革命を起こし、産業革命に匹敵する規模で人間社会を変えた。量子の法則は、コンピュータやインターネット、人工衛星や携帯電話や電子機器など、現代社会を作りかえたあらゆる情報技術や通信技術の基礎をなしている。しかしその実用的応用と同じく重要なのが、自然、そして科学について量子論が教えてくれたことである。

勝ち誇ったニュートン的世界観は、適切な数学的計算をすればあらゆる自然現象を予測して説明できることを約束し、それに触発されてどんな分野に取り組む科学者も、自分たちの分野を「ニュートン化」したいと考えた。しかしそうした野望を、二〇世紀前半の量子物理学者は消し去った。彼らが解き明かした真理は、結局のところ我々に自信を与えてくれるとともに、心から謙虚な気持ちにもさせる。自信を与えてくれるというのは、我々は経験の及ばない見えない世界を理解して操作できることを、量子論が証明してくれたからだ。そして謙虚というのは、何千年ものあいだ、科学者や哲学者が進めてきた進歩のおかげで我々の理解力に限りはないと考えられてきたが、いまや自然は量子物理学者の偉大な発見を通じて、我々が知りうることやコントロールできることには限界があると教えてくれているからだ。さらに量子は我々に、ほかにも見えない世界が存在するかもしれず、この宇宙はとてつもない謎に満ちていて、地平線のすぐ向こうでは、思考や理論の新たな革命を必要とするますます不可解な現象が展開しているかもしれないことを、思い起こさせてくれる。

本書でここまで旅してきた何百万年もの旅路は、身体的にも精神的にも我々と大きく異なる最初の人類からスタートした。その四〇〇万年の旅路のうち最後のわずか一瞬だけ現代に入り、自然は法則に支配されていないながら、我々が日常生活で経験するもののほかにも法則は存在することを知った。ハムレットがホレイショーに言ったように、天界と地上には我々の哲学では想像できない事柄がまだまだ存在するのだ。

近い将来のあいだは我々の知識は増えつづけるだろうし、また科学に携わる人数が急激に増えていることを考えると、今後一〇〇年で過去一〇〇〇年分に匹敵する進歩が実現すると考えてもいいように思える。

しかし本書を読み進めたあなたなら、身の回りの世界に関して人々が問いかける疑問には技術的な側面以上の意味があることを知ったはずだ。我々人間は自然の中に美を見出し、その意味を探す。宇宙のしくみを知りたいだけでなく、自分がその中にどのように調和しているかも理解したい。自分の人生とその限りある存在をほかのものと関連づけて、他人やその喜びと悲しみ、そしてその喜びと悲しみがちっぽけな役割しか果たさない広大な宇宙とのつながりを感じたい。

宇宙における我々の居場所を理解して受け入れるのは難しいかもしれない。しかし、科学を形而上学や倫理学や美学と同じ哲学の一分野とみなしていた古代ギリシャ人から、神の正体を理解する手段として自然を研究したボイルやニュートンらの開拓者まで、自然を研究する人々にとってそれは、はじめから目標の一つだった。私の場合、物理世界に関する洞察と人間世界との結びつきをもっとも強く感じたのは、ある日バンクーバーでテレビドラマ『冒険野郎マクガイバー』のセットの前に立っていたときだった。撮影中のエピソードの脚本を書いた私は、小道具係と大道具係に物理の低温実験室がどのようなものかを教えていた。すると、そのありきたりな技術的会話の最中に突然、我々人間は自然を超越してはおらず、花々やダーウィンフィンチのように生まれては消えているだけだという事実に、生まれてはじめて直面させられた。

始まりは、制作局からスタジオにいる私に一本の電話が転送されたことだった。当時は誰もが一二歳で携帯電話を持つようになる以前で、スタジオで電話を受けることはめったになく、ちぎった紙切れに走り書きされた伝言を何時間も経ってから渡されるのがふつうだった。こんな感じだ。レナード――「〈聞き取れない〉してほしい。急ぎだそうだ！　〈聞き取れない〉に電話してくれ」。しかしこのときは違った。助監督が私のところに電話機を持ってきたのだ。

電話の相手はシカゴ大学病院の医師だった。父が、数か月前に受けた大動脈修復手術の遅発性の影響で発作を起こして、昏睡状態だという。私は夕方には病院に着き、安らかに目を閉じて横たわっている父を見つめていた。そばに座って髪を撫でた。温かくて生きているのが感じられた。まるで眠っているかのようだった。すぐにでも目を覚まして、私がいるのに気づいて微笑み、手を伸ばして私に触れ、朝食にライ麦パンとニシンの酢漬けを一緒に食べないかと聞いてきそうだった。

私は父に話しかけた。「愛してるよ」。何年ものちに、眠っている自分の子供たちに時折話しかけるのと同じように。しかし医者は、父は眠っているのではないと念を押す。私の声は聞こえないのだと言う。脳波によるとほとんど死んでいるようなものだと言う。父の温かい身体は、ちょうど『マクガイバー』の物理実験室と同じように、外見は何ら問題ないがそれは単なる見せかけであって、意味のある機能は何一つ発揮できなかった。医者は、血圧が徐々に下がって呼吸が徐々に遅くなり、やがて息を引き取るだろうと言った。

そのとき私は科学を憎んだ。科学は間違っていると証明したかった。人の運命を言い当てられる科学者や医者がどこにいる？　どんなことをしてでも父を取り戻すか、少なくとも一日か一時間か一分でも意識を取り戻させて、「愛しているよ、さようなら」と言いたかった。しかし医者の言ったとおりに最期は訪れた。

一九八八年、享年七六歳。父の死後、家族は「シヴァ」の期間に入った。七日間喪に服し、家から出ずに一日三回祈るという伝統だ。私は生まれてからそれまでずっと、居間に座ってはよく父と話をしていたが、もはや父は記憶の中の存在でしかなく、二度と父と話ができないと悟った。人類の知的な旅路のおかげで、父の原子はいまもこれからもずっと存在しつづけることはわかっていた。しかし、その原子は父と

私の父、1951年にニューヨークで母にプロポーズした晩

違って死んではいないが、いまや拡散してしまっているることもわかっていた。私が父であると知っているものを形作っていたその構造は失われ、私や、父を愛していた人たちの心の中の面影として以外には、二度と存在しない。そして、何十年か経てば自分にも同じことが起こるのもわかっていた。

自分でも驚いたことに、それまで物理世界を理解しようと人間なりに努力してきて学んだことは、自分を人情味のない人間にするのではなく、逆に力を与えてくれるのだとそのとき感じた。そのおかげで心の痛みを乗り越えることができ、何かより大きな存在の一部として孤独感は薄れた。人間はたとえどんな歳月を過ごしたとしても、すさまじい美しさを持っているのだと気づいた。父は高校に入るチャンスさえなかったが、物理世界の本質を深く理解して興味を示した。私は若い頃、居間で父に、いつかそれに関する本を書きたいと話したことがある。それから何十年か経ってようやく完成したのが、この本である。

エピローグ

世界を少しだけ違うふうに見る

古くからのある問題を一つ。[1] ある日、一人の修道士が日の出とともに修道院を出発して、高い山の山頂に建つ寺院目指して登っていった。その山にはとても細くて曲がりくねった道が一本しかなく、急な場所では修道士はゆっくりと進んだが、日没の少し前に寺院へ到着した。翌朝、修道士は再び日の出とともに道を下り、やはり日没に修道院へ到着した。問題――その両方の日でまったく同じ時刻に修道士がいた地点は存在するか？　その地点を特定するのではなく、そのような地点が存在するかしないかだけを答えればいい。

ヒントが隠されていて解くのにこつがいる問題でもないし、いずれかの単語を変わった意味で解釈しなければならないたぐいの問題でもない。道の途中に修道士が毎日正午に祈りを捧げる祭壇もないし、登りと下りのスピードを知る必要もない。何か欠けている情報を推測しないと解けないわけでもない。身長一八〇センチの肉屋に「体重は？」（what do you weigh?）」と聞いたら「肉だ」と答えた、といったたぐいのなぞなぞでもない〔weigh には「重さがある」と「重さを量る」という二つの意味があるので、「何を量っているの？」という意味にもとれる〕。この問題の場面設定はきわめて単純で、一度読んだだけで答に必要な事柄はすべて理解できる。

しばらく考えてみてほしい。歴史を通じて科学者が答えようとしてきた数々の問題と同じく、この問題を解けるかどうかは忍耐力と粘り強さにかかっている。しかしそれだけでなく、優れた科学者なら誰でも知っているように、問題を正しい方法で考え、一歩下がって少し違う角度から問題を見てみる力があるかどうかにもかかっている。それができれば答えるのは簡単。難しいのは、うまい角度から問題をとらえられるかどうかだ。だからこそ、ニュートンの物理学やメンデレーエフの周期表やアインシュタインの相対論は抜きん出た知性と独創性を持った人間にしか作り出すことはできなかったのに、うまく説明さえしてくれれば、物理学や化学を専攻する今日の大学生でも理解できるのだ。また、ある世代の人々をたじろがせた事柄が次の世代には常識となり、それによって科学者がさらなる高みに登れるのも、このためである。

この修道士の問題を解くために、修道士が山を登った日と下りた日の場面を頭の中で再現するのではなく、思考実験としてそれとは違うふうにイメージしてみよう。修道士は二人いて、一人は麓から、もう一人は山頂から、同じ日の日の出とともに出発すると考えるのだ。当然、二人は道の途中ですれ違うだろう。そのすれ違った地点こそ、問題の修道士が二日とも同じ時刻に通り過ぎた地点である。だから問題の答は「イエス」だ。

一人の修道士が登りと下りで同じ時刻に道の途中のある特定の地点を通過するというのは、ありえそうもない偶然のように思える。しかし自由な心を持って、二人の修道士が同じ日にそれぞれ登りと下りをたどるという空想を膨らませれば、それは偶然でなく必然であることがわかる。

ある意味、この世界を少しだけ違うふうに見ることのできる人たちがそれぞれこのような空想を次々に膨らませたことによって、人類の知識は進歩してきた。ガリレオは、空気抵抗のない理論上の世界で物体が落下する様子を思い浮かべた。ドルトンは、元素が目に見えない原子からできているとした上で、それがどのように反応して化合物を作るのかを想像した。ハイゼンベルクは、原子の世界を支配する法則は我々が日常経験するものとはまったく異なる奇妙なものであると想像した。空想的な考え方も多種多様で、「いかれている」というレッテルを貼られるものから、逆に「先見の明がある」と呼ばれるものまで幅広い。宇宙に関する我々の理解が今日まで進歩してきたのは、その両極端のあいだのさまざまなアイデアを思いついた思索家たちが綿々と真剣に努力してきたおかげである。

もし私の狙いどおりなら、本書によって、物理世界に関する人類の思考のルーツ、人々が自分自身の問題として探究した疑問、理論や研究の特質、そして、文化や信仰体系が人類の探究に及ぼした影響を、正しく理解できたのではないだろうか。それは、現代の社会や仕事や道徳に関する多くの問題を理解する上で重要である。しかし本書の大部分は、科学者や革新者がどのように考えたか、その物語でもある。

二五〇〇年前にソクラテスは、物事を批判的や体系的に考えずに人生を送る人を、正しい手順を踏まずに作業をする陶工にたとえた。[2] 陶器作りは単純に見えるかもしれないが、けっしてそうではない。ソクラテスの時代には、アテナイの南にある採掘場で粘土を調達して、その粘土を特製のろくろの上に置き、作る器の直径に応じた速さでろくろを回転させて、粘土をこね、形を均し、刷毛を当て、釉薬を塗り、乾燥させてから、窯の中で二回、それぞれ適切な温度と湿度で焼かなければならなかった。そのうち一つでも間違えれば、陶器は歪むか、ひびが入るか、変色するか、あるいは見栄えが悪くなってしまう。ソクラテスは、強力な思考もまた技巧の一つであって、それを磨く価値はあると指摘した。その技巧をうまく使えずに、人生が歪んでしまったり無残に失敗したりした人は、誰でも思い浮かべることができる。

原子や時空の性質を研究する人はごく少ないが、人は誰しも、自分が住んでいる世界に関する理論を作り、その理論を仕事や遊びの道しるべとして使って、どこに投資するか、何を食べたら健康にいいか、どうすれば幸せになるかを判断する。また誰しも科学者と同じように、人生では新しいことを生み出していかなければならない。時間や気力がないときに夕食に何を作るかを思いついたり、ノートが行方不明でコンピュータもすべて使えないときに即興でプレゼンしたりするという意味だ。あるいは人生を変えるような事柄として、過去のトラウマをいつ捨てるかや、自分を支えている伝統にどんなときにこだわるかを判断することも含まれる。

生活、とくに現代生活は、科学者が取り組むものに匹敵する知的な難題を知らず知らずのうちに我々に突きつける。だから、この冒険を通じて学んだであろう教訓の中でももっとも重要なのは、おそらく次のことだろう。成功した科学者は柔軟で型破りな考え方をし、忍耐強く取り組み、他人の考えにこだわらず、見方を変えることを重んじ、答は確かにあってそれを見つけられると信じていたということだ。

未解決の大きな疑問

今日、宇宙に関する我々の理解はどこまで進んでいるのか？　二〇世紀にはあらゆる方向に大きく進歩した。物理学者が原子の謎を解いて量子論を構築すると、それによってほかにも数々の進歩が可能となり、科学的発見のペースはますます急ピッチで上がっていった。

化学者は電子顕微鏡やレーザーやコンピュータといった新たな量子技術の助けを借りて、化学結合の性質や、化学反応において分子の形が果たす役割を理解するようになった。また、化学反応を引き起こして利用する技術も爆発的に進歩した。二〇世紀半ばまでにこの世界は一変した。もはや自然から調達した物質に頼ることはなくなり、ゼロから新たな人工物質を作ったり、古い材料を作りかえて新たな形で使ったりする方法を身につけた。プラスチック、ナイロン、ポリエステル、硬化鋼、加硫ゴム、石油精製品、化学肥料、殺菌薬、防腐剤、塩素処理水と、挙げていけばきりがない。それによって食糧生産が増え、死亡率が急減し、寿命は大幅に延びた。

それと同時に生物学者は、細胞が分子機械としてどのように働いているかを詳しく解き明かし、遺伝情報が世代間でどのように伝えられるかを解明し、ヒトという生物種の設計図を描き出すことで、大きな前進を遂げた。今日では、体液から抽出したＤＮＡの断片を解析して謎めいた感染因子を特定することもできる。既存の生物にＤＮＡの一部を挿入して新たな生物をつくることもできる。ラットの脳に光ファイバーをつないで、ロボットのように操作することもできる。またコンピュータの前に座って、ヒトの脳が思考を形成したり感情を経験したりする様子を観察し、さらには他人の思考を読み取ることもできる。

しかし人類はここまでたどり着いたものの、何か最終的な答に近づいていると考えるのはほぼ確実に間違っている。そのような間違いは歴史を通じて何度も繰り返されてきた。古代バビロニア人は、大地は海の女神ティアマトの亡骸から創られたと信じていた。それから何千年ものちにギリシャ人が自然に対する理解を驚くほど前進させると、ほとんどの人は、地上世界のすべての物体は土と気と火と水が組み合わさってできていると信じて疑わなかった。さらに二〇〇〇年が経過するとニュートンの信奉者たちは、原子の運動から惑星の軌道に至るまで、これまでに起こった、あるいはこれから起こる事柄はすべて、原理的にはニュートンの運動の法則を使って説明して予測できると信じた。いずれも強く信じられた信念で、しかもすべて間違っていた。

どんな時代に生きているにせよ、我々人間は、自分たちは知識の頂点に立っていると信じたがる。かつての人々の考え方は間違っていたが、自分たちの答は正しく、今後もそれが覆されることはないだろうと信じるのだ。科学者も、さらには偉大な科学者も、ふつうの人と同じくこの手の傲慢さを抱きやすい。スティーヴン・ホーキングは一九八〇年代に、物理学者は二〇世紀末までに「万物理論」を手にするだろうと断言した。

はたして今日我々は、ホーキングが数十年前に予測したように、自然に関するあらゆる基本的な疑問に答えられる瀬戸際まで来ているのだろうか？ それとも一九世紀初めのような状況にあって、我々が正しいと考えている理論はやがてまったく異なる理論に置き換えられるのだろうか？

科学の地平線の上には、後者のシナリオかもしれないことを示す暗雲がいくつも立ちこめている。生物学者はいまだに、地球上でいつどうやって生命が誕生したかも、地球に似たほかの惑星上でどうやって誕生しそうかも知らない。有性生殖がどのような選択的優位性によって進化したのかもわかっていない。中でもおそらくもっとも重要なのは、脳がどのようにして心の経験を生み出しているかがわかっていないことだろう。

化学にも未解決の大きな疑問がいくつもある。水分子はどのようにして隣の水分子と水素結合を作り、生命に必要な魔法のような水の性質を生み出しているのか？ アミノ酸の長い鎖はどのようにして折りたたまれて、生命に欠かせないスパゲッティーのような正確な形のたんぱく質を作るのか？ しかしもっとも大きな影響を及ぼしかねない問題が横たわっているのは、物理学の分野である。物理学では、何か未解決の問題に答が出ると、自然のもっとも基本的な側面であると考えられてきたあらゆる事柄を改めなければならなくなる可能性がある。

たとえば、電磁気力と二種類の核力を統一する力と物質の「標準モデル」は大成功を収めているが、そのモデルを最終理論として受け入れられると考えている人はほとんどいない。一つの大きな欠点が、このモデルには重力が含まれていないことである。もう一つの欠点は、実験的測定に基づいて決められるが何か包括的な理論では説明できない、調節可能なパラメータ――「でっち上げ因子」――が数多く含まれていることだ。弦理論やM理論は、かつてはこの両方の難題を解決してくれるはずだと考えられていたが、実際にはなかなか前進していないようで、多くの物理学者が託していた大きな期待には疑問が投げかけられている。

さらにいまでは、我々がもっとも強力な装置を使って見ることのできる宇宙でさえ全存在のごく一部でしかなく、まるで万物の大部分は幽霊の棲む死者の国のようなものであって、少なくともしばらくのあいだは謎のまま残るのではないかと考えられている。もっと正確に言うと、人間の感覚や実験室で検知される通常の物質と光エネルギーは、宇宙に存在する物質とエネルギーのわずか五%しか占めておらず、残りは、目に見えずけっして検出できない「ダークマター」と呼ばれる種類の物質と、目に見えずけっして検出できない「ダークエネルギー」と呼ばれる種類のエネルギーでできているらしいのだ。

物理学者がダークマターの存在を仮定しているのは、我々が天空に見ることのできる物質が未知の起源の重力に引っ張られているように見えるからである。ダークエネルギーもそれと同じく謎めいている。その考え方が注目を集めたのは、一九九八年に宇宙が加速的なスピードで膨張していることが発見されたことによる。アインシュタインの重力理論、すなわち一般相対論によれば、宇宙全体に風変わりなタイプのエネルギーが充満していて、それが「反重力」効果をもたらしているのかもしれないという。しかしその「ダークエネルギー」の由来も性質もまだ解明されていない。

はたしてダークマターとダークエネルギーは、標準モデルとアインシュタインの相対論という既存の理論にうまく当てはまる形で説明できるのだろうか？　あるいはプランク定数のように、最終的にはまったく異なる宇宙観をもたらすのだろうか？　弦理論は正しいのか？　正しくないとしたら、自然界のすべての力を統一して「でっち上げ因子」を一つも含まない統一理論はいつか見つかるのだろうか？　それは誰にもわからない。私が永遠に生きたいと思う理由の中でも上位に来るのが、これらの疑問に対する答を知りたいことである。だから私は科学者になったのだと思う。

謝辞

アイデアを最終的に文字にするまでにかかった何年かのあいだ、私は光栄にも、科学や科学史のさまざまな側面に携わる大勢の友人の学者と、さまざまな段階の草稿を読んで建設的な批評をしてくれた人たちから恩恵を授かった。とりわけ感謝しているのは、ラルフ・アドルフス、トッド・ブルン、ジェド・ブッフワルド、ピーター・グレアム、シンシア・ハリントン、スティーヴン・ホーキング、マーク・ヒラリー、マイケル・ジャフ、トム・ライアン、スタンリー・オロピーザ、アレクセイ・ムロディナウ、ニコライ・ムロディナウ、オリヴィア・ムロディナウ、サンディー・パーリス、マーカス・ペッセル、ベス・ラシュバウム、ランディー・ロージェル、フレッド・ローズ、ピラー・ライアン、アーハード・セイラー、マイケル・シャーマー、シンシア・テイラー。代理人で友人のスーザン・ギンスバーグには、本書の内容や出版のあらゆる側面に関する手ほどきと、同じく重要なこととして、手ほどきのたびにワインを何杯も酌み交わす素晴らしいディナーをともにしてくれたことに恩を感じている。もう一人大いに助けてくれたのが、本書の制作を通じて貴重な批判や提案をしてくれた忍耐強い編集者エドワード・カステンマイアーである。また、手助けと助言をしてくれたペンギン・ランダムハウス社のダン・フランク、エミリー・ジグリエラーノ、アニー・ニコル、およびライターズ・ハウス社のステイシー・テスラにも感謝している。最後に、毎日二四時間いつでも相手をしてくれたもう一人の編集者である、妻のドナ・スコットにも大いに感謝しなければならない。妻は草稿のたびに一パラグラフずつ根気強く読んでは、やはりしばしばワインとともに、深みのある貴重な提案やアイデア、そしてたくさんの励ましを与えてくれたし、(ほぼ)けっして苛立つこともなかった。本書が私の頭の中で生まれたのは、子供の頃に父に科学のことを話しはじめたときだった。父は私の言うことにいつも興味を示し、それに応えて自分なりの知恵を授けてくれた。もし父が本書を手に取ったらきっと宝物にしてくれただろうと思いたい。

訳者あとがき

科学はどのように進歩するのか？　多くの人はおそらく次のようなイメージを持っていると思う。我々凡人からはかけ離れたすさまじい洞察力を持つ希代の大天才が、誰の助けも借りずにたった一人で自然界の秘密の一端を完璧な形で看破し、一瞬にして人類の知識を飛躍させる、と。さらに、科学研究は我々からは遠い世界で進められていて、我々とはまったく無縁の営みだと考えている人も多いだろう。もちろん、科学研究が生み出した製品や技術は、確かに我々の生活に役立っている。しかし、科学研究そのものは我々の日常生活とは無関係で、まるで宗教のように浮き世離れした崇高な営みだと感じている人がかなり多いのではないだろうか。

だがけっしてそんなことはない、と本書は説く。科学はそもそも、太古から人類が持っていた、身の回りの世界のことを理解したいという本能的欲求に端を発している。だから、科学的な探究をしたいという思いは、どんな人の心にも秘められている。またいくら超大物の科学者でも、我々一般人と同じくなかなか前に進めずに苦悩し、ときにはまったく見当違いの道を進んで膨大な時間と努力を無駄にしたり、どうしても同業者の手助けを必要としたりする。偉大な人物たちも、我々と同じようにけっして完璧な超人ではなく、歴史の趨勢や経済的事情、社会や文化の環境などに振り回されてきた。科学の歴史を太古から現代までたどった本書では、このような科学の人間的側面こそが中心的なテーマとなっている。科学研究の時代的な流れを人類の誕生から量子論の発展まで追いかけることで、科学という営みがどのような考え方に基づいているのか、科学はどのようにして進歩してきたのか、そして偉大な科学者たちがどのような道をたどったのかを、本書はまざまざとあぶり出している。

本書を貫いているもう一つのテーマが、科学法則とは何なのか、というものだ。人間は数学的な法則を通じて自然界を理解しようとする。というより、法則の存在を前提にしないと自然を理解することはできない。ではその法則は、もとから自然のしくみに備わっているものを人間が発見したのか、それとも人間が発明して恣意的に当てはめたモデルにすぎないのか。著者は、自然法則にはこの二つの側面の両方があって、個々の事例に応じてどちらにもとらえることができると論じている。科学の発展の全体像を理解するには、この両方の側面から科学法則を見つめる必要があるということだろう。

本書ではたびたび、著者の父親のエピソードが語られている。父親は戦争に翻弄されてまともな教育を受けられなかったが、それでも知的好奇心を発揮して、科学の本質にかかわる質問をしばしば著者にぶつけていた。そんな父親との交流が、著者の科学者としての考え方や歩みにどれほど大きな影響を与えたかが、行間からにじみ出ていると思う。

本書は三部構成になっている。三つの部は時代順に並んでいて、そのそれぞれで科学史上の大きな出来事が語られているが、それとともに各部には大きなテーマがある。第1部は、世界を理解しようという科学的探究の由来について。それは人類の誕生にまでさかのぼるという。第2部は、権威や宗教でなく理性に基づいて世界を探るという考え方の発展について。よく語られている地動説や進化論だけでなく、化学や生物学の発展も、伝統や権威でなく道理に基づいて進めるという考え方がもとになって生まれたという。

第3部は、人間の五感ではとらえられない世界が現実のものとして受け入れられてきた経緯について。とくに注目すべきが、この第3部で語られている原子や量子の概念の確立を、科学史上きわめて重大なブレークスルーととらえている点だろう。それは単なる知識の発展を意味するだけでなく、人間がけっして見ることのできない存在の実在を受け入れるという、とてつもなく大きな発想の転換だったという。量子論の誕生と発展を歴史的にたどるだけでなく、何よりもそれに伴って人間の考え方が一変したことを、著者は強調しているのだと思う。

本書はけっして科学史全体をくまなく網羅した本ではない。科学史上の重大な出来事をすべて取り上げようとしたら、膨大な紙幅が必要となってしまう。本書の主眼はそこではない。科学研究という営みの歴史をたどることで、科学の本質、科学者の人間的側面、そして人間特有の自然の見方を探っていくことこそが、著者の一番の狙いだったのだろう。

著者のレナード・ムロディナウは、一九五四年アメリカ生まれの物理学者・作家。一九八一年にカリフォルニア大学バークレー校で博士号を取得したのち、カリフォルニア工科大学やドイツのマックス・プランク物理学研究所などで量子力学の理論研究をおこなった。しかしエンターテインメントの世界に惹かれて一九八五年に転身、科学の知識を生かして『新スタートレック』や『冒険野郎マクガイバー』などの脚本を書いたりコンピュータゲームの制作に携わったりした。その間も物理学の研究を続けるとともに、一般向けや子供向けの科学書の執筆を始め、二〇〇五年にカリフォルニア工科大学に戻ってきて教鞭を執るようになった。二〇〇五年と二〇一〇年にはスティーヴン・ホーキングとの共著を出版、いずれもベストセラーとなる。本書は自身一〇冊目の著書。邦訳のある著書としては次のものがある。

『ユークリッドの窓——平行線から超空間にいたる幾何学の物語』青木薫訳、日本放送出版協会、二〇〇三年（ちくま学芸文庫、二〇一五年）
『ファインマンさん 最後の授業』安平文子訳、メディアファクトリー、二〇〇三年（ちくま学芸文庫、二〇一五年）
『ホーキング、宇宙のすべてを語る』（共著）佐藤勝彦訳、ランダムハウス講談社、二〇〇五年
『ホーキングが語る「宇宙のすべて」』（共著）千葉康樹編註、松柏社、二〇〇八年
『たまたま——日常に潜む「偶然」を科学する』田中三彦訳、ダイヤモンド社、二〇〇九年
『ホーキング、宇宙と人間を語る』（共著）佐藤勝彦訳、エクスナレッジ、二〇一一年
『しらずしらず——あなたの9割を支配する「無意識」を科学する』水谷淳訳、ダイヤモンド社、二〇一三年

水谷淳

二〇一六年三月

30 Ibid., 462.

31 Graham Farmelo, *The Strangest Man: The Hidden Life of Paul Dirac, Mystic of the Atom* (New York: Basic Books, 2009), 219–20. (『量子の海、ディラックの深淵——天才物理学者の華々しき業績と寡黙なる生涯』グレアム・ファーメロ著、吉田三知世訳、早川書房、2010年)

32 Cassidy, *Uncertainty*, 393.

33 Ibid., 310.

34 Moore, *Life of Erwin Schrödinger*, 213–14.

35 Philipp Frank, *Einstein: His Life and Times* (Cambridge, Mass.: Da Capo Press, 2002), 226. (『評伝アインシュタイン』フィリップ・フランク著、矢野健太郎訳、岩波現代文庫、2005年)

36 Michael Balter, "Einstein's Brain Was Unusual in Several Respects, Rarely Seen Photos Show," *Washington Post*, November 26, 2012.

37 Farmelo, *The Strangest Man*, 219.

38 Cassidy, *Uncertainty*, 306.

39 Cassidy, *Uncertainty*, 421–29.

エピローグ

1 Martin Gardner, "Mathematical Games," *Scientific American*, June 1961, 168–70.

2 Alain de Botton, *The Consolations of Philosophy* (New York: Vintage, 2000), 20–23. (『哲学のなぐさめ——6人の哲学者があなたの悩みを救う』アラン・ド・ボトン著、安引宏訳、集英社、2002年)

7 “Failure,” テレビCM, 1997, accessed October 27, 2014, https://www.youtube.com/watch?v = 45mMioJ5szc.

8 リンカーンとダグラスとの討論、1858年9月18日、イリノイ州チャールストン、accessed November 7, 2014, http://www.nps.gov/liho/historyculture/debate4.htm.

9 Abraham Lincoln, 1854年10月16日、イリノイ州ピオリアでの演説。Roy P. Basler, ed., *The Collected Works of Abraham Lincoln*, vol. 2 (New Brunswick, N. J.: Rutgers University Press, 1953–55), 256, 266を見よ。

10 William A. Fedak and Jeffrey J. Prentis, “The 1925 Born and Jordan Paper ‘On Quantum Mechanics,’” *American Journal of Physics* 77 (February 2009): 128–39.

11 Niels Blaedel, *Harmony and Unity: The Life of Niels Bohr* (New York: Springer Verlag, 1988), 111.

12 Max Born, *My Life and Views* (New York: Charles Scribner's Sons, 1968), 48.

13 Mara Beller, *Quantum Dialogue: The Making of a Revolution* (Chicago: University of Chicago Press, 1999), 22.

14 Cassidy, *Uncertainty*, 198.

15 Abraham Pais, *Subtle Is the Lord: The Science and Life of Albert Einstein* (Oxford: Oxford University Press, 1982), 463.（『神は老獪にして…——アインシュタインの人と学問』アブラハム・パイス著、金子務ほか訳、産業図書、1987年）

16 Cassidy, *Uncertainty*, 203.

17 Charles P. Enz, *No Time to Be Brief* (Oxford: Oxford University Press, 2010), 134.

18 Blaedel, *Harmony and Unity*, 111–12.

19 Walter Moore, *A Life of Erwin Schrödinger* (Cambridge, U. K.: Cambridge University Press, 1994), 138.

20 Ibid., 149.

21 Ibid.

22 Wallace Stevens, “Thirteen Ways of Looking at a Blackbird,” *Collected Poems* (1954; New York: Vintage, 1982), 92.

23 Pais, *Subtle Is the Lord*, 442.

24 Cassidy, *Uncertainty*, 215.

25 Ibid.

26 Moore, *Life of Erwin Schrödinger*, 145.

27 Albert Einstein から Max Born へ, December 4, 1926, in *The Born-Einstein Letters*, ed. M. Born (New York: Walker, 1971), 90.

28 Pais, *Subtle Is the Lord*, 443.

29 Ibid., 31.

8 ガイガーについてさらに詳しいことは、Jeremy Bernstein, *Nuclear Weapons: What You Need to Know*（Cambridge, U. K.: Cambridge University Press, 2008）, 19–20; Diana Preston, *Before the Fallout: From Marie Curie to Hiroshima*（New York: Bloomsbury, 2009）, 157–58を見よ。

9 エヴェレスト山は約10億トンなので、実際には1兆トンになる。“Neutron Stars,” *NASA Mission News*, August 23, 2007, accessed October 27, 2014, http://www.nasa.gov/mission_pages/GLAST/science/neutron_stars_prt.htm を見よ。

10 John D. McGervey, *Introduction to Modern Physics*（New York: Academic Press, 1971）, 76.

11 Stanley Jaki, *The Relevance of Physics*（Chicago: University of Chicago Press, 1966）, 95.

12 Blaedel, *Harmony and Unity*, 60.

13 Jaki, *Relevance of Physics*, 95.

14 Ibid.

15 Ibid., 96.

16 Blaedel, *Harmony and Unity*, 78–80; Jagdish Mehra and Helmut Rechenberg, *The Historical Development of Quantum Theory*, vol. 1（New York: Springer Verlag, 1982）, 196, 355.

17 Blaedel, *Harmony and Unity*, 79–80.

第12章　量子革命

1 William H. Cropper, *Great Physicists: The Life and Times of Leading Physicists from Galileo to Hawking*（Oxford: Oxford University Press, 2001）, 252.（『物理学天才列伝（上下）』ウィリアム・H・クロッパー著、水谷淳訳、講談社ブルーバックス、2009年）

2 Ibid.

3 ハイゼンベルクの信頼できる伝記は、David C. Cassidy, *Uncertainty: The Life and Times of Werner Heisenberg*（New York: W. H. Freeman, 1992）.（『不確定性——ハイゼンベルクの科学と生涯』デヴィッド・C・キャシディ著、伊藤憲二ほか訳、白揚社、1998年）

4 Ibid., 99–100.

5 Ibid., 100.

6 Olivier Darrigol, *From c-Numbers to q-Numbers: The Classical Analogy in the History of Quantum Theory*（Berkeley: University of California Press, 1992）, 218–24, 257, 259; Cassidy, *Uncertainty*, 184–90.

Oxford University Press, 1982), 45.（『神は老獪にして…——アインシュタインの人と学問』アブラハム・パイス著、金子務ほか訳、産業図書、1987年）

20 Ibid., 17-18.

21 Ibid., 31.

22 Ibid., 30-31.

23 Ronald Clark, *Einstein: The Life and Times* (New York: World Publishing, 1971), 52.

24 Pais, *Subtle Is the Lord*, 382-86.

25 Ibid., 386.

26 Ibid.

27 Jeremy Bernstein, *Albert Einstein and the Frontiers of Physics* (Oxford: Oxford University Press, 1996), 83.

第11章　見えない世界

1 Leonard Mlodinow, *Feynman's Rainbow: A Search for Beauty in Physics and in Life* (New York: Vintage, 2011), 94-95.（『ファインマンさん最後の授業』レナード・ムロディナウ著、安平文子訳、メディアファクトリー、2003年）

2 Abraham Pais, *Subtle Is the Lord: The Science and Life of Albert Einstein* (Oxford: Oxford University Press, 1982), 383.（『神は老獪にして…——アインシュタインの人と学問』アブラハム・パイス著、金子務ほか訳、産業図書、1987年）

3 ボーアの人生と科学、およびアーネスト・ラザフォードとの関係については、Niels Blaedel, *Harmony and Unity: The Life of Niels Bohr* (New York: Springer Verlag, 1988), Barbara Lovett Cline, *The Men Who Made a New Physics* (Chicago: University of Chicago Press, 1965), 1-30, 88-126を見よ。

4 "Corpuscles to Electrons," American Institute of Physics, accessed October 28, 2014, http://www.aip.org/history/electron/jjelectr.htm.

5 R. Sherr, K. T. Bainbridge, and H. H. Anderson, "Transmutation of Mercury by Fast Neutrons," *Physical Review* 60 (1941): 473-79.

6 John L. Heilbron and Thomas A. Kuhn, "The Genesis of the Bohr Atom," in *Historical Studies in the Physical Sciences*, vol. 1, ed. Russell McCormmach (Philadelphia: University of Pennsylvania Press, 1969), 226.

7 William H. Cropper, *Great Physicists: The Life and Times of Leading Physicists from Galileo to Hawking* (Oxford: Oxford University Press, 2001), 317.（『物理学天才列伝（上下）』ウィリアム・H・クロッパー著、水谷淳訳、講談社ブルーバックス、2009年）

Chicago Press, 1965), 34. J. L. Heilbron, *The Dilemmas of an Upright Man* (Cambridge, Mass.: Harvard University Press, 1996), 10.（『マックス・プランクの生涯——ドイツ物理学のディレンマ』ジョン・L・ハイルブロン著、村岡晋一訳、法政大学出版局、2000年）も見よ。

5 プランクに関する資料の大部分は、Heilbron, *The Dilemmas of an Upright Man* による。Cline, *The Men Who Made a New Physics*, 31–64 も見よ。

6 Heilbron, *The Dilemmas of an Upright Man*, 3.

7 Ibid., 10.

8 Ibid., 5.

9 Leonard Mlodinow and Todd A. Brun, "Relation Between the Psychological and Thermodynamic Arrows of Time," *Physical Review E* 89 (2014): 052102–10.

10 Heilbron, *The Dilemmas of an Upright Man*, 14.

11 Ibid., 12; Cline, *The Men Who Made a New Physics*, 36.

12 Richard S. Westfall, *Never at Rest* (Cambridge, U. K.: Cambridge University Press, 1980), 462.（『アイザック・ニュートン（1／2）』リチャード・S・ウェストフォール著、田中一郎／大谷隆昶訳、平凡社、1993年）

13 Ibid.

14 誤って引用されていることが多いが、もともとの引用文は、"*Eine neue wissenschaftliche Wahrheit pflegt sich nicht in der Weise durchzusetzen, daß ihre Gegner überzeugt werden und sich als belehrt erklären, sondern vielmehr dadurch, daß ihre Gegner allmählich aussterben und daß die heranwachsende Generation von vornherein mit der Wahrheit vertraut gemacht ist.*" これは *Wissenschaftliche Selbstbiographie: Mit einem Bildnis und der von Max von Laue gehaltenen Traueransprache* (Leipzig: Johann Ambrosius Barth Verlag, 1948), 22 に記されている。英文訳は *Max Planck, Scientific Autobiography and Other Papers*, trans. F. Gaynor (New York: Philosophical Library, 1949), 33–34による。

15 John D. McGervey, *Introduction to Modern Physics* (New York: Academic Press, 1971), 70.

16 Robert Frost, "The Black Cottage," in *North of Boston* (New York: Henry Holt, 1914), 54.（『ボストンの北——ロバート・フロスト詩集』ロバート・フロスト著、藤本雅樹訳、国文社、1984年）

17 Albert Einstein, *Autobiographical Notes* (1949; New York: Open Court, 1999), 43.

18 Carl Sagan, *Broca's Brain* (New York: Random House, 1974), 25.（『サイエンス・アドベンチャー（上下）』カール・セーガン著、中村保男訳、新潮選書、1986年）

19 Abraham Pais, *Subtle Is the Lord: The Science and Life of Albert Einstein* (Oxford:

37 Charles Darwin による Anne Elizabeth Darwin の回想, "The Death of Anne Elizabeth Darwin," accessed October 28, 2014, http://www.darwinproject.ac.uk/death-of-anne-darwin.

38 Desmond, Moore, and Browne, *Charles Darwin*, 44.

39 Ibid., 47.

40 Ibid., 48.

41 Ibid., 49.

42 匿名［David Brewster］, "Review of *Vestiges of the Natural History of Creation*," *North British Review* 3 (May-August 1845): 471.

43 Evelleen Richards, "'Metaphorical Mystifications': The Romantic Gestation of Nature in British Biology," in *Romanticism and the Sciences*, eds. Andrew Cunningham and Nicholas Ardine (Cambridge, U. K.: Cambridge University Press, 1990), 137.

44 "Darwin to Lyell, June 18, 1858," in *The Life and Letters of Charles Darwin, Including an Autobiographical Chapter*, ed. Francis Darwin (London: John Murray, 1887), available at http://darwin-online.org.uk/converted/published/1887_Letters_F1452/1887_Letters_F1452.2.html, accessed October 28, 2014.

45 Desmond, *Darwin*, 470.

46 Desmond, Moore, and Browne, *Charles Darwin*, 65.

47 Bowler, *Charles Darwin*, 124-25.

48 Clark, *Survival of Charles Darwin*, 138-39.

49 Desmond, Moore, and Browne, *Charles Darwin*, 107.

50 Magner, *History of the Life Sciences*, 376-95を見よ。

51 Darwin to Alfred Russel Wallace, July 1881, Bowler, *Charles Darwin*, 207 に引用されている。

第10章　人間の経験の限界

1 2013年に科学者はようやくさらなる一歩を進め、反応中の一個一個の分子を「見る」ことができるようになった。Dimas G. de Oteyza et al., "Direct Imaging of Covalent Bond Structure in Single-Molecule Chemical Reactions," *Science* 340 (June 21, 2013): 1434-37を見よ。

2 Niels Blaedel, *Harmony and Unity: The Life of Niels Bohr* (New York: Springer Verlag, 1988), 37.

3 John Dewey, "What Is Thought?," in *How We Think* (Lexington, Mass.: Heath, 1910), 13.

4 Barbara Lovett Cline, *The Men Who Made a New Physics* (Chicago: University of

Digital Journal, April 8, 2009, accessed November 7, 2014, http://www.digitaljournal.com/article/270683; Gary J. Laughlin, "Editorial: Rare Leeuwenhoek Bids for History," *The Microscope* 57 (2009): ii.

19 Moore, *The Coil of Life*, 87.

20 "Antony van Leeuwenhoek (1632–1723)," University of California Museum of Paleontology, accessed October 28, 2014, http://www.ucmp.berkeley.edu/history/leeuwenhoek.html.

21 ダーウィンの生涯についてはおもに以下の文献をもとにした。Ronald W. Clark, *The Survival of Charles Darwin: A Biography of a Man and an Idea* (New York: Random House, 1984); Adrian Desmond, James Moore, and Janet Browne, *Charles Darwin* (Oxford: Oxford University Press, 2007); Peter J. Bowler, *Charles Darwin: The Man and His Influence* (Cambridge, U. K.: Cambridge University Press, 1990).(『チャールズ・ダーウィン——生涯・学説・その影響』ピーター・J・ボウラー著、横山輝雄訳、朝日選書、1997年)

22 "Charles Darwin," Westminster Abbey, accessed October 28, 2014, http://www.westminster-abbey.org/our-history/people/charles-darwin.

23 Clark, *Survival of Charles Darwin*, 115.

24 Ibid., 119.

25 Ibid., 15.

26 Ibid., 8.

27 Charles Darwin から W. D. Fox へ, October 1852, Darwin Correspondence Project, letter 1489, accessed October 28, 2014, http://www.darwinproject.ac.uk/letter/entry-1489.

28 Clark, *Survival of Charles Darwin*, 10.

29 Ibid., 15.

30 Ibid., 27.

31 Bowler, *Charles Darwin: The Man*, 50, 53–55.

32 Charles Darwin から W. D. Fox へ, August 9–12, 1835, Darwin Correspondence Project, letter 282, accessed October 28, 2014, http://www.darwinproject.ac.uk/letter/entry-282.

33 Desmond, Moore, and Browne, *Charles Darwin*, 25, 32–34.

34 Ibid., 42.

35 Bowler, *Charles Darwin*, 73.

36 Adrian J. Desmond and James Richard Moore, *Darwin* (New York: W. W. Norton, 1994), 375–85.(『ダーウィン——世界を変えたナチュラリストの生涯』A・デズモンド、J・ムーア著、渡辺政隆訳、工作舎、1999年)

第9章　生命の世界

1 Anthony Serafini, *The Epic History of Biology* (Cambridge, Mass.: Perseus, 1993), 126.

2 E. Bianconi et al., "An Estimation of the Number of Cells in the Human Body," *Annals of Human Biology* 40 (November-December 2013): 463–71.

3 Lee Sweetlove, "Number of Species on Earth Tagged at 8.7 Million," *Nature*, August 23, 2011

4 "The Food Defect Action Levels," Defect Levels Handbook, U. S. Food and Drug Administration, accessed October 28, 2014, http://www.fda.gov/food/guidanceregulation/guidancedocumentsregulatoryinformation/ucm056174.htm.

5 Ibid.

6 "Microbiome: Your Body Houses 10x More Bacteria Than Cells," *Discover*, n. d., accessed October 28, 2014, http://discovermagazine.com/galleries/zen-photo/m/microbiome.

7 生物学に関するアリストテレスの研究については、Charles Joseph Singer, *A History of Biology to About the Year 1900* (New York: Abelard-Schuman, 1959)(『生物学の歴史』チャールズ・シンガー著、西村顯治訳、時空出版、1999年); Lois Magner, *A History of the Life Sciences*, 3rd. ed. (New York: Marcel Dekker, 2002) を見よ。

8 Paulin J. Hountondji, *African Philosophy*, 2nd ed. (Bloomington: Indiana University Press, 1996), 16.

9 Daniel Boorstin, *The Discoverers* (New York: Vintage, 1983), 327. (『なぜ地球が動くと考えたのか』ダニエル・ブアスティン著、鈴木主税／野中邦子訳、集英社文庫、1991年)

10 Magner, *History of the Life Sciences*, 144.

11 Ruth Moore, *The Coil of Life* (New York: Knopf, 1961), 77.

12 Tita Chico, "Gimcrack's Legacy: Sex, Wealth, and the Theater of Experimental Philosophy," *Comparative Drama* 42 (Spring 2008): 29–49.

13 顕微鏡に関するレーウェンフックの研究については、Moore, *The Coil of Life* を見よ。

14 Boorstin, *The Discoverers*, 329–30.

15 Moore, *The Coil of Life*, 79.

16 Boorstin, *The Discoverers*, 330–31.

17 Moore, *The Coil of Life*, 81.

18 Adriana Stuijt, "World's First Microscope Auctioned Off for 312,000 Pounds,"

the Royal Society 62 (1772): 147–264.

16 ラヴォアジェの生涯については Arthur Donovan, *Antoine Lavoisier* (Oxford: Blackwell, 1993) を見よ。

17 Isaac Newton, *Opticks*, ed. Bernard Cohen (London, 1730; New York: Dover, 1952), 394. (『光学』ニュートン著、島尾永康訳、岩波文庫、1983年)『光学』の初版が出版されたのは1704年だが、物質に関する最終的な考え方が示されているのは、ニュートン本人が改訂した最後の版となった1730年出版の第4版である。

18 Donovan, *Antoine Lavoisier*, 47–49.

19 Ibid., 139. Strathern, *Mendeleev's Dream*, 225–41 も見よ。

20 Douglas McKie, *Antoine Lavoisier* (Philadelphia: J. J. Lippincott, 1935), 297–98.

21 J. E. Gilpin, "Lavoisier Statue in Paris," *American Chemical Journal* 25 (1901): 435.

22 William D. Williams, "Gustavus Hinrichs and the Lavoisier Monument," *Bulletin of the History of Chemistry* 23 (1999): 47–49; R. Oesper, "Once the Reputed Statue of Lavoisier," *Journal of Chemistry Education* 22 (1945): October frontispiece; Brock, *Norton History of Chemistry*, 123–24.

23 Joe Jackson, *A World on Fire* (New York: Viking, 2007), 335; "Lavoisier Statue in Paris," *Nature* 153 (March 1944): 311.

24 "Error in Famous Bust Undiscovered for 100 Years," *Bulletin of Photography* 13 (1913): 759; and Marco Beretta, *Imaging a Career in Science: The Iconography of Antoine Laurent Lavoisier* (Sagamore Beach, Mass.: Science Histories Publications, 2001), 18–24.

25 Frank Greenaway, *John Dalton and the Atom* (Ithaca, N. Y.: Cornell University Press, 1966); Brock, *Norton History of Chemistry*, 128–60.

26 A. L. Duckworth et al., "Grit: Perseverance and Passion for Long-Term Goals," *Journal of Personality and Social Psychology* 92 (2007): 1087–1101; Lauren Eskreis-Winkler et al., "The Grit Effect: Predicting Retention in the Military, the Workplace, School and Marriage," *Frontiers in Psychology* 5 (February 2014): 1–12.

27 Strathern, *Mendeleev's Dream*; Brock, *Norton History of Chemistry*, 311–54を見よ。

28 Kenneth N. Gilpin, "Luther Simjian Is Dead; Held More Than 92 Patents," *New York Times*, November 2, 1997; "Machine Accepts Bank Deposits," *New York Times*, April 12, 1961, 57.

29 Dmitri Mendeleev, "Ueber die beziehungen der eigenschaften zu den atom gewichten der elemente," *Zeitschrift für Chemie* 12 (1869): 405–6.

westminster-abbey.org/our-history/people/sir-isaac-newton.

第8章　物質は何でできているのか

1 Joseph Tenenbaum, *The Story of a People* (New York: Philosophical Library, 1952), 195.

2 Paul Strathern, *Mendeleev's Dream* (New York: Berkley Books, 2000), 195–98.(『メンデレーエフ元素の謎を解く』ポール・ストラザーン著、稲田あつ子ほか訳、寺西のぶ子監訳、バベル・プレス、2006年)

3 1980年頃に録音した父との会話より。同様の会話を録音したテープが何時間分も残っていて、本書の資料として使った。

4 J. R. Partington, *A Short History of Chemistry*, 3rd. ed. (London: Macmillan, 1957), 14.

5 Rick Curkeet, "Wood Combustion Basics," EPA Workshop, March 2, 2011, accessed October 28, 2014, http://www.epa.gov/burnwise/workshop2011/WoodCombustion-Curkeet.pdf.

6 Robert Barnes, "Cloistered Bookworms in the Chicken-Coop of the Muses: The Ancient Library of Alexandria," in Roy MacLeod, ed., *The Library at Alexandria: Centre of Learning in the Ancient World* (New York: I. B. Tauris, 2005), 73.

7 Henry M. Pachter, *Magic into Science: The Story of Paracelsus* (New York: Henry Schuman, 1951), 167.

8 ボイルの権威ある伝記は、Louis Trenchard More, *The Life and Works of the Honorable Robert Boyle* (London: Oxford University Press, 1944). William H. Brock, *The Norton History of Chemistry* (New York: W. W. Norton, 1992), 54–74も見よ。

9 More, *Life and Works*, 45, 48.

10 Brock, *Norton History of Chemistry*, 56–58.

11 J. D. Bernal, *Science in History*, vol. 2 (Cambridge, Mass.: MIT Press, 1971), 462.(『歴史における科学(1/2/3/4)』J・D・バナール著、鎮目恭夫訳、みすず書房、1967年)

12 T. V. Venkateswaran, "Discovery of Oxygen: Birth of Modern Chemistry," *Science Reporter* 48 (April 2011): 34–39.

13 Isabel Rivers and David L. Wykes, eds., *Joseph Priestley, Scientist, Philosopher, and Theologian* (Oxford: Oxford University Press, 2008), 33.

14 Charles W. J. Withers, *Placing the Enlightenment: Thinking Geographically About the Age of Reason* (Chicago: University of Chicago Press, 2007), 2–6.

15 J. Priestley, "Observations on Different Kinds of Air," *Philosophical Transactions of*

16 Richard S. Westfall, *Never at Rest*, 321–24, 816–17.

17 Paul Strathern, *Mendeleev's Dream* (New York: Berkley Books, 2000), 32. (『メンデレーエフ元素の謎を解く』ポール・ストラザーン著、稲田あつ子ほか訳、寺西のぶ子監訳、バベル・プレス、2006年)

18 Westfall, *Never at Rest*, 368.

19 私は人生のこの時期に関する回想録を書いている。Leonard Mlodinow, *Feynman's Rainbow: A Search for Beauty in Physics and in Life* (New York: Vintage, 2011) を見よ。(『ファインマンさん 最後の授業』レナード・ムロディナウ著、安平文子訳、メディアファクトリー、2003年)

20 Newton-Smith, "Science, Rationality, and Newton," 32–33.

21 Westfall, *Never at Rest*, 407.

22 Ibid., 405.

23 Richard Westfall, *Force in Newton's Physics* (New York: MacDonald, 1971), 463.

24 Robert S. Westfall, "Newton and the Fudge Factor," *Science* 179 (February 23, 1973): 751–58.

25 Murray Allen et al., "The Accelerations of Daily Living," *Spine* (November 1994): 1285–90.

26 Francis Bacon, *The New Organon: The First Book, in The Works of Francis Bacon*, ed. James Spedding and Robert Leslie Ellis (London: Longman, 1857–70), accessed November 7, 2014, http://www.bartleby.com/242/.

27 R. J. Boscovich, *Theiria Philosophiae Naturalis* (Venice, 1763), reprinted as *A Theory of Natural Philosophy* (Chicago: Open Court Publishing, 1922), 281.

28 Westfall, *Life of Isaac Newton*, 193.

29 Michael White, *Rivals: Conflict as the Fuel of Science* (London: Vintage, 2002), 40–45.

30 Ibid.

31 Westfall, *Never at Rest*, 645.

32 Daniel Boorstin, *The Discoverers* (New York: Vintage, 1983), 411. (『なぜ地球が動くと考えたのか』ダニエル・ブアスティン著、鈴木主税／野中邦子訳、集英社文庫、1991年)

33 Westfall, *Never at Rest*, 870.

34 John Emsley, *The Elements of Murder: A History of Poison* (Oxford: Oxford University Press, 2006), 14. (『毒性元素——謎の死を追う』ジョン・エムズリー著、渡辺正／久村典子訳、丸善、2008年)

35 J. L. Heilbron, *Galileo* (Oxford: Oxford University Press, 2010), 360.

36 "Sir Isaac Newton," Westminster Abbey, accessed October 28, 2014, http://www.

第7章　機械的な宇宙

1 Pierre Simon Laplace, *Théorie Analytique des Probabilities* (Paris: Ve. Courcier, 1812).

2 17世紀イングランドの激動という枠組みの中でアイザック・ニュートン卿のことを理解するには、Christopher Hill, *The World Turned Upside Down: Radical Ideas During the English Revolution* (New York: Penguin History, 1984), 290–97を見よ。

3 Richard S. Westfall, *Never at Rest* (Cambridge, U. K.: Cambridge University Press, 1980), 863. (『アイザック・ニュートン (1/2)』リチャード・S・ウェストフォール著、田中一郎/大谷隆昶訳、平凡社、1993年) ニュートンに関する信頼できる唯一の伝記で、本書の記述はこれに基づいている。

4 Ming-Te Wang et al., "Not Lack of Ability but More Choice: Individual and Gender Differences in Choice of Careers in Science, Technology, Engineering, and Mathematics," *Psychological Science* 24 (May 2013): 770–75.

5 Albert Einstein, "Principles of Research," address to the Physical Society, Berlin, in Albert Einstein, *Essays in Science* (New York: Philosophical Library, 1934), 2.

6 Westfall, *Never at Rest*, ix.

7 W. H. Newton-Smith, "Science, Rationality, and Newton," in Marcia Sweet Stayer, ed., *Newton's Dream* (Montreal: McGill University Press, 1988), 31.

8 Westfall, *Never at Rest*, 53.

9 Ibid., 65.

10 Ibid., 155.

11 William H. Cropper, *Great Physicists: The Life and Times of Leading Physicists from Galileo to Hawking* (New York: Oxford University Press, 2004), 252. (『物理学天才列伝 (上下)』ウィリアム・H・クロッパー著、水谷淳訳、講談社ブルーバックス、2009年)

12 Westfall, *Never at Rest*, 70–71, 176–79.

13 Richard Westfall, *The Life of Isaac Newton* (Cambridge, U. K.: Cambridge University Press, 1993), 71, 77–81.

14 "A Private Scholar & Public Servant," in "Footprints of the Lion: Isaac Newton at Work," Cambridge University Library—Newton Exhibition, accessed October 28, 2014, www.lib.cam.ac.uk/exhibitions/Footprints_of_the_Lion/private_scholar.html を見よ。

15 W. H. Newton-Smith, "Science, Rationality, and Newton," in *Newton's Dream*, ed. Marcia Sweet Stayer (Montreal: McGill University Press, 1988), 31–33.

and Their Influence on His Science"（ガリレオとイエズス会とのつながり、およびそれがガリレオの科学に与えた影響）という章を寄稿している。

29 Bernal, *Science in History*, 429.

30 G. B. Riccioli, *Almagestum novum astronomiam*（1652）, vol. 2, 384; Christopher Graney, "Anatomy of a Fall: Giovanni Battista Riccioli and the Story of G," *Physics Today*（September 2012）: 36.

31 Laura Fermi and Gilberto Bernardini, *Galileo and the Scientific Revolution*（New York: Basic Books, 1961）, 125.（『ガリレオ伝——近代科学創始者の素顔』ローラ・フェルミ／ジルベルト・ベルナルディーニ著、奥住喜重訳、講談社ブルーバックス、1977年）

32 Richard Westfall, *Force in Newton's Physics*（New York: MacDonald, 1971）, 1-4. 実はパリ大学でオレームを教えたジャン・ブリダンが、マートンカレッジの学者たちによる枠組みの中ですでに同様の法則を示していたが、その明快さはガリレオのものには遠く及ばなかった。John Freely, *Before Galileo: The Birth of Modern Science in Medieval Europe*（New York: Overlook Duckworth, 2012）, 162-63を見よ。

33 Westfall, *Force in Newton's Physics*, 41-42.

34 Bernal, *Science in History*, 406-10; McClellan and Dorn, *Science and Technology*, 208-14.

35 Bernal, *Science in History*, 408.

36 Daniel Boorstin, *The Discoverers*（New York: Vintage, 1983）, 314.（『なぜ地球が動くと考えたのか』ダニエル・ブアスティン著、鈴木主税／野中邦子訳、集英社文庫、1991年）

37 Freely, *Before Galileo*, 272.

38 Heilbron, *Galileo*, 217-20; Drake, *Galileo at Work*, 252-56.

39 Heilbron, *Galileo*, 311.

40 William A. Wallace, "Gallieo's Jesuit Connections and Their Influence on His Science," in Mordechai Feingold, ed., *Jesuit Science and the Republic of Letters*（Cambridge, Mass.: MIT Press, 2002）, 99-112.

41 Károly Simonyi, *A Cultural History of Physics*（Boca Raton, Fla.: CRC Press, 2012）, 198-99.

42 Heilbron, *Galileo*, 356.

43 Ibid.

44 Drake, *Galileo at Work*, 436.

(New York: Free Press, 1985), 29を見よ。

16 時間の概念の歴史に関する包括的で読みやすい考察は、David Landes, *Revolution in Time: Clocks and the Making of the Modern World* (Cambridge, Mass.: Belknap Press of the Harvard University Press, 1983) を見よ。

17 Lindberg, *Beginnings of Western Science*, 303–4.

18 Clifford Truesdell, *Essays in the History of Mechanics* (New York: Springer-Verlag, 1968).

19 Albert Einstein, in a letter dated January 7, 1943, Helen Dukas and Banesh Hoffman, *Albert Einstein: The Human Side; New Glimpses from His Archives* (Princeton, N. J.: Princeton University Press, 1979), 8 に引用されている。(『素顔のアインシュタイン』H・デュカス/B・ホフマン編、林一訳、東京図書、1991年)

20 Galileo Galilei, *Discoveries and Opinions of Galileo* (New York: Doubleday, 1957), 237–38.

21 Henry Petroski, *The Evolution of Useful Things* (New York: Knopf, 1992), 84–86. (『フォークの歯はなぜ四本になったか——実用品の進化論』ヘンリー・ペトロスキー著、忠平美幸訳、平凡社ライブラリー、2010年)

22 James E. McClellan III and Harold Dorn, *Science and Technology in World History*, 2nd ed. (Baltimore: Johns Hopkins University Press, 2006), 180–82.

23 Elizabeth Eisenstein, *The Printing Press as an Agent of Change* (Cambridge, U. K.: Cambridge University Press, 1980), 46.

24 Louis Karpinski, *The History of Arithmetic* (New York: Russell and Russell, 1965), 68–71; Philip Gaskell, *A New Introduction to Bibliography* (Oxford, U. K.: Clarendon Press, 1972), 251–65.

25 Bernal, *Science in History*, 334–35.

26 ガリレオの生涯に関する本書の説明は、J. L. Heilbron, *Galileo* (Oxford: Oxford University Press, 2010) と Stillman Drake, *Galileo at Work* (Chicago: University of Chicago Press, 1978) (『ガリレオの生涯 (1/2/3)』スティルマン・ドレイク著、田中一郎訳、共立出版、1984年/1985年) にもっぱら基づいている。

27 Heilbron, *Galileo*, 61.

28 ガリレオはさまざまな失望に苦しめられていたのかもしれない。ウィリアム・A・ウォレスは William A. Wallace, *Galileo, the Jesuits, and the Medieval Aristotle* (Burlington, Vt.: Variorum, 1991) の中で、ガリレオはピサ大学のテニュア審査の準備のために、ローマ大学のイエズス会修道士たちが1588年から1590年にかけておこなった講義から資料の大部分を盗用したと論じている。ウォレスはまた、Mordechai Feingold, ed., *Jesuit Science and the Republic of Letters* (Cambridge, Mass.: MIT Press, 2002) という選集に、“Galileo’s Jesuit Connections

18 Boorstin, *The Seekers*, 47.

19 "Aristotle," The Internet Encyclopedia of Philosophy, accessed November 7, 2014, http://www.iep.utm.edu.

第6章　道理への新たな道

1 Morris Kline, *Mathematical Thought from Ancient to Modern Times*, vol. 1 (Oxford: Oxford University Press, 1972), 179.

2 Kline, *Mathematical Thought*, 204; J. D. Bernal, *Science in History*, vol. 1 (Cambridge, Mass.: MIT Press, 1971), 254. (『歴史における科学（1／2／3／4)』J・D・バナール著、鎮目恭夫訳、みすず書房、1967年)

3 Kline, *Mathematical Thought*, 211.

4 David C. Lindberg, *The Beginnings of Western Science: The European Scientific Tradition in Philosophical, Religious, and Institutional Context, 600 B. C. to A. D. 1450* (Chicago: University of Chicago Press, 1992), 180–81. (『近代科学の源をたどる――先史時代から中世まで』D・C・リンドバーク著、高橋憲一訳、朝倉書店、2011年)

5 Toby E. Huff, *The Rise of Early Modern Science: Islam, China, and the West* (Cambridge, U. K.: Cambridge University Press, 1993), 74.

6 Ibid., 77, 89. イスラムの科学、とくに、この分野に刺激を与える生産的な議論のきっかけとなった天文学の役割に関して、ハフとジョージ・サリバは互いに異なる意見を持っている。サリバの主張についてもっと詳しいことは、George Saliba, *Islamic Science and the Making of the European Renaissance* (Cambridge, Mass.: MIT Press, 2007) を見よ。

7 この状況に関してもっと詳しいことは、Huff, *Rise of Early Modern Science*, 276–78を見よ。

8 Bernal, *Science in History*, 334.

9 Lindberg, *Beginnings of Western Science*, 203–5.

10 J. H. Parry, *Age of Reconnaissance: Discovery, Exploration, and Settlement, 1450–1650* (Berkeley: University of California Press, 1982). とくに Part 1を見よ。

11 Huff, *Rise of Early Modern Science*, 187.

12 Lindberg, *Beginnings of Western Science*, 206–8.

13 Huff, *Rise of Early Modern Science*, 92.

14 John Searle, *Mind, Language, and Society: Philosophy in the Real World* (New York: Basic Books, 1999), 35.

15 14世紀の状況についてもっと詳しくは、Robert S. Gottfried, *The Black Death*

43 Ibid., 279.

44 Albert Einstein, *Autobiographical Notes* (Chicago: Open Court Publishing, 1979), 3-5.

第5章 道 理

1 Daniel C. Snell, *Life in the Ancient Near East* (New Haven, Conn.: Yale University Press, 1997), 140-41.

2 A. A. Long, "The Scope of Early Greek Philosophy," in *The Cambridge Companion to Early Greek Philosophy*, ed. A. A. Long (Cambridge, U. K.: Cambridge University Press, 1999).

3 Einstein から Maurice Solovine へ、March 30, 1952, *Letters to Solovine* (New York: Philosophical Library, 1987), 117.

4 Albert Einstein, "Physics and Reality" in *Ideas and Opinions*, trans. Sonja Bargmann (New York: Bonanza, 1954), 292.

5 Will Durant, *The Life of Greece* (New York: Simon and Schuster, 1939), 134-40 (『世界の歴史（4／5／6）』デュラント著、川口正吉／林靖訳／大月邦雄／山内満訳、日本ブック・クラブ、1967年／1968年); James E. McClellan III and Harold Dorn, *Science and Technology in World History*, 2nd ed. (Baltimore: Johns Hopkins University Press, 2006), 56-59.

6 Adelaide Glynn Dunham, *The History of Miletus: Down to the Anabasis of Alexander* (London: University of London Press, 1915).

7 Durant, *The Life of Greece*, 136-37.

8 Rainer Maria Rilke, *Letters to a Young Poet* (1929; New York: Dover, 2002), 21.

9 Durant, *The Life of Greece*, 161-66; Peter Gorman, *Pythagoras: A Life* (London: Routledge and Kegan Paul, 1979).

10 Carl Huffman, "Pythagoras," Stanford Encyclopedia of Philosophy, Fall 2011, accessed October 28, 2014, http://plato.stanford.edu/entries/pythagoras.

11 McClellan and Dorn, *Science and Technology*, 73-76.

12 Daniel Boorstin, *The Seekers* (New York: Vintage, 1998), 54.

13 Ibid., 316.

14 Ibid., 55.

15 Ibid.

16 Ibid., 48.

17 George J. Romanes, "Aristotle as a Naturalist," *Science* 17 (March 6, 1891): 128-33 を見よ。

25 Sebnem Arsu, "The Oldest Line in the World," *New York Times*, February 14, 2006, 1.

26 Andrew Robinson, *The Story of Writing*（London: Thames and Hudson, 1995）, 162–67.（『図説 文字の起源と歴史――ヒエログリフ、アルファベット、漢字』アンドルー・ロビンソン著、片山陽子訳、創元社、2006年）

27 Derry and Williams, *A Short History of Technology*, 216.

28 Saint Augustine, *De Genesi ad Litteram*（*The Literal Meaning of Genesis*）, completed in A. D. 415.（『アウグスティヌス著作集（16／17）』アウグスティヌス著、片柳栄一訳、教文館、1994年／1999年）

29 Morris Kline, *Mathematics in Western Culture*（Oxford: Oxford University Press, 1952）, 11.（『数学の文化史』モリス・クライン著、中山茂訳、河出書房新社、2011年）

30 Ann Wakeley et al., "Can Young Infants Add and Subtract?," *Child Development* 71（November-December 2000）: 1525–34.

31 Morris Kline, *Mathematical Thought from the Ancient to Modern Times*, vol. 1（Oxford: Oxford University Press, 1972）, 184–86, 259–60.

32 Kline, *Mathematical Thought*, 19–21.

33 Roger Newton, *From Clockwork to Crapshoot*（Cambridge, Mass.: Belknap Press of the Harvard University Press, 2007）, 6.

34 Edgar Zilsel, "The Genesis of the Concept of Physical Law," *The Philosophical Review* 3, no. 51（May 1942）: 247.

35 Robert Wright, *The Evolution of God*（New York: Little, Brown, 2009）, 71–89.

36 Joseph Needham, "Human Laws and the Laws of Nature in China and the West, Part I," *Journal of the History of Ideas* 12（January 1951）: 18.

37 Wright, *Evolution of God*, 87–88.

38 "Code of Hammurabi, c. 1780 BCE," Internet Ancient History Sourcebook, Fordham University, March 1998, accessed October 27, 2014, http://www.fordham.edu/halsall/ancient/hamcode.asp; "Law Code of Hammurabi, King of Babylon," Department of Near Eastern Antiquities: Mesopotamia, the Louvre, accessed October 27, 2014, http://www.louvre.fr/en/oeuvre-notices/law-code-hammurabi-king-babylon; Mary Warner Marien and William Fleming, *Fleming's Arts and Ideas*（Belmont, Calif.: Thomson Wadsworth, 2005）, 8.

39 Needham, "Human Laws and the Laws of Nature," 3–30.

40 Zilsel, "The Genesis of the Concept of Physical Law," 249.

41 Ibid.

42 Ibid., 265–67.

11 Elizabeth Hess, *Nim Chimpsky* (New York: Bantam Books, 2008), 240–41.

12 Susana Duncan, "Nim Chimpsky and How He Grew," *New York*, December 3, 1979, 84. Hess, *Nim Chimpsky*, 22 も見よ。

13 T. K. Derry and Trevor I. Williams, *A Short History of Technology* (Oxford: Oxford University Press: 1961), 214–15. (『技術文化史（上下）』T・K・デリー／T・I・ウィリアムズ著、平田寛／田中実訳、筑摩書房、1971年／1972年)

14 Steven Pinker, *The Language Instinct: How the Mind Creates Language* (New York: Harper Perennial, 1995), 26. (『言語を生みだす本能（上下）』スティーブン・ピンカー著、椋田直子訳、NHKブックス、1995年)

15 Georges Jean, *Writing: The Story of Alphabets and Scripts* (New York: Henry N. Abrams, 1992), 69.

16 Jared Diamond, *Guns, Germs and Steel* (New York: W. W. Norton, 1997), 60, 218. (『銃・病原菌・鉄——一万三〇〇〇年にわたる人類史の謎（上下）』ジャレド・ダイアモンド著、倉骨彰訳、草思社文庫、2012年) 新世界に関しては、María del Carmen Rodríguez Martinez et al., "Oldest Writing in the New World," *Science* 313 (September 15, 2006): 1610–14; John Noble Wilford, "Writing May Be Oldest in Western Hemisphere," *New York Times*, September 15, 2006を見よ。これらの論文では、メキシコのベラクルス州にあるオルメカ文明の中心地で最近発見された、未知の文字体系が刻まれた石材について論じられている。様式などから判断して紀元前第一千年紀初期のもので、新世界最古の文字であり、その特徴から判断するに中央アメリカのオルメカ文明にとってきわめて重要な進歩だった。

17 Patrick Feaster, "Speech Acoustics and the Keyboard Telephone: Rethinking Edison's Discovery of the Phonograph Principle," *ARSC Journal* 38, no. 1 (Spring 2007): 10–43; Diamond, *Guns, Germs and Steel*, 243.

18 Jean, *Writing: The Story of Alphabets*, 12–13.

19 Van De Mieroop, *History of the Ancient Near East*, 30–31.

20 Ibid., 30; McClellan and Dorn, *Science and Technology in World History*, 49.

21 Jean, *Writing: The Story of Alphabets*, 14.

22 Derry and Williams, *A Short History of Technology*, 215.

23 Stephen Bertman, *Handbook to Life in Ancient Mesopotamia* (New York: Facts on File, 2003), 148, 301.

24 McClellan and Dorn, *Science and Technology in World History*, 47; Albertine Gaur, *A History of Writing* (New York: Charles Scribner's Sons, 1984), 150. (『文字の歴史——起源から現代まで』アルベルティーン・ガウアー著、矢島文夫／大城光正訳、原書房、1987年)

Interpretation and Explanation in the Study of Animal Behavior, ed. Marc Bekoff and Dale Jamieson（Oxford: Westview Press, 1990）も見よ。
24 Boesch, "From Material to Symbolic Cultures." Begley, "Culture Club" も見よ。
25 Heather Pringle, "The Origins of Creativity," *Scientific American*, March 2013, 37–43.
26 Michael Tomasello, *The Cultural Origins of Human Cognition*（Cambridge, Mass.: Harvard University Press, 2001）, 5–6, 36–41.（『心とことばの起源を探る――文化と認知』マイケル・トマセロ著、大堀壽夫ほか訳、勁草書房、2006年）
27 Fiona Coward and Matt Grove, "Beyond the Tools: Social Innovation and Hominin Evolution," *PaleoAnthropology*（special issue, 2011）: 111–29.
28 Jon Gertner, *The Idea Factory: Bell Labs and the Great Age of American Knowledge*（New York: Penguin, 2012）, 41–42.（『世界の技術を支配するベル研究所の興亡』ジョン・ガートナー著、土方奈美訳、文藝春秋、2013年）
29 Pringle, "Origins of Creativity," 37–43.

第4章　文　明

1 Robert Burton, in *The Anatomy of Melancholy*（1621）; George Herbert, in *Jacula Prudentum*（1651）; William Hicks, in *Revelation Revealed*（1659）; Shnayer Z. Leiman, "Dwarfs on the Shoulders of Giants," *Tradition*, Spring 1993. この言い回しは実際には12世紀にまでさかのぼるらしい。
2 Marc Van De Mieroop, *A History of the Ancient Near East*（Malden, Mass.: Blackwell, 2007）, 21–23.
3 Ibid., 12–13, 23.
4 人口は20万人にも達していたと推計する学者もいる。たとえば、James E. McClellan III and Harold Dorn, *Science and Technology in World History*, 2nd ed.（Baltimore: Johns Hopkins University Press, 2006）, 33を見よ。
5 Van De Mieroop, *History of the Ancient Near East*, 24–29.
6 McClellan and Dorn, *Science and Technology in World History*, 41–42.
7 David W. Anthony, *The Horse, the Wheel, and Language: How Bronze-Age Riders from the Eurasian Steppes Shaped the Modern World*（Princeton, N. J.: Princeton University Press, 2010）, 61.
8 Van De Mieroop, *History of the Ancient Near East*, 26.
9 Marc Van De Mieroop, *The Ancient Mesopotamian City*（Oxford: Oxford University Press, 1997）, 46–48.
10 Van De Mieroop, *History of the Ancient Near East*, 24, 27.

12 Marc Van De Mieroop, *A History of the Ancient Near East* (Malden, Mass.: Blackwell, 2007), 21. Balter, "Why Settle Down?," 1442–46 も見よ。

13 Balter, "Why Settle Down?," 1442–46; David Lewis-Williams and David Pearce, *Inside the Neolithic Mind* (London: Thames and Hudson, 2005), 77–78.

14 Ian Hodder, "Women and Men at Çatalhöyük," *Scientific American*, January 2004, 81.

15 Ian Hodder, "Çatalhöyük in the Context of the Middle Eastern Neolithic," *Annual Review of Anthropology* 36 (2007): 105–20.

16 Anil K. Gupta, "Origin of Agriculture and Domestication of Plants and Animals Linked to Early Holocene Climate Amelioration," *Current Science* 87 (July 10, 2004); Van De Mieroop, *History of the Ancient Near East*, 11.

17 L. D. Mlodinow and N. Papanicolaou, "SO (2, 1) Algebra and the Large N Expansion in Quantum Mechanics," *Annals of Physics* 128 (1980): 314–34; L. D. Mlodinow and N. Papanicolaou, "Pseudo-Spin Structure and Large N Expansion for a Class of Generalized Helium Hamiltonians," *Annals of Physics* 131 (1981): 1–35; Carl Bender, L. D. Mlodinow, and N. Papanicolaou, "Semiclassical Perturbation Theory for the Hydrogen Atom in a Uniform Magnetic Field," *Physical Review A* 25 (1982): 1305–14.

18 Jean Durup, "On the 1986 Nobel Prize in Chemistry," *Laser Chemistry* 7 (1987): 239–59. See also D. J. Doren and D. R. Herschbach, "Accurate Semiclassical Electronic Structure from Dimensional Singularities," *Chemical Physics Letters* 118 (1985): 115–19; J. G. Loeser and D. R. Herschbach, "Dimensional Interpolation of Correlation Energy for Two-Electron Atoms," *Journal of Physical Chemistry* 89 (1985): 3444–47.

19 Andrew Carnegie, *James Watt* (New York: Doubleday, 1933), 45–64.

20 T. S. Eliot, *The Sacred Wood and Major Early Essays* (New York: Dover Publications, 1997), 72. First published in 1920.

21 Gergely Csibra and György Gergely, "Social Learning and Cognition: The Case for Pedagogy," in *Processes in Brain and Cognitive Development*, ed. Y. Munakata and M. H. Johnson (Oxford: Oxford University Press, 2006): 249–74.

22 Christophe Boesch, "From Material to Symbolic Cultures: Culture in Primates," in *The Oxford Handbook of Culture and Psychology*, ed. Juan Valsiner (Oxford: Oxford University Press, 2012), 677–92. Sharon Begley, "Culture Club," *Newsweek*, March 26, 2001, 48–50も見よ。

23 Boesch, "From Material to Symbolic Cultures." Begley, "Culture Club"; Bennett G. Galef Jr., "Tradition in Animals: Field Observations and Laboratory Analyses," in

Psychology 55 (2001): 185–93.

22 Frank Lorimer, *The Growth of Reason* (London: K. Paul, 1929); Arthur Koestler, *The Act of Creation* (London: Penguin, 1964), 616 に引用されている。(『創造活動の理論（上下）』アーサー・ケストラー著、大久保直幹／吉村鎮夫ほか訳、ラテイス、1966年／1967年)

23 Dwight L. Bolinger, ed., *Intonation: Selected Readings.* (Harmondsworth, U. K.: Penguin, 1972), 314; Alan Cruttenden, *Intonation* (Cambridge, U. K.: Cambridge University Press, 1986), 169–70.

24 Laura Kotovsky and Renee Baillargeon, "The Development of Calibration-Based Reasoning About Collision Events in Young Infants," *Cognition* 67 (1998): 313–51.

第3章　文　化

1 James E. McClellan III and Harold Dorn, *Science and Technology in World History*, 2nd ed. (Baltimore: Johns Hopkins University Press, 2006), 9–12.

2 これらの進歩の多くはさらに古い遊牧民にその兆しが見られるが、その産物が遊牧生活に合わなかったため技術が花開くことはなかった。McClellan and Dorn, *Science and Technology*, 20–21を見よ。

3 Jacob L. Weisdorf, "From Foraging to Farming: Explaining the Neolithic Revolution," *Journal of Economic Surveys* 19 (2005): 562–86; Elif Batuman, "The Sanctuary," *New Yorker*, December 19, 2011, 72–83.

4 Marshall Sahlins, *Stone Age Economics* (New York: Aldine Atherton, 1972), 1–39. (『石器時代の経済学』マーシャル・サーリンズ著、山内昶訳、法政大学出版局、2012年)

5 Ibid., 21–22.

6 Andrew Curry, "Seeking the Roots of Ritual," *Science* 319 (January 18, 2008): 278–80; Andrew Curry, "Gobekli Tepe: The World's First Temple?," *Smithsonian Magazine*, November 2008, accessed November 7, 2014, http://www.smithsonianmag.com/history-archaeology/gobekli-tepe.html; Charles C. Mann, "The Birth of Religion," *National Geographic*, June 2011, 34–59; Batuman, "The Sanctuary."

7 Batuman, "The Sanctuary."

8 Michael Balter, "Why Settle Down? The Mystery of Communities," *Science* 20 (November 1998): 1442–46.

9 Curry, "Gobekli Tepe."

10 McClellan and Dorn, *Science and Technology*, 17–22.

11 Balter, "Why Settle Down?," 1442–46.

7 James E. McClellan III and Harold Dorn, *Science and Technology in World History*, 2nd ed. (Baltimore: Johns Hopkins University Press, 2006), 6–7.

8 Javier DeFelipe, "The Evolution of the Brain, the Human Nature of Cortical Circuits, and Intellectual Creativity," *Frontiers in Neuroanatomy* 5 (May 2011): 1–17.

9 Stanley H. Ambrose, "Paleolothic Technology and Human Evolution," *Science* 291 (March 2, 2001): 1748–53.

10 "What Does It Mean to Be Human?" Smithsonian Museum of Natural History, accessed October 27, 2014, http://www.humanorigins.si.edu.

11 Johann De Smedt et al., "Why the Human Brain Is Not an Enlarged Chimpanzee Brain," in *Human Characteristics: Evolutionary Perspectives on Human Mind and Kind*, ed. H. Høgh-Olesen, J. Tønnesvang, and P. Bertelsen (Newcastle upon Tyne: Cambridge Scholars, 2009), 168–81.

12 Ambrose, "Paleolothic Technology and Human Evolution," 1748–53.

13 R. Peeters et al., "The Representation of Tool Use in Humans and Monkeys: Common and Uniquely Human Features," *Journal of Neuroscience* 29 (September 16, 2009): 11523–39; Scott H. Johnson-Frey, "The Neural Bases of Complex Tool Use in Humans," *TRENDS in Cognitive Sciences* 8 (February 2004): 71–78.

14 Richard P. Cooper, "Tool Use and Related Errors in Ideational Apraxia: The Quantitative Simulation of Patient Error Profiles," *Cortex* 43 (2007): 319; Johnson-Frey, "The Neural Bases," 71–78.

15 Johanson, *Lucy's Legacy*, 192–93.

16 Ibid., 267.

17 András Takács-Sánta, "The Major Transitions in the History of Human Transformation of the Biosphere," *Human Ecology Review* 11 (2004): 51–77. 一部の研究者は、現生人類の行動はアフリカでもっと以前に誕生し、その後「2度目の出アフリカ」によってヨーロッパに広まったと考えている。たとえば David Lewis-Williams and David Pearce, *Inside the Neolithic Mind* (London: Thames and Hudson, 2005), 18; Johanson, *Lucy's Legacy*, 257–62を見よ。

18 Robin I. M. Dunbar and Suzanne Shultz, "Evolution in the Social Brain," *Science* 317 (September 7, 2007): 1344–47.

19 Christopher Boesch and Michael Tomasello, "Chimpanzee and Human Cultures," *Current Anthropology* 39 (1998): 591–614.

20 Lewis Wolpert, "Causal Belief and the Origins of Technology," *Philosophical Transactions of the Royal Society A* 361 (2003): 1709–19.

21 Daniel J. Povinelli and Sarah Dunphy-Lelii, "Do Chimpanzees Seek Explanations? Preliminary Comparative Investigations," *Canadian Journal of Experimental*

原　註

第1章　知りたいという欲求

1 Alvin Toffler, *Future Shock* (New York: Random House, 1970), 26.（『未来の衝撃――激変する社会にどう対応するか』A・トフラー著、徳山二郎訳、実業之日本社、1971年）

2 "Chronology: Reuters, from Pigeons to Multimedia Merger," *Reuters*, February 19, 2008, accessed October 27, 2014 http://www.reuters.com/article/2008/02/19/us-reuters-thomson-chronology-idUSL1849100620080219.

3 Toffler, *Future Shock*, 13.

4 Albert Einstein, *Einstein's Essays in Science* (New York: Wisdom Library, 1934), 112.

第2章　好奇心

1 Maureen A. O'Leary et al., "The Placental Mammal Ancestor and the Post-K-Pg Radiation of Placentals," *Science* 339 (February 8, 2013): 662–67.

2 Julian Jaynes, *The Origin of Consciousness in the Breakdown of the Bicameral Mind* (Boston: Houghton Mifflin, 1976), 9.（『神々の沈黙――意識の誕生と文明の興亡』ジュリアン・ジェインズ著、柴田裕之訳、2005年）

3 ルーシーの話とその重要性については、Donald C. Johanson, *Lucy's Legacy* (New York: Three Rivers Press, 2009）を見よ。また、Douglas S. Massey, "A Brief History of Human Society: The Origin and Role of Emotion in Social Life," *American Sociological Review* 67 (2002): 1–29も見よ。

4 B. A. Wood, "Evolution of Australopithecines," in *The Cambridge Encyclopedia of Human Evolution*, ed. Stephen Jones, Robert D. Martin, and David R. Pilbeam (Cambridge, U. K.: Cambridge University Press, 1994), 239.

5 Carol. V. Ward et al., "Complete Fourth Metatarsal and Arches in the Foot of Australopithecus afarensis," *Science* 331 (February 11, 2011): 750–53.

6 4×10^6年＝2×10^5世代、2×10^5軒×１軒あたり幅30メートル＝6,000キロメートル。

p. 274: (中央) Courtesy of Maull and Polyblank/Wikimedia Commons
p. 274: (右) Courtesy of Robert Ashby Collection/Wikimedia Commons
p. 283: (上) Courtesy of Science Museum London/Wikimedia Commons
p. 283: (下) Courtesy of Maximilien Brice (CERN)/Wikimedia Commons
p. 290: Courtesy of Wikimedia Commons
p. 297: Courtesy of The Dibner Library Portrait Collection—Smithsonian Institution/Wikimedia Commons
p. 303: Courtesy of Canton of Aargau, Switzlerland/Wikimedia Commons
p. 317: Courtesy of F. Schmutzer/Wikimedia Commons
p. 323: Courtesy of Science Source®, a registered trademark of Photo Researchers, Inc., copyright © 2014 Photo Researchers, Inc. All rights reserved.
p. 328: Created by Derya Kadipasaoglu
p. 330: Created by Derya Kadipasaoglu
p. 350: Created by Derya Kadipasaoglu
p. 354: Photography by Paul Ehrenfest, Jr., courtesy of AIP Emilio Segre Visual Archives, Weisskopf Collection
p. 370: Courtesy of Benjamin Couprie, Institut International de Physique de Solvay/Wikimedia Commons

図版出典

p. 21: From Maureen A. O'Leary et al., "The Placental Mammal Ancestor and the Post-K-Pg Radiation of Placentals," *Science* 339 (February 8, 2013): 662–7.
p. 26: Courtesy of Nachosen/Wikimedia Commons
p. 43: Courtesy of Teomancimit/Wikimedia Commons
p. 45: Created by Derya Kadipasaoglu
p. 74: U. S. Navy photo by Photographer's Mate First Class Arlo K. Abrahamson. Image released by the United States Navy with the ID 030529-N-5362A-001.
p. 97: © Web Gallery of Art, created by Emil Krén and Daniel Marx, courtesy of Wikimedia Commons
p. 121: Picture of the interior of the Merton College Library, from *The Charm of Oxford*, by J. Wells (London: Simpkin, Marshall, Hamilton, Kent & Co., 1920). Courtesy of fromoldbooks.org.
p. 126: Created by Derya Kadipasaoglu
p. 131: Courtesy of PD-art/Wikimedia Commons
p. 162: Created by Derya Kadipasaoglu
p. 178: Created by Derya Kadipasaoglu
p. 185: Courtesy of Zhaladshar/Wikimedia Commons
p. 191: (左) Courtesy of Science Source®, a registered trademark of Photo Researchers, Inc., copyright © 2014 Photo Researchers, Inc. All rights reserved.
p. 191: (右) Courtesy of English School/Wikimedia Commons
p. 205: Courtesy of Science Source®, a registered trademark of Photo Researchers, Inc., copyright © 2014 Photo Researchers, Inc. All rights reserved.
p. 222: Courtesy of *Popular Science Monthly* Volume 58/Wikimedia Commons
p. 229: Courtesy of Science Source®, a registered trademark of Photo Researchers, Inc., copyright © 2014 Photo Researchers, Inc. All rights reserved.
p. 235: Courtesy of Wikimedia Commons
p. 246: Lister E 7, Pl. XXXIV, courtesy of The Bodleian Libraries, The University of Oxford
p. 263: Courtesy of Duncharris/Wikimedia Commons
p. 274: (左) Courtesy of Richard Leakey and Roger Lewin/Wikimedia Commons

水谷淳（みずたに・じゅん）
翻訳家。東京大学理学部卒業。訳書に、アル＝カリーリ／マクファデン『量子力学で生命の謎を解く』（SBクリエイティブ）、バラット『人工知能』（ダイヤモンド社）、フリース『宇宙を創るダークマター』（日本評論社）、ベロス『どんな数にも物語がある』（SBクリエイティブ）、ムロディナウ『しらずしらず』（ダイヤモンド社）、クロッパー『物理学天才列伝（上・下）』（講談社ブルーバックス）、スチュアート『もっとも美しい対称性』（日経BP社）などがある。

この世界《せかい》を知《し》るための　人類《じんるい》と科学《かがく》の400万年史《まんねんし》

2016年5月20日　初版印刷
2016年5月30日　初版発行

著　者　レナード・ムロディナウ
訳　者　水谷淳
装　丁　木庭貴信（オクターヴ）
発行者　小野寺優
発行所　株式会社河出書房新社
東京都渋谷区千駄ヶ谷2-32-2
電話（03）3404-1201［営業］（03）3404-8611［編集］
http://www.kawade.co.jp/
組　版　株式会社創都
印刷所　三松堂株式会社
製本所　大口製本印刷株式会社
Printed in Japan
ISBN978-4-309-25347-3

サイエンス・ブック・トラベル
世界を見晴らす100冊

山本貴光編

「シロウトでも最先端がわかる一冊は？」に答えてくれた、気鋭の科学者ら三〇名による渾身のブックレビュー。昆虫、深海、素粒子、心理学からデータサイエンスまで、かなり遠くまで行けます。

現代科学の歩きかた

池内　了

時間とは何か？　生命とは？　宇宙の果ては……科学の最先端に手を伸ばす人々の想像を様々に喚起し、日常に新しい見方を与える三八のエッセイ。ゆっくり歩いても、かなり遠くまで行けます。

世の中ががらりと変わって見える物理の本

カルロ・ロヴェッリ
竹内薫監訳
関口英子訳

だれもが驚く、すごい物理学！　物理とはまったく縁がなかった人も、この本なら素晴らしい体験ができる。世界的な物理学者が贈る美しい七つの講義。イタリアで三〇万部、世界二〇か国で翻訳！

サイエンス大図鑑

アダム・ハート＝デイヴィス総監修
日暮雅通監訳

火の利用から現代の量子論や遺伝子工学といった最先端まで、科学のあらゆる分野を網羅した二一世紀の決定版ヴィジュアル事典！　益川敏英氏（ノーベル物理学賞受賞者）、池内了氏推薦！

この世界が消えたあとの科学文明のつくりかた

ルイス・ダートネル
東郷えりか訳

文明が滅びたあと、どう生き残るのか？ 穀物の栽培や鉄の精錬、医薬品の作り方など、文明再建の方法から、身の回りのさまざまな科学技術について知り、「科学とは何か？」を考える！

人類が絶滅する6のシナリオ もはや空想ではない終焉の科学

フレッド・グテル
夏目 大訳

明日、人類はこうして絶滅する！ スーパーウイルス、気候変動、食糧危機、生物兵器、ハッキング……現在起こりうる破滅を気鋭のジャーナリストが科学的根拠とともに描く人類への警鐘！

自然界の秘められたデザイン 雪の結晶はなぜ六角形なのか？

イアン・スチュアート
梶山あゆみ訳

シマウマの縞、波の形、貝殻の模様、宇宙の形……自然界の形の謎を追い求めて、その背後にある数学的法則を多数の図版を用いて解説。世界に潜むパターンや秩序を読み解く名著！

数学記号の誕生

ジョセフ・メイザー
松浦俊輔訳

数学記号はなぜ、どのように生まれ、数学者にどんなひらめきをもたらしたのか？ なぜ数式を一瞬で理解できるのか？ 数学記号にまつわる数々の謎を通して「数学的思考」の正体を明かす！

数学の文化史

モリス・クライン
中山　茂訳

数学が学校で教えるような無味乾燥なテクニックではなく、西洋文明の中を生き生きと流れ、それをつちかう上で重要な役割を果たしてきたことを明らかにする古典的名著。

数学はあなたのなかにある

クレマンス・ガンディヨ
河野万里子訳

数学には、人間が映っている。代数にも図形にも新たな光が当てられ、数学の概念を人間関係におきかえ、シンプルなイラストとマンガの構成を使い、短くユーモラスな文章を添えて表現。

宇宙を解く壮大な10の実験

アニル・アナンサスワーミー
松浦俊輔訳

宇宙の謎はどこまで解けたのか？　シベリアや南極、高山、地底奥深くなどの極限の環境で日々繰り広げられる、科学者たちの驚くべき「挑戦」から、宇宙論の最先端を明らかにする！

とてつもない宇宙

ブライアン・ゲンスラー
松浦俊輔訳

宇宙でもっとも熱い場所は？　宇宙一高速で動く天体とは？　星の重さはどう量る？　宇宙の「最大・最小」などの極限記録を紹介しながら、宇宙の驚異的なスケールを科学する！

太陽系惑星　大図鑑
CGが明かす新しい宇宙
DK社編

誰も見たことのない、はるかかなたの惑星に降り立とう！　撮影不可能な太陽系の美しい全貌を高精細CGではじめて可視化。「はやぶさ」や「かぐや」などの最先端情報も網羅した決定版。

宇　宙
最新画像で見るそのすべて
ニコラス・チータム
梶山あゆみ訳

多くの人工衛星や惑星探査機がとらえた最新の宇宙の全貌を、迫力ある豊富な写真画像二〇〇点で見る豪華写真集！　はるか宇宙の果てへ光に乗って旅しながら壮大な世界を満喫！

太陽系惑星
最新画像のすべて
ジャイルズ・スパロウ
桃井緑美子訳

宇宙探査「第二の黄金時代」が到来した！　続々と打ち上げられる探査衛星たちが送り続ける無数の詳細データでまとめた最新の写真集。壮大で驚異的な全貌を、鮮やかな高画質の映像で見る！

宇宙から見た地球
ニコラス・チータム
古草秀子訳

初めて見る驚異の画像！　ダイナミックに呼吸する地球の全貌を観察し、発見する旅。山脈の中の金鉱、砂漠、台風の目……。最新の膨大な衛星画像データを満載した高精度の写真集！

進化地図

S・J・グールド監修
R・オズボーン／M・J・ベントン著
小畠郁生日本語版監修
池田比佐子訳

生物はいかにしてこれほどの驚くべき多様性をもつまでに進化し、世界中いたるところに広まったのか？　徹底的に地図で読むというかつてない視点でダイナミックな進化を読み解く名著！

生物の進化　大図鑑

M・J・ベントン他監修
小畠郁生日本語版監修

世界初、「生命三七億年」の驚異的な全貌！　微生物から人類誕生まで、貴重な化石写真や精確なCG復元図など、三〇〇〇点以上の膨大な図版で見る、大迫力図鑑。福岡伸一氏・松井孝典氏推薦！

人類の進化　大図鑑

アリス・ロバーツ編著
アドリー＆アルフォンス・ケニス兄弟作品
馬場悠男日本語版監修

人類七〇〇万年の壮大な旅をヴィジュアルでたどる世界初の図鑑。とくに、初めて見るリアルな人類の復元模型たちは圧巻！　最新の発見と研究成果で解き明かす人類の秘密とは⁉

骨から見る生物の進化

ジャン＝バティスト・ド・パナフィユー著
パトリック・グリ写真
グザヴィエ・バラル編
フランス国立自然史博物館協力
小畠郁生監訳
吉田春美訳

世界初、前例のない驚異的な骨格写真集！　壮観にして神秘的——数十億年の進化の痕跡をとどめた哺乳類から魚類までの現生脊椎動物たち二〇〇点を、精密で躍動感あふれる高精度印刷で再現。

ナノ・スケール生物の世界

リチャード・ジョーンズ
梶山あゆみ訳

単細胞生物の繊毛から、アリの触角、ヤモリの脚の裏、ナメクジの舌、サメの皮膚まで、驚くほど繊細な「見たことのない身近な世界」が、フルカラーで彩色された電子顕微鏡写真で迫る！

生物の驚異的な形

エルンスト・ヘッケル
小畠郁生日本語版監修
戸田裕之訳

太古の原生生物から無脊椎動物、植物から動物まで……なぜ自然界はこんなにも美しいのか？　ドイツの博物学者ヘッケルが描いた《芸術的な生物画集》、待望の刊行！　荒俣宏氏推薦！

鳥たちの驚異的な感覚世界

ティム・バークヘッド
沼尻由起子訳

鳥は世界をどう見て、何を感じ取っているのか？食べ物を味わい、死を悲しむのか？　紫外線も見える眼や磁気感覚など、その驚嘆すべき感覚と秘められた感情生活を科学で読み解く！

植物はそこまで知っている
感覚に満ちた世界に生きる植物たち

ダニエル・チャモヴィッツ
矢野真千子訳

植物は世界をどう感じているのか。視覚、嗅覚、触覚、聴覚、位置感覚、そして記憶。遺伝学など最新の科学的な発見で解き明かされる植物の内的な世界！　植物生態学者の多田多恵子氏推薦。

イチョウ　奇跡の2億年史
生き残った最古の樹木の物語

ピーター・クレイン
矢野真千子訳

「生きた化石」といわれるイチョウは途方もない長寿と忍耐力をもった驚異の樹木だ。中国で絶滅しかかった時に日本に移入され、長崎の出島から欧州へと移出、復活した奇跡の文化史でもある。

雪の結晶
小さな神秘の世界

ケン・リブレクト
矢野真千子訳

天上からの贈りもの！　息をのむほど美しく神秘的な雪結晶の写真二五〇点以上を掲載し、さまざまな構造や種類を楽しく解説したオールカラー「写真図鑑」！　携帯用サイズの完全保存版。

「雲」の楽しみ方

ギャヴィン・プレイター＝ピニー
桃井緑美子訳

来る日も来る日も青一色の空を見せられたら人生は退屈だ。本書は、英国でベストセラーになった、豊富な写真入りの愉快でへんてこな雲一族を真面目に紹介する世界初の科学ガイドブック。

「雲」のコレクターズ・ガイド

ギャヴィン・プレイター＝ピニー
桃井緑美子訳

初めての《雲ウォッチング》ガイドブック！　個性豊かな雲一族の発生のしくみから、光り輝く虹の秘密まで、四六種もの雲の仲間をオールカラーの美しい写真で紹介した決定版！